21世纪高等学校规划教材 | 计算机科学与技术

程序设计与算法语言

—— C++程序设计基础

孔丽英 夏艳 徐勇 编著

清华大学出版社
北 京

内 容 简 介

本书以程序设计为主线，通过案例教学引入数学模型的建立和算法的设计，并且详细地分析程序，从而达到培养学生分析程序和设计程序的能力。全书共分9章，第1章介绍利用计算机求解问题的步骤和算法设计以及计算机程序和C/C++语言；第2～7章是面向过程程序设计的基础，介绍数据类型和表达式、程序结构、控制结构程序设计、函数、构造数据类型和指针；第8章是面向对象程序设计的基础，介绍类和对象、构造函数、析构函数、对象指针、静态成员、友元、继承和多态性；第9章介绍文件、流类库以及通过文件流操作文件和输入/输出格式控制。

本书可作为大学本专科程序设计课程的教材，也可供广大读者自学参考。

图书在版编目(CIP)数据

程序设计与算法语言：C++程序设计基础/孔丽英，夏艳，徐勇编著.—北京：清华大学出版社，2014(2024.1重印)

(21世纪高等学校规划教材·计算机科学与技术)

ISBN 978-7-302-36696-6

Ⅰ．①程… Ⅱ．①孔… ②夏… ③徐… Ⅲ．①C语言－程序设计－高等学校－教材 ②算法语言－程序设计－高等学校－教材 Ⅳ．①TP312

中国版本图书馆CIP数据核字(2014)第117189号

责任编辑：刘向威 王冰飞
封面设计：傅瑞学
责任校对：时翠兰
责任印制：沈 露

出版发行：清华大学出版社
网　　址：https://www.tup.com.cn，https://www.wqxuetang.com
地　　址：北京清华大学学研大厦A座　　**邮　　编**：100084
社 总 机：010-83470000　　**邮　　购**：010-62786544
投稿与读者服务：010-62776969，c-service@tup.tsinghua.edu.cn
质量反馈：010-62772015，zhiliang@tup.tsinghua.edu.cn
课件下载：https://www.tup.com.cn，010-62795954
印 装 者：天津鑫丰华印务有限公司
经　　销：全国新华书店
开　　本：185mm×260mm　　**印　　张**：21.5　　**字　　数**：521千字
版　　次：2014年11月第1版　　**印　　次**：2024年1月第10次印刷
印　　数：6801～7300
定　　价：59.00元

产品编号：058321-02

出版说明

随着我国改革开放的进一步深化，高等教育也得到了快速发展，各地高校紧密结合地方经济建设发展需要，科学运用市场调节机制，加大了使用信息科学等现代科学技术提升、改造传统学科专业的投入力度，通过教育改革合理调整和配置了教育资源，优化了传统学科专业，积极为地方经济建设输送人才，为我国经济社会的快速、健康和可持续发展以及高等教育自身的改革发展做出了巨大贡献。但是，高等教育质量还需要进一步提高以适应经济社会发展的需要，不少高校的专业设置和结构不尽合理，教师队伍整体素质亟待提高，人才培养模式、教学内容和方法需要进一步转变，学生的实践能力和创新精神亟待加强。

教育部一直十分重视高等教育质量工作。2007 年 1 月，教育部下发了《关于实施高等学校本科教学质量与教学改革工程的意见》，计划实施"高等学校本科教学质量与教学改革工程"（简称"质量工程"），通过专业结构调整、课程教材建设、实践教学改革、教学团队建设等多项内容，进一步深化高等学校教学改革，提高人才培养的能力和水平，更好地满足经济社会发展对高素质人才的需要。在贯彻和落实教育部"质量工程"的过程中，各地高校发挥师资力量强、办学经验丰富、教学资源充裕等优势，对其特色专业及特色课程（群）加以规划、整理和总结，更新教学内容、改革课程体系，建设了一大批内容新、体系新、方法新、手段新的特色课程。在此基础上，经教育部相关教学指导委员会专家的指导和建议，清华大学出版社在多个领域精选各高校的特色课程，分别规划出版系列教材，以配合"质量工程"的实施，满足各高校教学质量和教学改革的需要。

为了深入贯彻落实教育部《关于加强高等学校本科教学工作，提高教学质量的若干意见》精神，紧密配合教育部已经启动的"高等学校教学质量与教学改革工程精品课程建设工作"，在有关专家、教授的倡议和有关部门的大力支持下，我们组织并成立了"清华大学出版社教材编审委员会"（以下简称"编委会"），旨在配合教育部制定精品课程教材的出版规划，讨论并实施精品课程教材的编写与出版工作。"编委会"成员皆来自全国各类高等学校教学与科研第一线的骨干教师，其中许多教师为各校相关院、系主管教学的院长或系主任。

按照教育部的要求，"编委会"一致认为，精品课程的建设工作从开始就要坚持高标准、严要求，处于一个比较高的起点上。精品课程教材应该能够反映各高校教学改革与课程建设的需要，要有特色风格、有创新性（新体系、新内容、新手段、新思路，教材的内容体系有较高的科学创新、技术创新和理念创新的含量）、先进性（对原有的学科体系有实质性的改革和发展，顺应并符合 21 世纪教学发展的规律，代表并引领课程发展的趋势和方向）、示范性（教材所体现的课程体系具有较广泛的辐射性和示范性）和一定的前瞻性。教材由个人申报或各校推荐（通过所在高校的"编委会"成员推荐），经"编委会"认真评审，最后由清华大学出版社审定出版。

目前，针对计算机类和电子信息类相关专业成立了两个“编委会”，即“清华大学出版社计算机教材编审委员会”和“清华大学出版社电子信息教材编审委员会”。推出的特色精品教材包括：

（1）21世纪高等学校规划教材·计算机应用——高等学校各类专业，特别是非计算机专业的计算机应用类教材。

（2）21世纪高等学校规划教材·计算机科学与技术——高等学校计算机相关专业的教材。

（3）21世纪高等学校规划教材·电子信息——高等学校电子信息相关专业的教材。

（4）21世纪高等学校规划教材·软件工程——高等学校软件工程相关专业的教材。

（5）21世纪高等学校规划教材·信息管理与信息系统。

（6）21世纪高等学校规划教材·财经管理与应用。

（7）21世纪高等学校规划教材·电子商务。

（8）21世纪高等学校规划教材·物联网。

清华大学出版社经过三十多年的努力，在教材尤其是计算机和电子信息类专业教材出版方面树立了权威品牌，为我国的高等教育事业做出了重要贡献。清华版教材形成了技术准确、内容严谨的独特风格，这种风格将延续并反映在特色精品教材的建设中。

清华大学出版社教材编审委员会
联系人：魏江江
E-mail:weijj@tup.tsinghua.edu.cn

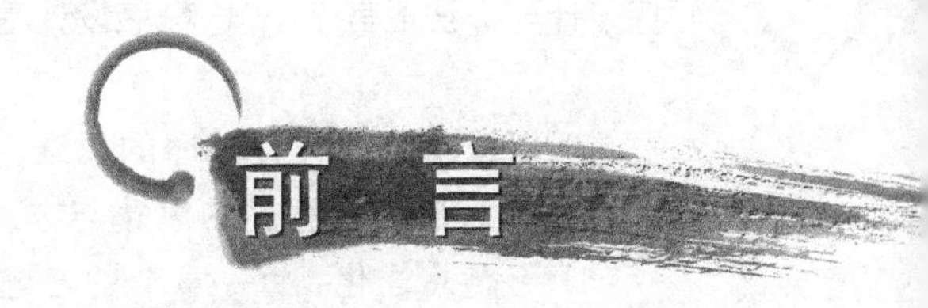

前 言

程序设计与算法语言是高等学校重要的专业基础课，它以编程语言为平台，介绍程序设计的思想和方法。通过该课程的学习，学生不仅要掌握程序设计与算法语言的理论知识，更为重要的是要掌握算法设计与程序设计的思路、方法，通过大量的练习，培养学生解决问题和编程的能力，熟悉上机的全过程及调试程序的基本方法与技巧，使学生能够利用所学知识解决一些科学计算及实际问题。

C++语言是使用最为广泛的程序设计与算法语言之一，它全面兼容C语言，全面支持面向对象程序设计，具有全面支持面向过程和面向对象的混合编程等特点，能够充分发挥两类编程技术的优势。C++语言不仅是一门基础课，而且是学习数据结构、操作系统等后续课程的重要基础。

目前，C++语言的教材很多，但大部分教材主要通过案例教学讲解如何用语言知识设计程序，很少讲述设计程序的思路，并缺少对程序的分析，造成大部分学生不理解程序的运行过程，更不懂得如何设计程序，使学生为了应试而背记程序，结果学生虽然通过了计算机水平考试，但设计程序的能力较低，思路单一，开拓创新不足，造成在后续课程学习中遇到了很大的困难。

根据多年来教学经验的积累，我们清楚地知道学生设计程序的能力需要大幅度提升，思路需要拓宽。学生在学习过程中忽略了算法设计，从而造成程序设计的能力差，难以胜任以后的工作。因此，我们认为C++程序设计的教材一定要以程序设计为主线，以案例为驱动，通过案例教学引入数学模型和算法设计以及分析程序的过程，使教材突出C++语言的特性，最终实现提高学生分析程序和设计程序能力的目标。另外，考虑到目前大部分高校的学生都参加计算机水平考试，作者根据多年的教学经验，结合计算机水平考试Ⅱ级的《C++程序设计》考试大纲的要求，在本书中的相关章节专门按考试大纲的题型编写了相应的习题与实验内容，让学生的学习更有针对性，从而达到事半功倍的效果，力求从根本上提高学生的计算机水平考试的通过率。

目前，C++语言的教材虽然很多，但有针对性地适应第二批高等院校的本科生的教材并不多，这类学生急需一本理论性不太强，但有实际操作性的C++语言教材，本书在编写上能满足这类学生的要求。

本书主要具有如下7个特点。

(1) 内容组织符合学习规律：内容由简单到复杂，衔接紧密，使学生由浅入深地学习。

(2) 内容精简：根据计算机水平考试内容、面授的对象、授课时间的安排以及后继课程的需要，着重在内容上与传统的教材相比进行了取舍，使学生易于掌握知识。

(3) 分散难点：对于一些难学的知识点，分散在与其更密切关联的知识中，使学生易于学习。

(4) 程序分析透彻：详细讲解程序运行和变量值的变化，使学生易于理解程序。

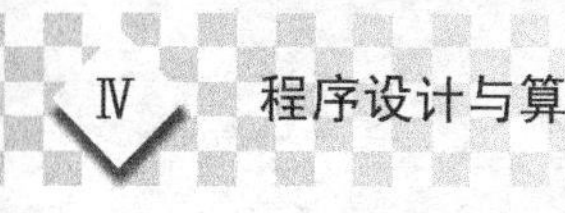

(5) 以案例培养设计程序的思维：通过案例教学，引入数学模型的建立和算法的设计，使学生易于理解设计程序的思路与方法。

(6) 习题多样化：每一章节的习题都有多种类型，而且有参考计算机水平考试的题型，使学生的学习更有针对性，促进学生考级能力的提高。

(7) 实验题设计科学：学习 C++语言不仅要有扎实的基础，更重要的是实践，本书中设计了大量的实验，突出重点知识，结构合理。

全书以程序设计为主线，通过案例教学引入数学模型的建立和算法的设计，详细地讲解程序运行的过程和变量值的变化，最终达到培养学生设计程序和分析程序能力的目标。

本书共有 9 章，可分为 4 个部分：

第一部分为第 1 章，程序设计概述。该部分介绍计算机求解问题的步骤和算法设计、计算机程序，并简要介绍 C/C++语言。

第二部分为第 2～7 章，面向过程程序设计基础。该部分介绍数据类型和表达式、程序结构、控制结构程序设计、函数、构造数据类型和指针。

第三部分为第 8 章，面向对象程序设计基础。该部分介绍类和对象、构造函数和析构函数、对象指针、静态成员、友元、继承和多态性。

第四部分为第 9 章，文件和流。该部分介绍文件、流类库、通过文件流(或指针)操作文件、输入/输出格式控制。

本书得到了数学与统计学院领导的支持，在此表示衷心的感谢。本书是作者根据多年的教学实践经验编写的，第 1～7 章由孔丽英编写，第 8～9 章由夏艳编写，徐勇对全书内容进行核查。本书可作为大学本专科程序设计课程的教材，也可供广大读者自学参考。由于作者水平有限，书中可能存在缺点或错误，敬请广大读者批评指正。

作者

2014 年 10 月

目录

第1章 程序设计概述

本章学习目标

- 理解计算机求解问题的步骤
- 掌握算法设计的方法
- 了解程序设计的基本知识
- 了解C++语言的特点

本章首先介绍计算机求解问题的步骤，然后着重讲解建立数学模型和算法设计的方法，最后简单介绍程序设计的基本知识和C++语言的特点。

1.1 计算机求解问题的步骤和算法

计算机系统是按人的要求接收和存储信息，自动进行数据处理和计算，并输出结果的机器系统。计算机系统由硬件系统和软件系统组成。硬件系统是借助电、磁、光、机械等原理构成的各种物理部件的有机组合，是系统赖以工作的实体，例如显示器、硬盘、键盘等；软件系统是各种程序和文档，用于指挥系统按指定的要求进行工作，其中，程序是对计算任务的处理对象和处理规则的描述，文档是与软件研制、维护和使用有关的资料。在计算机中，一切信息处理都要受程序的控制，因此，求解任何问题最终要通过执行程序完成。

1.1.1 计算机求解问题的步骤

人类在解决一个问题时会根据不同的经验和环境采用不同的方法。用计算机解决现实中的问题，同样也有许多不同的方法，但解决问题的基本步骤是相同的。在计算机上运行的程序一般要经过分析问题、建立数学模型、设计算法、程序编码、测试和调试等步骤。

1. 分析问题

准确、完整地理解和描述问题是解决问题的关键。针对每个具体的问题，必须认真审查问题描述，理解问题的真实要求。分析问题就是明确要解决的问题，写出求解问题的规格说明，包括求解问题的数学模型或者对数据处理的需求、程序运行环境、用户要求输入/输出的数据及其形式等。

2. 建立数学模型

用计算机解决问题必须有合适的数学模型。数学模型是利用数学语言（符号、表达式与图像)模拟现实的模型,把实际问题加以提炼构造数学模型的过程称为数学建模。

例 1-1 写出求 1+2+3+…+100 的数学模型。

设 $s_{100}=1+2+\cdots+100$,则对于任意 $k\in[1,100]$有 $s_k=1+2+\cdots+k$,若令 $s_0=0$,则有 $s_k=s_{k-1}+k$,其中,$k=1,2,\cdots,100$,因此,令 $s_0=0$,则数学模型为:

$$s_k = s_{k-1} + k,\quad k = 1,2,\cdots,100$$

例 1-2 写出求两个正整数的最大公约数的数学模型。

设用 a、b 分别表示两个正整数,不妨假设 $a>b$,由辗转相除法得:

$$\begin{aligned} a &= q_1 b + r_1, \\ b &= q_2 r_1 + r_2, \\ r_1 &= q_3 r_2 + r_3, \\ &\vdots \\ r_{n-2} &= q_n r_{n-1} + r_n, \\ r_{n-1} &= q_{n+1} r_n \end{aligned}$$

此时,r_n 是 a 与 b 的最大公约数。

假设在第 k 次辗转相除时,用 a_k 表示被除数,用 b_k 表示除数,用 r_k 表示余数,因此,令 $a_1=a$、$b_1=b$,则数学模型为:

$$r_k = a_k \bmod b_k,\quad a_{k+1} = b_k,\quad b_{k+1} = r_k,\quad k = 1,2,3,\cdots$$

当余数 $r_k=0$ 时,除数 b_k 是 a 与 b 的最大公约数。

3. 设计算法

设计算法是指把问题的数学模型或处理过程转化为计算机的解题步骤。

4. 程序编码

程序编码的主要任务是用某种程序设计语言将计算机的解题步骤设计为能在计算机上运行的程序。

5. 测试和调试

测试和调试的主要目的在于发现和纠正程序中的错误。

1.1.2 算法

1. 算法设计

算法是对特定问题求解步骤的一种描述,它是指令的有限序列,其中,每一条指令表示一个或多个操作。通俗点说,算法就是计算机解题的过程。在这个过程中,无论是形成解题思路还是编写程序,都是在实施某种算法,前者是推理实现的算法,后者是操作实现的算法。

设计算法是一件非常困难的工作,常用的算法设计技术有列举、穷举搜索、迭代、递归、回溯、递推、模拟、分治等。一个好的算法背后一般都有一个好的数学模型。

对于计算机科学来说,设计算法是至关重要的一步,设计的算法必须满足以下 5 个特性。

(1) 有穷性：算法在执行有穷个步骤后必须终止。

(2) 确定性：算法给出的每一个步骤都必须是精确定义，无二义性。

(3) 可行性：算法中要执行的每一个步骤都可以在有限的时间内完成。

(4) 输入：有零个或多个外部数据作为算法的输入。

(5) 输出：算法产生一个或多个数据作为输出。

2. 算法描述

按照算法的执行顺序，算法有顺序结构、选择结构和循环结构3种结构。顺序结构指算法按照书写步骤的顺序依次执行，它是一种最基本、最简单的结构。选择结构是根据指定的条件进行判断，根据判断的结果选择某些步骤的控制结构。循环结构是指在算法中需要重复执行一条或多条指令的控制结构，即从某一条指令开始，按照一定的条件反复执行某一处理步骤，直到不满足条件时才结束，反复执行的处理步骤称为循环体，控制重复执行循环体的条件称为循环条件。

算法描述的方式主要有自然语言、流程图、盒图、PAD图、伪代码和程序设计语言。

1) 自然语言

自然语言是人们日常使用的语言，所描述的算法自然通俗易懂。

例 1-3　设计求两个数之和的算法。

用变量 a、b 分别表示这两个数，用 c 表示 a 与 b 的和，则数学模型为 $c=a+b$。

算法：

(1) 输入 a、b。

(2) 计算 $c=a+b$。

(3) 输出 c。

显然，该算法是顺序结构。

例 1-4　设计求两个数的最大值的算法。

若用变量 a、b 分别表示这两个数，用 max 表示 a 与 b 的最大值，则数学模型为：

$$\max=\begin{cases}a & a>b\\ b & a\leqslant b\end{cases}$$

算法：

(1) 输入 a、b。

(2) 如果 $a>b$，则 $\max=a$，否则 $\max=b$。

(3) 输出 max。

显然，第(2)步是选择结构，其中，$a>b$ 是条件。

例 1-5　设计求 $1+2+3+\cdots+100$ 的算法。

由例 1-1 可知，令 $s_0=0$，则数学模型为 $s_k=s_{k-1}+k$，$k=1,2,\cdots,100$。

如果 s_0、s_{k-1}、s_k 都用变量 s 表示，用 k 表示 1～100 中的整数，令 $s=0$、$k=1$，则可以设计如下算法。

算法 1：

(1) $k=1$，$s=0$。

(2) 计算 $s=k+s$，$k=k+1$。

(3) 计算 $s=k+s$，$k=k+1$。

(4) 计算 $s=k+s$，$k=k+1$。

…

(100) 计算 $s=k+s$，$k=k+1$。

(101) 计算 $s=k+s$。

(102) 输出 s。

算法 1 用了 102 步描述，步骤多，书写工作量大，因此是不可取的算法。

由算法 1 可知，$s=k+s$ 和 $k=k+1$ 重复执行了 100 次，因此可以用循环结构设计该数学模型。初值：$s=0,k=1$；循环体：$s=s+k,k=k+1$；循环条件：$k\leqslant 100$。

算法 2：

(1) $k=1$，$s=0$。

(2) 当 $k\leqslant 100$ 成立时转(3)，否则转(6)。

(3) 计算 $s=s+k$。

(4) 计算 $k=k+1$。

(5) 转(2)。

(6) 输出 s。

算法 2 中的第(2)～(5)步构成循环结构，其中，第(3)～(4)是循环体，$k\leqslant 100$ 是循环条件。第(2)步也可以改为当 $k>100$ 成立时转(6)。

例 1-6 设计求两个正整数的最大公约数的算法。

由例 1-2 可知，令 $a_1=a,b_1=b$，则数学模型为：

$$r_k = a_k \bmod b_k,\quad a_{k+1} = b_k,\quad b_{k+1} = r_k,\quad k = 1,2,3,\cdots$$

当余数 $r_k=0$ 时，除数 b_k 是 a 与 b 的最大公约数。

如果用 a 表示被除数 a_k、用 b 表示除数 b_k、用 r 表示余数 r_k，显然先计算 $r=a \bmod b$，当 $r\neq 0$ 时重复做操作“$a=b,b=r,\ r=a \bmod b$”，因此，可以用循环结构设计该模型。

初值：计算 $r=a \bmod b$；循环条件：$r\neq 0$；循环体：$a=b,b=r,\ r=a \bmod b$。当循环结束时，余数 $r=0$，这时 b 就是最大公约数。

算法：

(1) 输入 a、b 的值。

(2) $r=a \bmod b$。

(3) 如果 $r\neq 0$ 成立，转(4)，否则转(8)。

(4) $a=b$。

(5) $b=r$。

(6) $r=a \bmod b$。

(7) 转(3)。

(8) 输出 b。

在该算法中，第(3)～(7)步构成循环结构，其中，第(4)～(6)是循环体，$r\neq 0$ 是循环条件。第(3)步也可以改为如果 $r=0$ 成立，则转(8)。

2）流程图

流程图采用一些图框表示各种操作，其形象直观、容易理解。流程图是描述算法的常用工具，一个流程图中包括表示相应操作的框、带箭头的流程线、框内/外有必要的说明文字，主要的流程图符号如图 1.1 所示。

顺序结构的描述如图 1.2 所示，选择结构的描述如图 1.3 所示，循环结构的描述如图 1.4 所示。

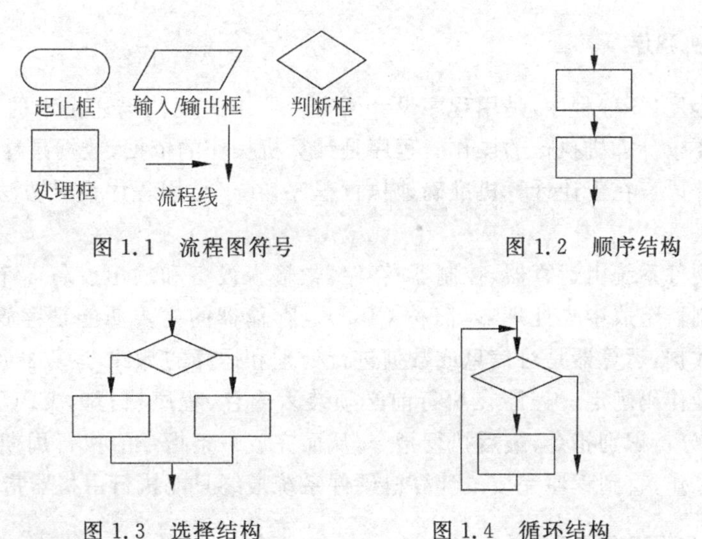

图 1.1　流程图符号　　图 1.2　顺序结构

图 1.3　选择结构　　图 1.4　循环结构

例 1-7　求两个数之和。

求两个数之和的流程图如图 1.5 所示。

例 1-8　求两个数的最大值。

求两个数的最大值的流程图如图 1.6 所示。

例 1-9　求 1＋2＋3＋…＋100 的值。

求 1＋2＋3＋…＋100 的值的流程图如图 1.7 所示。

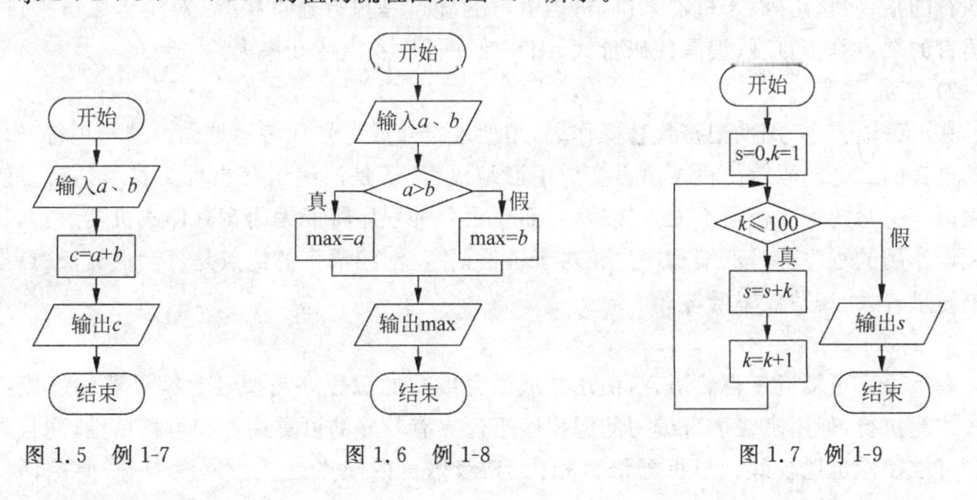

图 1.5　例 1-7　　图 1.6　例 1-8　　图 1.7　例 1-9

3）程序设计语言

计算机不能识别自然语言、流程图等算法描述语言，程序设计语言是用于编写计算机程序的语言，它是人与计算机交流的工具，因此要用程序设计语言描述需要解决的问题。

1.2 计算机程序

1.2.1 程序设计语言

1. 计算机程序

计算机程序(简称程序)是用程序设计语言所要求的规范描述出来的一系列动作，它表达了程序员要求计算机执行的操作。程序是计算机操作的依据，数据是计算机操作的对象。学习程序设计语言在于让计算机准确地执行程序，在于会用程序设计方法去实现动作序列的表达。

计算机硬件系统由运算器、控制器、存储器、输入设备和输出设备 5 个部分组成，其中，运算器和控制器组成中央处理器(简称 CPU)。存储器的主要功能是存放以二进制数据表示的指令和数据，运算器是对信息或数据进行处理和运算的部件，运算器每次执行的操作由当前指令的操作码确定。程序在执行前必须装入内存，程序执行时 CPU 负责从内存中逐条取出指令，分析识别指令，最后执行指令，从而完成一条指令的执行周期。CPU 就是这样周而复始地工作，直到程序完成。计算机硬件系统最终只能执行由机器指令组成的程序。

2. 程序设计语言的分类

程序设计语言是用于编写计算机程序的语言。按照语言级别，程序设计语言可以分为低级语言和高级语言。低级语言又包括机器语言和汇编语言。

1) 机器语言

机器语言面向机器指令集，书写形式为二进制代码，它是不需要进行任何翻译的编程语言。采用机器语言编写程序，书写的内容为机器指令，即程序员书写的源文件就是机器可以执行的指令集合。对于机器来讲，机器语言的优点是执行速度极高，对于程序员来讲，机器语言的缺点是不直观、编写代码量大、编写效率低以及出错几率大。

2) 汇编语言

在汇编语言中，用助记符代替操作码，用地址符号或标号代替地址码。这样用符号代替机器语言的二进制码就把机器语言变成了汇编语言，于是汇编语言也称为符号语言。使用汇编语言编写的程序机器不能直接识别，而要由一种程序将汇编语言翻译成机器语言，这种起翻译作用的程序称为汇编程序。相对于机器语言，汇编语言的优点是可读性高，缺点是代码书写量较大、编写效率低等。

3) 高级语言

高级语言更接近于自然语言，使用高级语言编写的源程序需要经过编译器编译成机器语言才能执行，但用高级语言编写的源程序不仅具有较好的可重用性和可移植性，而且可读性和可维护性也比较好。与机器语言相比，高级语言的缺点是执行速度慢，需要翻译。目前，C++和 Java 等都是被广泛使用的高级语言。

1.2.2 编译与解释

用高级语言编写的程序称为源代码或源程序。计算机是不能够直接执行源程序的，必须把源程序翻译成计算机能解读、运行的低级机器语言程序，即目标代码。翻译的方式有编译和解释两种。

1. 编译

将用一种语言编写的程序转换成等效(等价)的另一种语言的过程称为翻译，将源程序翻译成低级语言的过程称为编译。翻译的过程一般由程序来完成，将完成编译功能的程序称为编译程序(编译器)，如图 1.8 所示。

源程序(高级程序) → 编译程序 → 目标程序(低级语言)

图 1.8 编译器

编译程序把一个源程序翻译成目标程序的工作过程分为 5 个阶段，即词法分析、语法分析、语义检查和中间代码生成、代码优化、目标代码生成。编译程序以源程序作为输入，编译后产生目标程序，在计算机上运行的是目标程序。C、C++ 等都是采用编译方式的程序设计语言。

2. 解释

翻译的另一种方式是解释运行方式，它是按照源程序中语句的动态顺序直接地逐句进行分析解释，并立即执行。与编译方式相同的是，解释的过程是由程序完成的，称为解释程序。解释程序对源代码中的程序进行逐句翻译，翻译一句执行一句，在翻译过程中并不生成可执行文件。

1.2.3 程序设计方法

用高级语言编写程序的过程称为程序设计，目前，程序设计方法可以分为面向过程的程序设计方法和面向对象的程序设计方法。

在面向过程的程序设计中，程序设计者必须指定计算机执行的具体步骤，程序设计者不仅要考虑程序要“做什么”，还要解决“怎么做”的问题。例如，C 语言是面向过程的程序设计语言。面向过程的程序设计语言采用结构化程序设计的方法，按结构化程序设计的要求，程序在设计中应当采用“自顶向下、逐步求精”和“模块化”原则。

对于小规模的软件，用面向过程设计的程序非常适用。但是，当软件规模相当大时，用面向过程设计的程序就会出现可修改性和可重用性差的缺点。为了解决这些问题，出现了面向对象的程序设计方法。在面向对象的程序设计中，其设计思路和人们日常生活中处理问题的思路相似，它能够有效地改进结构化程序设计中存在的问题。例如，C++语言是面向对象的程序设计语言。

1.3 C/C++语言简介

1.3.1 C语言简介

1. C语言的发展史

C语言的根源可以追溯到1960年出现的ALGOL 60。1963年,剑桥大学将ALGOL 60语言发展成为CPL(Combined Programming Language)。1967年,剑桥大学的Martin Richards对CPL进行了简化,于是产生了BCPL(Basic Combined Programming Language)。1970年,美国贝尔实验室的Ken Thompson将BCPL进行了修改,并为它起了一个有趣的名字——B语言,他还用B语言写了第一个UNIX操作系统。在1972年,美国贝尔实验室的D. M. Ritchie在B语言的基础上最终设计出了一种新的语言,他取了BCPL的第二个字母作为这种语言的名字,这就是C语言。

2. C语言的特点

C语言具有以下特点。

(1) 使用方便、灵活:C语言有32个关键字、9种控制语句,并能直接访问物理地址和进行位操作,为程序员提供了非常灵活的编程方法。

(2) 运算符丰富:C语言共有34种运算符,把括号、赋值、强制类型转换等都作为运算符处理,从而使运算类型极其丰富,表达式类型多种多样。

(3) 数据类型丰富:使用C语言所拥有的数据类型能实现各种复杂的数据结构的运算。

(4) 具有结构化程序设计:C语言除提供了控制语句外,还通过函数定义提供了模块化的机制,使C语言成为理想的结构化语言,符合编程风格的要求。

(5) 生成的目标代码质量高,程序的执行效率高:一般情况下,只比汇编程序生成的目标代码效率低10%~20%。

(6) 可移植性好:C语言突出的优点就是适用于多种操作系统,也适用于多种机型。

1.3.2 C++语言简介

1. C++语言的发展史

随着C语言应用的推广,C语言存在的一些缺陷或不足开始暴露出来,并受到大家的关注。例如,C语言对数据类型检查的机制比较弱,缺少支持代码重用的结构;随着软件工程规模的扩大,难以适应开发特大型程序。同时,C语言毕竟是一种面向过程设计的语言,已经不能满足运用面向对象的方法开发软件的需要。为了克服C语言本身存在的缺点,并且为了支持面向对象的程序设计,贝尔实验室的Bjarne Stroustrup于1980年在C语言的基础上创建、研制出了一种通用的程序设计语言——C++。

研制C++的一个重要的目标就是使C++首先是一个更好的C,根除了C中存在的问题,另一个重要的目标就是面向对象的程序设计，因此，在 C++ 中引入了类的机制。最初的 C++被称为“带类的 C”，1983 年被正式命名为 C++(C Plus Plus)，以后经过不断地完善，形成了目前的 C++。

2. C++语言的特点

C++语言全面兼容 C，除了具备 C 语言的特点外，还具有以下特点。

(1) 全面兼容 C 语言，全面支持面向过程的结构化程序设计：C++语言是在 C 语言的基础上扩充形成的一种语言，大多数 C 程序代码略做修改或不做修改就可以在 C++编译系统下编译通过，这样，既保护了用 C 语言开发的丰富的软件资源，也保护了丰富的 C 语言软件开发的人力资源。

(2) 全面支持面向对象程序设计：以对象为基本模块，使程序模块的划分更合理，使模块的独立性更强，使程序的可读性、可理解性、可重用性、可扩充性、可测试性和可维护性等更好，程序结构更加合理。

(3) 全面支持面向过程和面向对象的混合编程，充分发挥这两类编程技术的优势。

习题 1

一、选择题

1. C++对 C 语言做了很多改进，在下列描述中，________使得 C 语言发生了质变，即从面向过程变成了面向对象。

(A) 规定函数说明必须用原型　(B) 增加了一些新的运算符

(C) 允许函数重载，并允许设置默认参数　(D) 引进了类和对象的概念

2. C++语言是从早期的 C 语言逐渐发展演变而来的，与 C 语言相比，它在求解问题方法上进行的最大改进是________。

(A) 面向对象　(B) 重用性　(C) 安全性　(D) 面向过程

二、分别用自然语言和流程图设计下列各题的算法

1. 输入三角形的 3 条边的值，判断它们是否能构成三角形。

2. 求一个三位正整数的个位、十位和百位的数字。

3. 判断一个正整数是否是素数。

4. 判断一个数是否是完数。一个数如果恰好等于它的因子(不包括这个数本身)之和，这个数就称为完数。

三、写出下列各题的数学模型

1. 已知 a 和 n 的值，求 $a+aa+aaa+aaaa+\cdots+aa\cdots aa$，其中，$a>0$，$n>0$，$aa\cdots aa$ 表示由 n 个 a 组成。

2. 计算 $\frac{1}{1!}-\frac{1}{3!}+\frac{1}{5!}-\frac{1}{7!}+\cdots+\frac{(-1)^{n+1}}{(2n-1)!}$，其中，$n$ 是一个正整数。

3. 计算 $n!$ 的值，其中，n 是一个正整数。

4. 任意给出一个十进制正整数，求从低位到高位的各位数字。

第2章 数据类型和表达式

本章学习目标

- 掌握C++的基本数据类型
- 熟练掌握C++的常量与变量的使用方法
- 熟练运用各种运算符和表达式

本章先介绍C++的基本数据类型，然后介绍常量与变量的定义及其使用方法，最后介绍各种运算符、表达式以及类型转换。

2.1 基本数据类型

数据是指所有能输入到计算机中并被计算机程序处理的符号的总称，也就是说，程序处理的对象是数据。C++语言根据数据的特点将数据分为不同的类型，数据在计算机内的表示方式由数据类型确定，数据类型决定数据分配存储空间的大小以及数据所能进行的操作。

C++中的数据类型分为基本数据类型和构造数据类型两大类，基本数据类型主要有整数类型(int)、单精度浮点型(float)、双精度浮点型(double)、字符类型(char)、布尔类型(bool)、空类型(void)；构造数据类型是用户在基本数据类型的基础上自定义的数据类型。

2.1.1 整数类型

整数类型(简称整型)主要用于描述整数的数据，整型数据分为有符号整数和无符号整数两大类，常用整型数据的存储空间(字节数)和数据范围如表2.1所示。

表2.1 整型数据的存储空间和数据范围

类型	字节数	范围	备注
短整型 short int	2	$-32\,768(2^{15})\sim32\,767(2^{15}-1)$	简称 short
整型 int	4	$-2^{31}\sim(2^{31}-1)$	
无符号整型 unsigned int	4	$0\sim(2^{32}-1)$	简称 unsigned
长整型 long int	4	$-2^{31}\sim(2^{31}-1)$	简称 long

2.1.2 实数类型

实数类型(简称实型)又称浮点型，主要用于描述实数的数据，常用的实型数据的存储空间和数据范围如表 2.2 所示。

表 2.2 实型数据的存储空间和数据范围

类型	字节数	范围	备注
float	4	$\pm 3.4\times 10^{38}$	7 位有效位
double	8	$\pm 1.7\times 10^{308}$	15 位有效位

2.1.3 字符类型

字符类型(简称字符型)主要用于描述单个字符数据,字符型数据的存储空间和数据范围如表 2.3 所示。

表 2.3 字符型数据的存储空间和数据范围

类型	字节数	范围
字符类型 char	1	−128～127
无符号字符型 unsigned char	1	0～255

2.1.4 布尔类型

布尔类型(bool)用于表示布尔逻辑数据,这种类型的数据值只有真和假两种,用 true 表示真,用 false 表示假,占一个字节的存储空间。

2.1.5 空类型

空类型(void)表示没有任何值,当一个函数没有返回值或者函数没有形参时,可以用 void 描述相应的数据类型,还可以用空类型指针指向任何类型的数据。

2.2 C++的字符集

C++程序是由一些规定的符号组成的,这些符号构成 C++的字符集。

2.2.1 字符集

C++的字符集分为以下 5 种类型。

(1) 字母集:由大写字母(A～Z)和小写字母(a～z)组成。

(2) 数字集:由 10 个数字(0～9)组成。

(3) 运算符集:由正号+、负号−、乘号*、除号/、百分号%、等于号=、叹号!、与号&、竖号|、波浪号～、尖号^、小于号<和大于号>等组成。

(4) 标点符号集:由分号;、冒号:、逗号,和点号.组成。

(5) 特殊符号集:由左括号(、右括号)、左中括号[、右中括号]、左大括号{、右大括号}、单撇号'、双撇号"、井号#、问号?、下划线_和空格等组成。

2.2.2 标识符

在C++语言中，由字符集中的一些字符组成的符号具有一定的含义，这些符号统称为标识符。标识符是以字母或下划线开头，后面由字母、数字或下划线组成的有限序列。按标识符的含义进行区分，标识符分为用户标识符和关键字。

1. 关键字

关键字是C++语言中具有特定含义的标识符。

例如，int、char、break、for、define等都是C++语言中的关键字。常用关键字见附录C。

2. 用户标识符

不是关键字的标识符被称为用户标识符，若没有特别说明，以后所说的标识符都是指用户标识符。

例如，A2、student、area_of_circle、num、_dd、Int都是合法的标识符。

又如，2A、A-B、area of circle、M. D、int都是非法的标识符。

注意：

(1) 标识符中的大小写字母是不同的。例如，A和a是两个不同的标识符。

(2) 关键字不能作为用户标识符使用。例如，int是关键字，不能作为标识符使用。

2.3 常量与符号常量

程序处理的对象是数据，数据分为变量和常量两种类型。在程序运行的过程中，一直保持不变的数据称为常量。按值出现的形式来区分，常量有值常量和符号常量两种，值常量是以字面值的形式直接出现在程序中，符号常量是以标识符的形式出现在程序中。

2.3.1 值常量

值常量也称字面常量，按数据的表示形式划分，值常量有整型、实型、字符型、字符串型和布尔型5种形式。

1. 整型常量

在C++中以整型表示的数为整型常量(简称整数)，整数有十进制、八进制和十六进制3种表示形式。

1) 十进制数

十进制数由0～9的数字组成，除表示正负数的字符外，第一个数字不能是0(整数0除外)。

例如，110、+12、-25、0、1289都是合法的十进制数。

2) 八进制数

八进制数由0～7的数字组成，且以0开头。

例如,012、0267 都是合法的八进制数。

3) 十六进制数

十六进制数由 0~9 的数字和字母 a~f(或 A~F)组成,且以 0x(或 0X)开头。

例如,0x12、0Xfa23 都是合法的十六进制数。

对于整型常量,可以使用后缀来修饰,以 L 或 l 为后缀修饰的数是长整数,以 u 或 U 为后缀修饰的数是无符号整数。

例如,2L、023L、0x789dL 都是长整数;6U、045U、0x789U 都是无符号整数。

2. 实型常量

在 C++中以实型表示的数为实型常量(简称实数),按数据在内存中存储空间的大小来区分,实型数据有单精度浮点和双精度浮点两种类型。实数的表示方式有十进制小数和科学记数法两种方式。

1) 十进制小数

十进制小数的表示方式一般由整数部分和小数部分组成,两者可以省略一个,但小数点不能省。

例如,21.43、-5.45、8.、-.45、.0 都是合法的十进制小数。

2) 科学记数法

科学记数法的表示方式如下:

数字部分 e 指数部分

或

数字部分 E 指数部分

在数学中,任何一个实数都可以用科学记数法表示,设实数 $a=m\times10^n$,则实数 a 在计算机中的科学记数法表示方式为 m e n 或 m E $+n$。

例如,-3.14159 可以表示为 -0.314159×10^1,它的科学记数法表示方式为 -0.314159E1。

注意:

(1) 指数部分必须是十进制整数。例如,1.25e-5、+1e10、-1.25e5 都是合法的实数。

(2) E(或 e)前面不能没有数字,其后面的数字不能加括号。例如,1E(-3)、E-5、都不是合法实数。

(3) 以后缀 f 或 F 结尾的实数都是单精度浮点数(float 型);省略后缀的实数默认是双精度浮点数(double 型);以 L 或 l 结尾的实数都是长双精度浮点数(long double 型)。例如,0.12f 和 12.3e12f 是单精度浮点数,0.12 是双精度浮点数,3.5L 和 12.4e9L 是长双精度浮点数。

3. 字符常量

在 C++中以字符型表示的数为字符常量,字符常量是用单引号括起来的一个字符。字符常量在计算机中采用该字符的 ASCII 编码值表示,占用一个字节的内存空间。

例如,字符'A'的编码值是 65,字符 '0'的编码值是 48,字符'a'的编码值是 97。

在C++语言中，对于一些控制符要用转义字符表示，转义字符是用单引号括起来的转义序列，转义序列以“\”开头，后跟一个字符或一个整数。常用的转义字符如表2.4所示。

表2.4　常用的转义字符

符号	含义	符号	含义
\n	换行符	\\	反斜杠
\r	回车符	\'	单撇号
\b	退格符(Backspace键)	\"	双撇号
\t	水平制表符(Tab键)	\0	空字符
\ddd	1～3位八进制数所代表的字符	\xhh	1～2位十六进制所代表的字符

例如：

'\101'中的101是八进制数，表示字符'A'。

'\x41'中的41是十六进制数，表示字符'A'。

'\60'中的60是八进制数，表示字符'0'。

'\x30'中的30是十六进制数，表示字符'0'。

注意：

(1) 字符'\0'与字符'0'不同，字符'\0'表示ASCII码为0的空字符，字符'0'表示ASCII码为48的数字字符。

(2) 字符常量在内存中以ASCII码存储，整数和字符常量在一定范围内可以通用。例如，字符'a'有时候也认为是97参加操作，反之也是。

4. 字符串常量

字符串常量(简称字符串)是由双引号括起来的若干个字符，字符串中字符的存储方式与字符常量相同。在存储字符串时，它的最后一个字符一定是空字符('\0')，以表示字符串结束。转义字符'\0'也称为字符串的结束符。字符串的长度是字符串中字符的个数。

例如：

字符串"\"a apple\""占10个字节，其长度为9。

字符串"b"占两个字节，其长度为1。

字符串"34"占3个字节，其长度为2。

字符串"输出结果是："占13个字节(注意，一个汉字占两个字节)，其长度为12。

字符串"ad\101"占4个字节，其长度为3。

字符常量与字符串的区别如下：

1) 表示形式上不同

字符常量是用单引号括起来的，字符串是用双引号括起来的。

2) 存储方式不同

字符常量占一个字节的存储空间，字符串占用连续的存储单元，其单元个数为字符串长度加1。

例如，字符常量'a'与字符串"a"的存储空间如图2.1所示。

97

'a'的存储空间

97	\0

"a"的存储空间

图 2.1　'a'与"a"的存储空间

5. 布尔常量

在 C++中，以布尔类型表示的数为布尔常量（简称布尔值），C++的布尔值只有 true 和 false 两种。在 C++中，布尔值常作为整数进行运算，true 表示整数 1，false 表示整数 0；整数也可以作为布尔值进行运算，非 0 的整数表示为 true，整数 0 表示 false。

注意：true 和 false 不是字符串。

2.3.2　符号常量

在用一个标识符代表一个常量时，该标识符称为符号常量。

格式：

```
#define　标识符　常量
```

功能：用标识符代替常量，其中，标识符称为符号常量。

符号常量一经定义，在程序中所有出现该符号常量的地方均可以用该常量代替。

例如：

```
#define PI 3.14159
```

其含义是用 PI 代表式子 3.14159，这样若程序中多次出现 PI，如果要修改 PI 的值，只需修改常量 3.14159 即可。

又如：

```
#define PR endl
```

其含义是用 PR 代表符号 endl，其中，endl 表示换行。

注意：

(1) 习惯上，符号常量名用大写字母书写。

(2) 符号常量虽然用标识符标识，但本质上是常量，在程序运行的过程中其值不能改变。

2.4　变量与常变量

变量是指在程序运行的过程中值可以改变的量，其作用是保存程序中的数据。

2.4.1　变量

1. 变量的定义

变量名（简称变量）用标识符表示，变量在内存中占用的存储空间的大小由变量类型决定。

格式：

```
数据类型  变量表;
```

功能：定义变量及其类型。

说明：变量表由一个或多个变量组成，而且各变量之间用逗号隔开。

例如：

```
int  j,k;
```

其定义了整型变量 j 和 k，在内存中各占 4 个字节。

又如：

```
float f1;
```

其定义了单精度实型变量 $f1$，在内存中占 4 个字节。

再如：

```
char c1;
```

其定义 $c1$ 为字符型变量，在内存中占一个字节。

注意：

(1) 变量必须先定义后使用。

(2) 变量名应尽可能短，并便于观其名知其意。例如用变量 sum 表示若干个数的和。

(3) 习惯上，变量用小写字母书写。

2. 变量的赋值

在首次使用变量时，必须要有确定的值，否则计算机会给出一个不确定的值。变量赋值的方式有以下两种：

1) 初始化变量

初始化变量是指在定义变量的同时给变量赋值。

格式 1：

```
数据类型    变量 = 表达式;
```

格式 2：

```
数据类型    变量(表达式);
```

功能：将表达式的值赋给变量。

例如：

```
int k = 3,m(3);
```

其含义是定义变量 k 和 m，并且将 3 赋给这两个变量。

又如：

```
int k = m = 3;    //错误
```

因为在定义变量时不允许连续用多个＝对多个变量赋值。

2）为变量赋值

为变量赋值是指对已定义的变量进行赋值。

格式：

```
变量 = 表达式;
```

功能：将表达式的值赋给变量。这个格式也称为赋值语句。

例如：

```
int k,m;
k = m = 3;
```

其含义是先定义整型变量 k 与 m，然后将 3 赋给 k 和 m。

又如：

```
float t;
t = 2.3;
```

其含义是先定义单精度类型变量 t，然后将 2.3 赋给 t。

2.4.2 常变量

如果一个变量的值在程序运行期间不能改变，则该变量称为常变量。

格式：

```
const 数据类型  常变量 = 常量表达式;
```

功能：定义一个常变量，并将常量表达式的值赋给常变量。常变量一经定义，在程序中所有出现该常变量的地方均可使用该常量表达式的值代替。

例如：

```
const double PI = 3.14159;
```

其含义是定义一个双精度型的常变量 PI，占 8 个字节，值为 3.14159。

注意：

(1) 在程序运行的过程中，常变量的值不能被改变。

(2) 常量表达式中不能包含有变量。

(3) 常变量与符号常量的区别是，常变量在内存中占内存空间；符号常量在内存中不占空间。

2.5 表达式

表达式由运算符、操作数和圆括号按照一定的规则组成，操作数可以是常量、变量和函数等，运算符用于描述对操作数的操作。C++程序通过计算表达式完成对数据的处理。

2.5.1 运算符

1. 算术运算符和算术表达式

由算术运算符连接起来的表达式称为算术表达式，其值为一个数值。

1) 算术运算符

算术运算符如表 2.5 所示。

表 2.5 算术运算符

算术运算符	名称	算术运算符	名称
+	加法	/	除法
−	减法	%	求余
*	乘法		

格式：

```
操作数 1 算术运算符 操作数 2
```

功能：操作数 1 和操作数 2 按给定的算术运算符进行运算，结果为数值。

例如，表达式 1+2 的值为 3，表达式 3 * 6.3 的值为 18.9。

说明：

(1) 在/(除法)运算中，当两个操作数都是整数时，其结果为整数。

例如，1/2 的值为 0 ；1.0 /2 的值为 0.5。

(2) 运算符%表示求两个操作数相除的余数，要求两个操作数必须都是整型。

例如，1%2 的值为 1；4%2 的值为 0。

2) 自增、自减的算术运算符

自增运算符为++；自减运算符为--。

(1) 自增表达式。

后置增格式：

```
操作数 ++
```

功能：操作数参加运算(操作)后，该操作数加 1。

先置增格式：

```
++ 操作数
```

功能：操作数加 1 后，该操作数再参加运算(操作)。

(2) 自减表达式。

后置减格式：

```
操作数 --
```

功能：操作数参加运算(操作)后，该操作数减 1。

先置减格式：

--操作数

功能：操作数减 1 后，该操作数再参加运算（操作）。

++和--出现在操作数之前和之后具有不同的功能，具体示例如表 2.6 所示。

表 2.6 运算符++和--的示例

表达式	名称	示例	说明
++操作数	先置增	int a=3,m; m=++a	a 加 1 后，将变量 a 赋给 m。即 $a=4, m=4$
操作数++	后置增	int a=3,m; m=a++	将变量 a 赋给 m 后，a 再加 1。即 $a=4, m=3$
--操作数	先置减	int a=3,m; m=--a	a 减 1 后，将变量 a 赋给 m。即 $a=2, m=2$
操作数--	后置减	int a=3,m; m=a--	将变量 a 赋给 m 后，a 再减 1。即 $a=2, m=3$

注意：

(1) 自增运算和自减运算中的操作数只能是变量。

例如，表达式 5++、$(a+b)$++都错误。

(2) 后置运算优先于前置运算。

(3) 自增运算和自减运算都优先于算术运算符。

例如，设有"int a=5,b=7;"，计算下列表达式的值，并求 a、b 的值。

① $++a+10$

其等价于$(++a)+10$，因为++是先置增格式，先取 a 的值加 1 后，a 为 6，再计算表达式 $a+10$，所以表达式的值为 16。

② $a--*2$

其等价于$(a--)*2$，因为--是后置减格式，先计算表达式 $a*2$，该表达式的值为 $5*2$，得 10，然后取 a 的值减 1，a 变为 4。

③ $a+++b$

其等价于$(a++)+b$，因为++是后置增格式，计算表达式 $a+b$，该表达式的值为 5+7，得 12，然后取 a 的值加 1，a 变为 6，b 仍为 7。

④ $a+++b++$

其等价于$(a++)+(b++)$，因为两个++都是后置增格式，计算表达式 $a+b$，该表达式的值为 5+7=12，然后取 a 的值加 1，a 变为 6，取 b 的值加 1，b 变为 8。

⑤ $++a+b++$

其等价于$(++a)+(b++)$，因为第 1 个++是先置增格式，第 2 个++是后置增格式，先取 a 的值加 1，a 变为 6，然后计算表达式 $a+b$，该表达式的值为 6+7=13，再取 b 的值加 1，b 变为 8。

⑥ $++a+++b$

其等价于$(++(a++))+b$，该表达式是错误的，因为第 1 个++与表达式 a++相结合，而表达式不能作为自增操作数。

2. 关系运算符和关系表达式

由关系运算符连接起来的表达式称为关系表达式，其值为布尔值。关系运算符如表 2.7 所示。

表 2.7 关系运算符

关系运算符	名称	关系运算符	名称
＜	小于	＞＝	大于等于
＜＝	小于等于	＝＝	等于
＞	大于	!＝	不等于

格式：

操作数 1 关系运算符 操作数 2

功能：操作数 1 和操作数 2 按给定的关系运算符进行运算，结果为布尔值。若操作数 1 和操作数 2 符合事实，则表达式的值为 1，否则表达式的值为 0。

例如：

表达式 5＞3 的值为 1。

表达式 1＜＝0 的值为 0。

表达式 1＜＝0＜6 等价于(1＜＝0)＜6，其值为 1。

注意：*在关系表达式中，字符数据按 ASCII 值的大小进行比较。*

例如，表达式'a'＜'B'的值为 0。

3. 逻辑运算符和逻辑表达式

由逻辑运算符连接起来的式子称为逻辑表达式，其值为布尔值。逻辑运算符如表 2.8 所示。

表 2.8 逻辑运算符

<table>
<tr><th>逻辑运算符</th><th>名称</th></tr>
<tr><td>&&</td><td>逻辑与</td></tr>
<tr><td>||</td><td>逻辑或</td></tr>
<tr><td>!</td><td>逻辑非</td></tr>
</table>

1) 逻辑与

格式：

操作数 1 && 操作数 2

功能：操作数 1 和操作数 2 进行逻辑与运算。若操作数 1 和操作数 2 都为 1，则运算结果为 1，否则为 0。

例如，表达式 2＞3&&3＜4 的值为 0。

显然，在逻辑与运算表达式中，若操作数 1 为 0，则无论操作数 2 为何值，运算结果都为 0，在这种情况下，C++不再计算操作数 2。

又如，设 a＝0、b＝6、c＝7，则表达式 a＋＋&&b＋＋&&c＋＋的值为 0，运算后，a＝1、b＝6、c＝7。因为先计算表达式 a＋＋，其值为 0，表达式 b＋＋不再进行运算，但 a 参加第一个 && 运算后，a 再加 1(a 变为 1)，因此表达式 a＋＋&&b＋＋的值为 0，而表达式 c＋＋不再进行运算。

2) 逻辑或

格式：

操作数 1|| 操作数 2

功能：操作数 1 和操作数 2 进行逻辑或运算。若操作数 1 和操作数 2 有一个为 1，则运算结果为1,否则为0。

例如,表达式2>=3||3<4的值为1。

显然,在逻辑或运算表达式中,若操作数1为1,则无论操作数2为何值,运算结果都为1,在这种情况下,C++不再计算操作数2。

又如,设$a=0$、$b=6$、$c=7$,则表达式a++||b++||c++的值为1,运算后,$a=1$、$b=7$、$c=7$。因为先计算表达式a++,其值为0,然后计算表达式b++,其值为6(也为真),但a与b参加第一个||运算后,a再加1(a变为1),b再加1(b变为7),因此表达式a++||b++的值为1,而表达式c++不再进行运算。

3) 逻辑非

格式:

```
!操作数
```

功能:操作数进行逻辑非运算。若操作数为1,则运算结果为0,否则为1。

例如,表达式!'a'>'b'的结果为0,因为先计算!'a',其值为0,然后判断0>'b',其值为0。

4. 条件运算符与条件表达式

由条件运算符连接起来的表达式称为条件表达式,条件运算符为"?:"。

格式:

$e_1 ? e_2 : e_3$

功能:当e_1为真时,只计算表达式e_2,并将e_2的值作为条件表达式的值;否则只计算表达式e_3,并将e_3的值作为条件表达式的值。

例如,设$x=5$、$y=7$,则表达式$x>y$? x++:y++的值为7,因为$x>y$为假,y++作为该条件表达式的值,其值为7,运算后,$x=5$、$y=8$。

5. 赋值运算符与赋值表达式

由赋值运算符连接起来的表达式称为赋值表达式,赋值运算符分为简单赋值运算符和复合赋值运算符两种类型。

1) 简单赋值运算符与简单赋值表达式

简单赋值运算符(简称赋值号)为=。

格式:

```
变量 = 表达式
```

功能:将表达式的值赋给变量,并将其值作为赋值表达式的值。

例如,执行表达式$n=3.6$后,n的值是3.6,执行表达式$a=b=3$后,a与b的值都是3,执行表达式$a=2*3$后,a的值是6。

2) 复合赋值运算符与复合赋值表达式

在赋值号=之前加上其他运算符,就构成了复合赋值运算符。

常用的复合赋值运算符如表2.9所示。

表 2.9 常用的复合赋值运算符

复合赋值运算符	名称	复合赋值运算符	名称
+=	复合加赋值运算符	/=	复合除赋值运算符
-=	复合减赋值运算符	%=	复合求余赋值运算符
*=	复合乘赋值运算符		

格式：

变量 复合赋值运算符 表达式

例如，设 $a=3$、$b=2$，执行表达式 $a+=b$ 后，$a=5$、$b=2$，因为表达式 $a+=b$，相当于 $a=a+b$。

6. 逗号运算符与逗号表达式

由逗号运算符连接起来的表达式称为逗号表达式，逗号运算符为“,”。

格式：

$e_1, e_2, e_3, \cdots, e_n$

功能：从左向右依次计算表达式 e_1、e_2、e_3、…、e_n 的值，并将 e_n 的值作为逗号表达式的值。

例如，表达式“j=3,k=j+2,m=k+2”的值为 7。

7. 位运算符与位运算表达式

由位运算符连接起来的表达式称为位运算表达式。位运算符如表 2.10 所示。

表 2.10 位运算符

运算符	名称	运算符	名称
~	按位取反	^	按位异或
&	按位与	<<	左移
|	按位或	>>	右移

位运算只对二进制数按位进行运算，对于 32 位机而言，每个字节由 8 个二进制位组成，操作数必须转化为 8 个二进制位才能进行位运算。

1）按位取反表达式

格式：

~操作数

功能：对操作数的二进制数按位取反，即将 1 改为 0，将 0 改为 1。

例如，设 $a=22$，则 $\sim a=233$。

a 的二进制数为 0001 0110，则 $\sim a$ 的二进制数为 1110 1001，其十进制数为 233，计算过程如图 2.2 所示。

$$\begin{array}{r} a\text{: }00010110 \\ \hline \sim a\text{: }11101001 \end{array}$$

图 2.2 计算 $\sim a$ 的过程

2）按位与表达式

格式：

```
操作数 1 & 操作数 2
```

功能：对操作数 1 和操作数 2 的二进制数按位进行逻辑与运算。

运算规则：仅当对应的两个二进位均为 1 时，该位的运算结果才为是 1，否则为 0。

例如，设 $a=15$、$b=170$，则 $a\&b=10$。

a 的二进制数为 0000 1111，b 的二进制数为 1010 1010，则 $a\&b$ 的二进制数为 0000 1010，其十进制数为 10，计算过程如图 2.3 所示。

a：0 0 0 0 1 1 1 1
b：1 0 1 0 1 0 1 0
$a\&b$：0 0 0 0 1 0 1 0

图 2.3 计算 $a\&b$ 的过程

3）按位或表达式

格式：

```
操作数 1 | 操作数 2
```

功能：对操作数 1 和操作数 2 的二进制数按位进行逻辑或运算。

运算规则：仅当对应的两个二进位均为 0 时，该位的运算结果才是 0，否则为 1。

例如，设 $c=87$、$d=162$，则 $c|d=247$。

c 的二进制数为 0101 0111，d 的二进制数为 1010 0010，则 $c|d$ 的二进制数为 1111 0111，其十进制数为 247，计算过程如图 2.4 所示。

c：0 1 0 1 0 1 1 1
d：1 0 1 0 0 0 1 0
$c|d$：1 1 1 1 0 1 1 1

图 2.4 计算 $c|d$ 的过程

4）按位异或表达式

格式：

```
操作数 1 ^ 操作数 2
```

功能：对操作数 1 和操作数 2 的各对应二进位进行逻辑异或运算。

运算规则：仅当对应的两个二进位不同时，该位的运算结果才是 1，否则为 0。

例如，设 $a=87$、$b=162$，则 $a\hat{}b=245$。

a 的二进制数为 0101 0111，b 的二进制数为 1010 0010，则 $a\hat{}b$ 的二进制数为 1111 0101，其十进制数为 245，计算过程如图 2.5 所示。

a：0 1 0 1 0 1 1 1
b：1 0 1 0 0 0 1 0
$a\hat{}b$：1 1 1 1 0 1 0 1

图 2.5 计算 $a\hat{}b$ 的过程

5）左移运算符表达式

格式：

操作数 1<<操作数 2

功能：将操作数 1 的二进制数按位依次向左移动若干个（操作数 2）二进位后作为表达式的值。

注意：

（1）在移位时，移出的高位舍弃，低位补 0。

（2）操作数 1 的值保持不变。

（3）该表达式相当于操作数 $1*2^{操作数2}$。

例如，设 $a=2$，则 $a<<2$ 的值为 8。

a 的二进制数表示为 0000 0010，则 $a<<2$ 的二进制数表示为 0000 1000，其十进制数为 8，计算过程如图 2.6 所示。

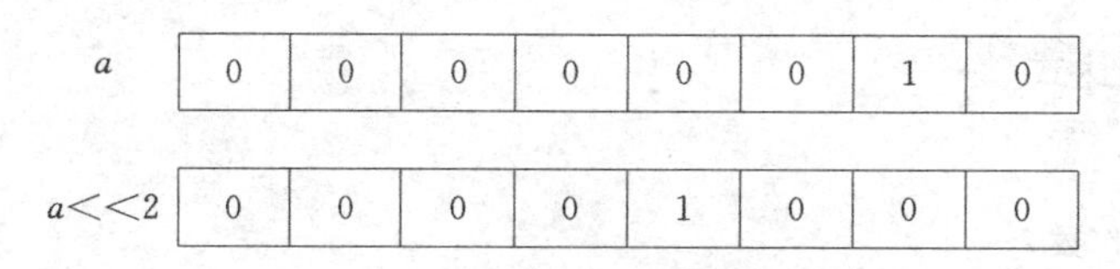

图 2.6　计算 $a<<2$ 的过程

6）右移运算符表达式

格式：

操作数 1>>操作数 2

功能：将操作数 1 的二进制数按位依次向右移动若干个（操作数 2）二进位后作为表达式的值。

注意：

（1）在移位时，移出的低位被舍弃，高位视不同情况做不同处理。对于无符号数，高位补 0；对于有符号数，最高位用符号位填补（正数补 0，负数补 1），其余位补 0。

（2）操作数 1 的值保持不变。

（3）该表达式相当于操作数 $1/2^{操作数2}$。

例如，设 $a=8$，则 $a>>2$ 的值为 2。

a 的二进制数表示为 0000 1000，则 $a>>2$ 的二进制数表示为 0000 0010，其十进制整数为 2，计算过程如图 2.7 所示。

a	0	0	0	0	1	0	0	0
$a>>2$	0	0	0	0	0	0	1	0

图 2.7　计算 $a>>2$ 的过程

8. 长度运算符

格式：

```
sizeof(数据类型或表达式)
```

功能：计算数据类型或表达式占的内存字节数。

例如，设 char *a*，则 sizeof(*a*)的值为 1；sizeof(int)的值为 4；sizeof(3.14)的值为 8，因为 3.14 的类型为 double。

2.5.2 表达式的运算规则

表达式由一个或多个运算符组成，在计算过程中，一定要根据运算符的优先级由高到低进行计算，如果相邻的两个运算符优先级相同，还要根据结合性决定表达式的计算顺序。在 C++中，常用运算符的功能及其优先级和结合性如表 2.11 所示。

表 2.11 C++常用运算符的功能、优先级和结合性

优先级	运算符	含 义	结合性
1	::	域运算符	自左至右
2	()	括号，函数调用	自左至右
	[]	数组下标运算符	
	->	指向成员运算符	
	.	成员运算符	
	++	自增运算符(后置)(单目运算符)	
	--	自减运算符(后置)(单目运算符)	
3	++	自增运算符(前置)	自右至左
	--	自减运算符(前置)	
	&	取地址运算符	
	*	指针运算符	
	!	逻辑非运算符	
	~	按位取反运算符	
	+	正号运算符	
	-	负号运算符	
	(类型)	类型转换运算符	
	sizeof	长度运算符	
	new	动态分配存储空间运算符	
	delete	释放存储空间运算符	
		(以上为单目运算符)	

续表

优先级	运算符	含　义	结合性
4	*、/、%	乘法、除法、求余运算符	自左至右
5	+、-	加法、减法运算符	
6	<<、>>	左移、右移运算符	
7	<、<=、>、>=	小于、小于等于、大于、大于等于运算符	
8	==、!=	等于运算符、不等于运算符	
9	&	按位与运算符	
10	^	按位异或运算符	
11	|	按位或运算符	
12	&&	逻辑与运算符	
13	||	逻辑或运算符	
14	?:	条件运算符(三目运算符)	自右至左
15	=、+=、-=、*=、/=、%=、&=、^=、!=、<<=、>>=	赋值运算符	
16	,	逗号运算符	自左至右

在书写C++表达式时,需要注意与书写数学表达式的差异,如表2.12所示。

表2.12　C++表达式与数学表达式对应的实例

序号	数学表达式	C++表达式
1	1.25×10^{-5}	1.25e-5
2	$2+3x$	2+3*x
3	$\frac{a+b}{c+d}$	(a+b)/(c+d)
4	$a+\frac{b}{c}+d$	a+b/c+d
5	$\sqrt{b^2-4ac}$	sqrt(b*b-4*a*c)
6	$1+\mathrm{e}^{-x}\sin x$	1+exp(-x)*sin(x)
7	$2\pi r+30^\circ$	2*3.14159*r+30*3.14159/180
8	$(x\geqslant0)$且$(y\geqslant0)$	(x>=0)&&(y>=0)
9	xy	x*y
10	$x\div y$	x/y
11	$x=y$	x==y
12	$x\neq y$	x!=y
13	$0<x<2$	x>0&&x<2

在C++程序中,必须把命题书写为C++表达式。

例如,写出满足下列条件的C++语言表达式。

(1) c是大写字母。

表达式为 c>='A'&&c<='Z'。

(2) d 是不大于 100 的偶数。

表达式为 d<=100&&d%2==0。

(3) c 是非数字字符。

表达式为 c <'0'||c>'9'。

(4) a 是奇数。

表达式为 a%2==0。

(5) a 属于区间(2,3]

表达式为 a>2&&a<=3。

在书写 C++表达式时,用户需要注意以下几点:

(1) 只能使用合法的标识符。

例如,数学表达式 πr^2 的 C++表达式为 3.14159*r*r。

(2) 乘号必须用符号"*"明确指出,不得省略。

例如,数学表达式 xy 的 C++表达式为 x*y。

(3) 函数的自变量可以是任意表达式,而且函数的自变量一定要写在一对圆括号中。

例如,数学表达式 $\sqrt{x}$ 的 C++表达式为 sqrt(x)。

其中,sqrt 是求平方根函数的函数名,常用的数学函数见附录 B。

(4) 为了指定运算的次序可以用圆括号,圆括号必须成对出现。

例如,数学表达式 $\frac{a+b}{c+d}$ 的 C++表达式为(a+b)/(c+d)。

表达式的运算规则如下:

(1) 运算符优先级高的先运算,优先级低的后运算。优先级总体原则如下:

① 单目运算符>多目运算符,但是要注意自增和自减运算。

② 算术运算符>关系运算符>逻辑运算符>条件运算符>赋值运算符>逗号运算符。

例如,表达式 2.5+7%3+5.4/2 的值为 6.2,因为先计算 7%3=1、5.4/2=2.7,然后计算 2.5+7%3(即 2.5+1),其值为 3.5,再计算 2.5+7%3+5.4/2(即 3.5+2.7),其值为 6.2。

表达式 3+4>5&&4==5 的值是 0,因为按运算符优先级,该表达式等价于(3+4>5)&&(4==5),表达式 3+4>5 的值为 1;而表达式 4==5 的值为 0,表达式 1&&0 的值为 0。

(2) 在同一个表达式中,优先级相同的运算符按表 2.11 给出的结合性运算。

例如,计算表达式 a+b/c+d 的顺序为先计算 b/c,然后计算 a+b/c,再计算 a+b/c+d。

(3) 在能确定表达式值的情况下停止后面的运算。

当表达式中出现逻辑与(&&)和逻辑或(||)运算时,需要考虑是否停止后面的运算。

例如,表达式 5>3&&2||8<4-!0 的值为 1。因为按运算符优先级,先计算!0,其值为 1,该表达式变为 5>3&&2||8<3,表达式 5>3&&2 的值为 1,根据运算符||的运算特征,不需要再计算表达式 8<3,因此整个表达式的结果为 1。

2.6 类型的转换

在表达式中变量和常量的数据类型可能并不相同，这样，在计算表达式时要根据运算的需要将一个数据的数据类型转换成另一种数据类型。类型转换方式有隐式类型转换和强制类型转换两种。

1. 隐式类型转换

隐式类型转换也称自动转换，不同类型的数据在进行混合运算时，系统会自动转换数据的类型，转换规则为由低类型转换为高类型。低类型表示范围小的数据类型，高类型表示范围大的数据类型，数据类型自动转换规则如图 2.8 所示。

```
int→unsigned→long→double→long double
↑                  ↑
short              float
char
```

图 2.8 数据类型自动转换规则

例如，设"int i=2;char c='a'; double f=2.5; long e=3;"，则表达式$(i+c)+f+e$的计算顺序如下。

(1) 计算$i+c$：先将'a'转换为整数 97，然后计算 2+97，其值为 99。

(2) 计算$99+f$：先将整数 99 转换为 double 型数据 99.0，然后计算 99.0+2.5，其值为 101.5。

(3) 计算$101.5+e$：先将变量e的值转换为 double 型数据 3.0，然后计算 101.5+3.0，其值为 104.5。

因此，表达式$(i+c)+f+e$的类型为 double，其值为 104.5。

注意：在表达式的计算过程中，系统自动进行类型转换。

2. 强制转换格式

格式 1：

```
(类型名)表达式
```

格式 2：

```
类型名(表达式)
```

功能：将表达式的类型强制转换为指定的类型。

例如，设"float a=3.5,b=2.0;"，则表达式(int)$a*b$的值为 6.0，表达式(int)$(a*b)$的值为 7。

(int)$a*b$→(int)3.5 * 2.0→3 * 2.0→6.0。

(int)$(a*b)$→(int)(3.5 * 2.0)→(int)7.0→7。

又如，设"int a=30,b=4; double x,y; "，则执行表达式x=(double)a/b后，$x=7.5$；

执行表达式 y=double(a/b)后，y=7.0。

x=(double)a/b→x=(double)30/4→x=30.0/4→x=7.5。

y=(double)(a/b)→y=(double)(30/4)→y=(double)7→y=7.0。

习题 2

一、选择题

1. 在下列选项中，________可以作为 C++标识符。

(A) 3var　　(B) else　　(C) X521　　(D) computer～1

2. 以下为合法的十进制常数的是________。

(A) 0345H　　(B) 089　　(C) 173L　　(D) 722D

3. 若定义了"int m=1, n=5;"，在执行表达式－－m&&n++后，n 的值为________。

(A) 1　　(B) 不确定　　(C) 5　　(D) 6

4. 设变量 n 为 float 型且已经赋值，则以下表达式中能够将 n 中的数值保留到小数点后面两位，并将第三位四舍五入的是________。

(A) n=(int)(n*100+0.5)/100.0;　　(B) n=(n/100+0.5)*100.0;

(C) n=n*100+0.5/100.0;　　(D) n=(n*100+0.5)/100;

5. 下面关于字符串与字符的说法正确的是________。

(A) "A"与'A'的长度相同　　(B) "A"与'A'是不相同的

(C) "A"与'A'是相同的　　(D) 字符串是常量，字符是变量

6. 设有定义"double a,b;int w; long c;"，且各变量已经正确赋值，则下列选项中为正确的表达式的是________。

(A) a==b=w　　(B) (c+w)%(int) a

(C) a=a+b=b++　　(D) w%((int)a+b)

7. 字符串常量"ab\t"的字符个数是________。

(A) 2　　(B) 3　　(C) 5　　(D) 4

8. 逗号表达式"(x=4*5, x*5), x+20"的值为________。

(A) 120　　(B) 40　　(C) 80　　(D) 20

9. 表达式"10 & 0xd + 06"的值是________。

(A) 16　　(B) 1　　(C) 8　　(D) 2

10. 设有定义"char a=3, b=6, c;"，执行表达式 c=a ^ b<<3 后，c 的二进制值是________。

(A) 00111000　　(B) 00110000　　(C) 00101000　　(D) 00110011

二、填空题

1. 表达式 8+(int)8.5%2+'a'的值是________。
2. 表达式 3*5&&5+3 的值是________。
3. 表达式'b'+023 的值是________。
4. 表达式 6>4&&6||8<5-!0 的值是________。
5. 表达式 3>4? 5:5<=5? 6:8 的值是________。
6. 表达式"x=3*5,5+3,x-3"的值是________。

7. 设 int a=6,运算表达式 $a*=a*=7$ 后,$a=$________。

8. 设 int a=6,运算表达式 $a+a++$ 后,$a=$________。

9. 设"int a=6,b=2,c=3",运算表达式 $x=a||b++||c++$ 后,$a=$________、$b=$________、$c=$________、$x=$________。

10. 设"int a=6,b=1,c=3",运算表达式 $x=a<b\&\&b--\&\&c++$ 后,$a=$________、$b=$________、$c=$________、$x=$________。

11. 设 int a=6,运算表达式 $a=a>>4$ 后,$a=$________。

三、把下列数学表达式写成 C++表达式

1. $a+b\neq x+y$　　2. ax^2+bx+c　　3. $\ln(x+\sqrt{e^x})$

4. $\dfrac{x+y^n}{2ab}$　　5. $\dfrac{1}{3}\pi r^2 h$　　6. $\dfrac{\sin 45°}{|x-y|}$

四、根据下列条件写出一个 C++语言表达式

1. $x\in[a,b]$。
2. x 和 y 至少有一个是偶数。
3. year 是闰年。
4. 计算 a 和 b 的最大者 x。
5. 将含有 2 位小数的实型变量 a 的值,四舍五入后保留 1 位小数。

程序结构

本章学习目标

- 熟练掌握简单语句的使用方法
- 熟练掌握 C++的输入/输出方法
- 了解程序的运行步骤和结构

本章先介绍简单语句，然后介绍 C++预处理命令、输入/输出的各种函数和输入/输出流对象，最后介绍程序的运行步骤和结构。

3.1 简单语句

3.1.1 表达式语句

在 C++中，所有对数据的操作和处理都是通过表达式来实现的，在表达式后面加分号就构成了表达式语句。

格式：

```
表达式;
```

例如：

“ i++;” 语句由自增表达式 $i++$ 后面加分号组成。

“sum=a+b;”语句由赋值表达式 sum=$a+b$ 后面加分号组成。

“3;”语句由常量表达式 3 后面加分号组成。

3.1.2 空语句

当程序中的某个位置在语法上需要一条语句，而在语义上又不要求执行任何动作时，可放上一条空语句。空语句不进行任何操作，仅是一个分号。

格式：

```
;
```

3.1.3 复合语句

当程序中的某个位置在语法上只允许一条语句出现，而在语义上又要执行一条以上的语句才能完成某个操作时需要使用复合语句。复合语句是由左、右大括号{ }括起来的一条或多条语句。

格式：

```
{语句组 }
```

例如，复合语句{ int a,b;a=4;b=7;}由 3 条语句组成。

3.2 预处理命令

在程序编译之前进行的处理称为预处理，预处理一般以＃开头。C++中提供了 3 种预处理命令，即宏定义、文件包含和条件包含。预处理命令所在行的结尾不能有分号，而且一行只能书写一条预处理命令。

3.2.1 "文件包含"命令

"文件包含"将一个文件的内容包含到当前文件中，其作用是节省程序设计者的重复工作。C++语言除了有自己的"文件包含"处理命令方式外，还保留了 C 语言中的"文件包含"处理命令方式。

1. C 语言中的"文件包含"命令

C 语言提供了＃include 命令实现"文件包含"的操作，被＃include 命令包含的文件称为头文件，头文件的扩展名为.h。

格式 1：

```
#include <文件名.h>
```

功能：从系统指定的文件夹中寻找所给定的头文件，并把头文件的信息包含到当前源程序文件中。

格式 2：

```
#include "文件名.h"
```

功能：先从当前文件夹中寻找给定的头文件，若找不到，自动在系统指定的文件夹中寻找所给定的头文件，并把头文件的信息包含到当前源程序文件中。

例如：

```
#include < iostream.h>
#include < math.h>
```

其含义是分别把头文件 iostream.h 中的输入/输出对象和 math.h 中的数学函数包含到当前源程序文件中。

2. C++语言中的“文件包含”命令

C++标准库中的类和函数都在命名空间 std 中声明,因此,C++语言除提供了 ＃include 命令实现“文件包含”的操作外,还要使用命令“using namespace std;”才能把指定的头文件包含到当前源文件中。“using namespace std;”的意思是“使用命名空间 std”。被 ＃include 命令包含的文件称为头文件,C++头文件没有扩展名。

格式 1:

```
#include <文件名>
using namespace std;
```

功能:从系统指定的文件夹中寻找所给定的头文件,并把头文件的信息包含到当前源程序文件中。

格式 2:

```
#include "文件名"
using namespace std;
```

功能:先从当前文件夹中寻找给定的头文件,若找不到,自动在系统指定的文件夹中寻找所给定的头文件,并把头文件的信息包含到当前源程序文件中。

例如:

```
#include "cmath"
using namespace std;
```

其含义是把头文件 cmath 中的数学函数包含到当前源程序文件中。

3.2.2 宏定义

格式 1:

```
#define  标识符  常量
```

功能:用标识符替换常量,其中,标识符称为符号常量。

格式 2:

```
#define  宏名(参数表) 常量
```

功能:用宏名(参数表)代替常量。

注意:预处理命令在编译之前被处理,处理时宏定义中的常量只做替换,不做计算,也不对常量进行求解。

例如:

```
#define a 3 * 4
#define b 5 + 6
#define S(a,b) a * b
```

经过预处理后,S(a,b)已经替换为 3 * 4 * 5＋6,程序执行时,S(a,b)的值为 66。

3.3 数据的输入/输出

在C++语言中,没有专门的输入/输出语句,C++的输入/输出是通过输入/输出函数和流对象来完成的。

3.3.1 标准输入/输出函数

C++语言保留了C语言中用于输入/输出单个字符的函数。在C++语言中,标准输入/输出是通过输入/输出库“stdio.h”提供的库函数实现的。

1. 字符输出函数

格式:

```
putchar(字符)
```

功能:在标准输出设备(即显示器)中输出一个字符。
例如:

```
putchar('a');
```

执行该语句后,输出字符a。

```
char d = '3'; putchar(d);
```

执行这两条语句后,输出字符3。

2. 字符输入函数

格式:

```
getchar()
```

功能:从标准输入设备(即键盘)中获取一个字符。
例如:

```
char x; x = getchar();
```

执行这两条语句后,从键盘输入一个字符赋给字符变量x,如果输入a,则x='a'。

3.3.2 格式化输入/输出函数

C++语言保留了C语言中的格式化输入/输出函数。在C++语言中,格式化输入/输出函数是通过输入/输出库“stdio.h”提供的库函数实现的。

1. 格式化输出函数

格式:

```
printf("格式控制",输出表)
```

功能：按给定的格式控制输出表中的各个输出项。

说明：

(1) 输出表如果有多个输出项，各输出项之间用逗号分隔。

(2) 输出项可以是表达式、字符和字符串。若是表达式，则先计算表达式的值，然后将该值输出。若是字符或字符串，则按字符或字符串原样输出。

(3) 格式控制用于指定数据项的输出格式，它包含格式控制符和普通字符。

(4) 格式控制符以%开头，其格式为"%<标志><域宽><.精度><转换说明符>"。

其中，＜标志＞、＜域宽＞和＜.精度＞是任选项。常用的＜标志＞如表 3.1 所示；＜域宽＞是整型表达式，表示输出数据项的宽度(包括小数点)；＜精度＞是整型表达式，表示输出数据项中小数位的宽度；常用的＜转换说明符＞如表 3.2 所示。

表 3.1　printf 函数常用的标志

标　志	含　义
－	输出在域宽内左对齐
＋	在正数值之前显示一个加号，在负数值之前显示一个减号
空格	在正数值之前显示一个空格
0	用 0 填充域宽

表 3.2　printf 函数常用的转换说明符

类型字符	含　义	类型字符	含　义
d	十进制整型量	s	字符串
f	实型的小数形式	e	实型的科学记数法形式
c	字符	u	无符号十进制整型量

(5) 如果格式控制中有普通字符，则输出该普通字符。

例如：

```
int a = 3;float b = 56.789; char d = ' * ';
printf("a = %5d,b = %5.2f,d = %c, %c, %s\n",a,b,d,'x',"apple");
```

该语句普通字符有 'a'、'='、','、'b'、'='、'd'和'\n'等，格式控制符有%5d、%5.2f、%c 和%s。输出表中的第一个输出项 a 与第一个格式控制符%5d 对应，输出项 a 按%5d 输出，依此类推，输出项 b 按%5.2f 输出，输出项 d 按%c 输出，输出项'x'按%c 输出，输出项"apple"按%s 输出。

执行该语句后的输出结果如下：

```
a =     3,b = 56.79,d = * ,x,apple
```

2. 格式化输入函数

格式：

```
scanf("格式控制",变量地址表)
```

功能：按给定的格式控制将从键盘输入的数据分别赋给变量地址表中对应的变量。

说明：

(1) 变量地址表中可以有多个变量地址，各变量地址之间用逗号分隔。

(2) 格式控制用于指定输入数据的格式，包括格式指示符和普通字符。

(3) 格式指示符以%开头，其格式为："%<宽度><转换说明符>"。

常用的<转换说明符>如表 3.3 所示；<宽度>是指变量获取输入数据的宽度。

表 3.3 scanf 函数常用的转换说明符

类型字符	含　义	类型字符	含　义
d	十进制整型量	s	字符串
f	实型的小数形式	e	实型的科学记数法形式
c	字符	u	无符号十进制整型量

(4) 格式控制中可以含有普通字符，一般是逗号","、句号"."、等号"="和空白符(空格符、制表符和换行符)等，作为相邻非字符型数据间的分隔。输入数据时在对应位置输入相应普通字符即可。

例如：

```
int a;float b; char d;
scanf(" %3d %f, %c",&a,&b,&d);
```

其中，&a、&b、&c 分别表示变量 a、b、c 的地址。"%3d %f, %c "是格式控制，%3d、%f 和 %c 是格式指示符，空格" "和逗号","是普通字符。变量地址表中的输入项 a、b、c 分别与%3d、%f 和 %c 对应，该语句的意义是从键盘中输入 3 个数据分别赋给 a、b、c，第 1 个数按%3d 格式输入，第 2 个数按%f 格式输入，第 3 个数按%c 格式输入，并且，第 1 个数与第 2 个数以空格分隔，第 2 个数与第 3 个数以逗号分隔。

在执行该语句时，如果输入 123 5，* ↵，则有 a=123，b=5，d='*'。

如果输入 12 3455 ，* ↵，则有 a=12，b=3455，d='*'。

如果输入 1234,5 ↵，则有 a=123，b=4，d='5'。

3.3.3 输入/输出流对象

在 C++语言中，输入/输出是通过输入/输出库"iostream. h"提供的输入/输出流对象实现的。在程序的开头增加一行预处理＃include <iostream. h>或＃include "iostream. h"后，在程序中才能使用输入流对象 cin 和输出流对象 cout。

1. 输出语句

在 C++语言中，输出语句由输出流对象和插入运算符<<组成。

格式：

```
cout <<表达式 1 <<表达式 2 <<…<<表达式 n;
```

说明：

(1) 数据的输出格式由系统自动决定。

(2) 表达式可以是变量、表达式、字符和字符串。若是变量，则输出变量的值；若是表达式,则先计算表达式的值,然后将该值输出；若是字符或字符串,则按字符或字符串原样输出。

例如,设“int a＝2;”“cout＜＜a;”表示输出 a 的值,执行该语句后在屏幕上显示 2;“cout＜＜ "abcd";”表示输出字符串"abcd",执行该语句后在屏幕上显示 abcd。

2. 输入语句

在 C++语言中,输入语句由输入流对象 cin 和提取运算符＞＞组成。

格式：

```
cin>>变量 1>>变量 2>>…>>变量 n;
```

说明：从键盘输入 n 个数据,以回车键作为输入结束标志。当输入多个非字符型数据时,数据间可输入空格符(Space 键)、换行符(回车键)和制表符(Tab 键)作为数据分隔符。

例如,设“int a;　float b;”,执行“cin＞＞a＞＞b;”后,在键盘上输入用空格分开的两个数分别赋给 a 和 b,如果输入 3 45.6 ↵,则有 $a=3,b=45.6$。

注意：不能“cin＞＞a＞＞','＞＞b＞＞endl;”,cin 只能将从键盘输入的数据赋给相应变量,而“,”和“endl”都是常量。

3.4　C++程序结构

例 3-1　输入圆的半径(要求大于 0),求圆的面积。

分析：设用 r 表示圆的半径,用 s 表示圆的面积,则有 $s=\pi r^2$。其中,π 是常数,r 是自变量,这样根据给定 r 的值计算 s 的值。

程序：

```
#include < iostream.h>                        //第 1 行,预处理命令
void main( )                                  //第 2 行,主函数 main
{                                             //第 3 行,函数体开始
    double r;                                 //第 4 行,定义双精度实型变量 r
    cout <<"输入圆的半径"<<'\n';                //第 5 行,输出语句
    cin>> r;                                  //第 6 行,输入语句
    double s;                                 //第 7 行,定义双精度实型变量 s
    s= 3.14 * r * r;                          //第 8 行,赋值语句
    cout <<"圆的面积为"<< s << endl;            //第 9 行,输出语句
}                                             //第 10 行,函数结束
```

运行结果：

```
输入圆的半径                                  (本行为输出)
4.8 ↵                                         (本行为输入)
圆的面积为 72.3456                            (本行为输出)
```

程序分析：该程序共有 10 行,每一行中有注释的标志符//,它表示从“//”开始到行末的内容全部为注释。第 1 行是预处理命令,用于把对象 cin、cout 包括到本程序中。第 2～10 行定义主函数,函数名为 main,该函数的类型为 void,其中,第 2 行是函数首部,第 4～9 行是函数体。程序的执行从主函数开始,依次执行第 4、5 行,直到执行第 10 行,程序运行结束。

说明：

(1) 注释不是程序的执行部分,是为了增加程序的可读性和可理解性而添加的。注释

除了可以用“//”注释外，还可以用/*……*/对C++程序中的任何部分做注释，从/*开始到*/之间都是注释内容。在用“//”注释时，有效范围是本行。当注释内容较少时常用“//”，当注释内容较长时用/*……*/注释。

(2) 在输入或输出时，常用文字信息对用户进行提示。例如，在例3-1的程序中第9行中的"圆的面积为"。

(3) 按缩排规则书写程序。

缩排规则是指书写程序时同一层次的结构在同一列开始，下一层的结构比上一层的结构缩进两个字符的位置开始。例如例3-1中，第3行的左大括号{和第10行的右大括号}是同一列位置，第4行的首字符比第3行缩进两个字符，第4行到第9行属于同一层，这些行的首字符都在同一列位置。

在例3-1的程序中，3.14是一个常量，若程序中多次出现该常量，可以用一个符号常量代替。

例3-2 输入半径，求圆的面积和周长。

程序：

```
#include <iostream.h>                    //第1行
#include <math.h>                        //第2行,预处理命令
#define PI 3.14                          //第3行,定义符号常量PI
void main()                              //第4行
{                                        //第5行
    double r,s;                          //第6行
    cout<<"输入圆的半径"<<'\n';          //第7行
    cin>>r;                              //第8行
    s = PI*pow(r,2);                     //第9行,函数pow求r²
    cout<<"圆的面积: "<<s<<endl;         //第10行
    cout<<"圆的周长: "<<2*PI*r<<endl;    //第11行
}                                        //第12行
```

该程序的功能是计算圆的面积和周长。第2行，预处理命令，用于把数学函数包括到本程序。第3行用符号常量PI代替3.14，第9行和第11行都用到了圆周率π的值3.14。如果要调整π的值，例如将π改为3.14159，则在第3行将3.14改为3.14159就可以，这样做到了“一改全改”。

从例3-1和例3-2的程序可知，一个简单的C++程序基本上由预处理命令和函数两部分组成。其中，函数由函数首部和函数体组成，函数体由一对大括号{}、变量定义和若干个语句组成。在程序中有且仅有一个主函数，并且程序总是从主函数开始执行。

3.5 C++程序运行的步骤

在Windows系统平台，Visual C++ 6.0不仅是一个C++编译器，而且是一个基于Windows操作系统的可视化集成开发环境。Visual C++ 6.0由许多组件组成，包括编辑器、调试器、连接和程序向导AppWizard、类向导Class Wizard等开发工具。Visual C++ 6.0为用户开发C++程序提供了一个功能齐全的集成开发环境，能完成源程序的编辑、编译、连接

以及程序运行中的调试与跟踪等。

程序的运行过程经常需要重复5个步骤，即编辑、编译、连接、执行和分析结果。因此，程序的运行一般有 Visual C++ 6.0 的启动、编辑程序(建立源程序或打开源程序)、调试程序(编译、连接)和执行4个步骤。

1. 启动 Visual C++ 6.0

方法一：单击“开始”按钮，选择“程序”→Microsoft Visual Studio 6.0→Visual C++ 6.0 命令。

方法二：双击桌面上的 Visual C++ 6.0 的快捷方式。

启动 Visual C++ 6.0 后会出现如图 3.1 所示的界面。

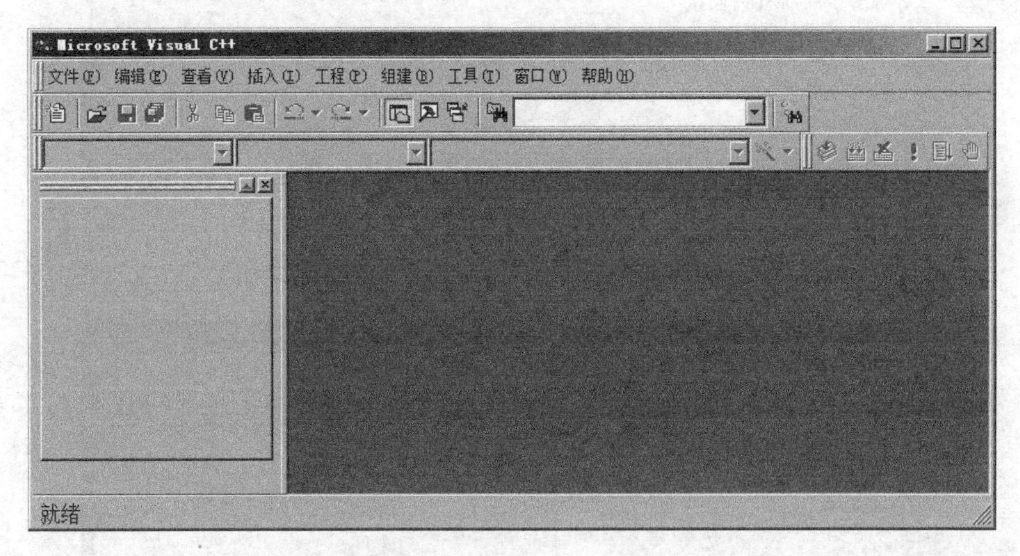

图 3.1　Visual C++ 6.0 界面

2. 编辑程序

编辑程序指使用 C++文本编辑器编写程序，并保存到文件中，该文件被称为源程序，源程序的扩展名为.cpp。

1) 创建工程

选择“文件”→“新建”命令，弹出“新建”对话框，切换到“工程”选项卡，选择 Win32 Console Application，在“位置”下面的文本框中选择驱动器(例如 f:)，在“工程名称”下面的文本框中输入工程名(例如 test)，选择“创建新的工作空间”单选按钮(如图 3.2 所示)，然后单击“确定”按钮。

在建立工程后，在 f 盘中会自动建立文件夹 test，该文件夹中还有子文件夹 debug。

2) 建立程序文件

选择“文件”→“新建”命令，弹出“新建”对话框，选择 C++Source File(如图 3.3 所示)，在“文件名”下面的文本框中输入文件名(例如 tt)，单击“确定”按钮会出现如图 3.4 所示的程序编辑窗口，在该窗口中可以输入程序行。

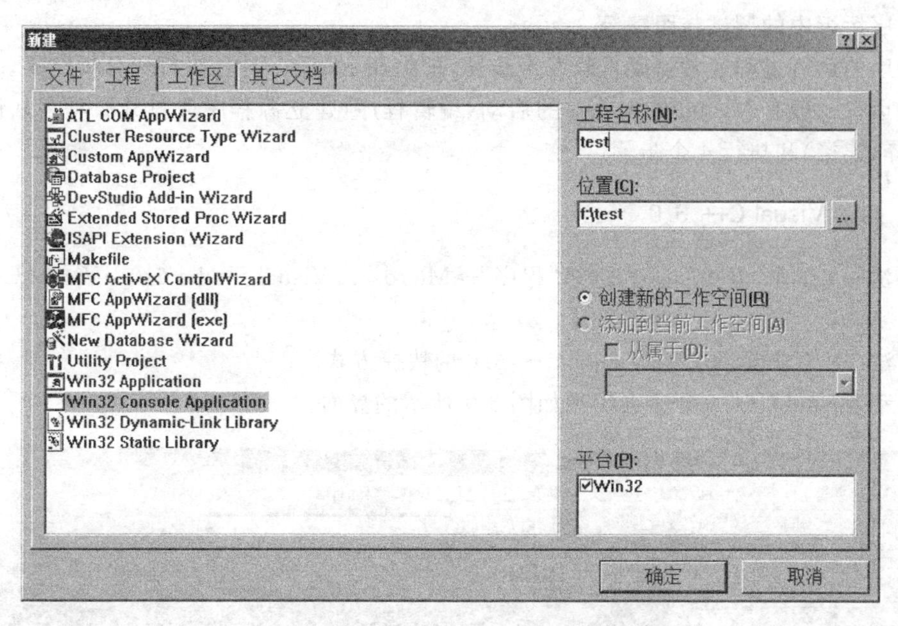

图 3.2 创建工程的界面

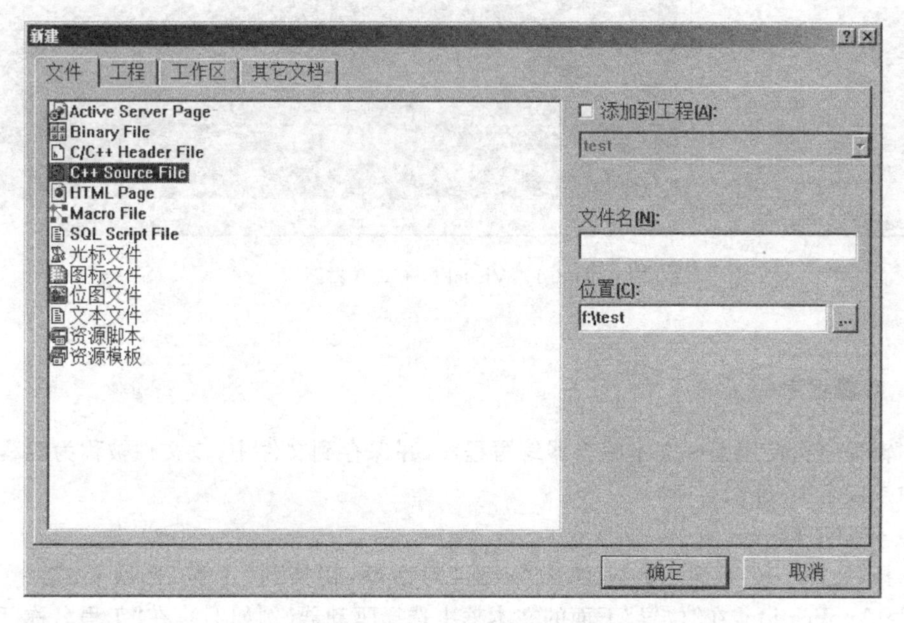

图 3.3 建立文件的界面

3. 保存程序

在输入程序后，为了避免程序不小心丢失，在编译之前最好进行保存。

方法：选择“文件”→“保存”命令。

注意：若创建了工程，保存的源程序将自动存放在文件夹 test 中。

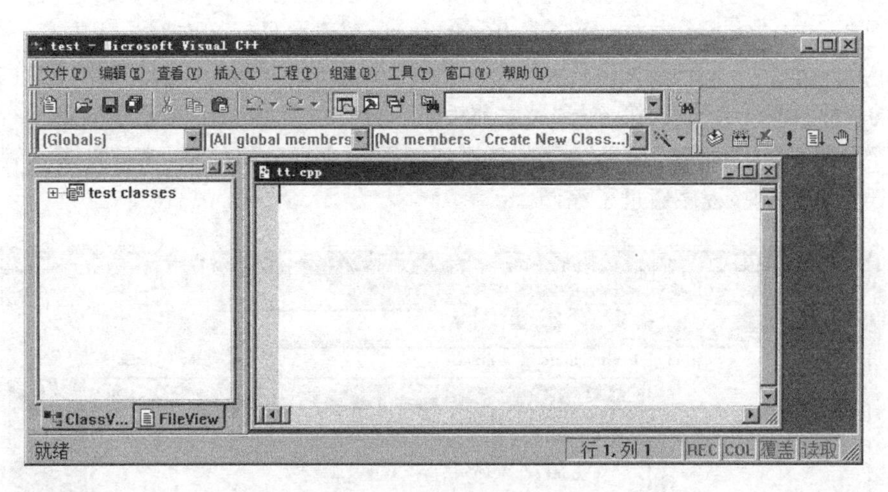

图 3.4 程序编辑窗口

4. 编译与连接

1) 编译

编译主要是通过编译器检查源程序是否有语法错误,若没有语法错误,则把源程序翻译成计算机能识别的目标程序。

编译的方法:

(1) 使用菜单命令。

选择"组建"→"编译"命令。

(2) 使用"调试"工具栏中的按钮

单击程序编辑窗口上方的"调试"工具栏中的"编译"按钮 。

在编译时,系统自动检查源程序是否有语法错误,然后在主窗口下部的调试信息窗口中输出编译信息,如果有错,就会指出错误所在的行和错误的信息,图 3.5 表明该程序出现了语法错误。

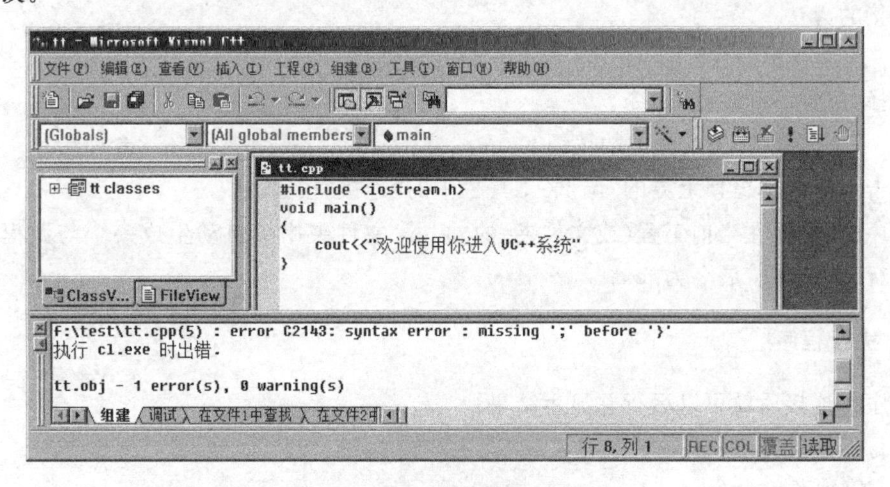

图 3.5 程序编译的错误结果

在图 3.5 中,“tt.obj - 1 error(s)。0 warning(s)”表示目标文件 tt.obj 中有一个错误,“f:\test\tt.cpp(5) : error C2143: syntax error : missing ';' before '}'”表示 f 盘的文件夹 test 中的程序文件 tt.cpp 的第 5 行“}”之前丢失了分号“;”。因此,在程序的第 4 行的后面加上一个分号“;”,再单击“编译”按钮,会得到如图 3.6 所示的信息,该信息表示程序没有语法错误,也就是说,程序通过了编译。

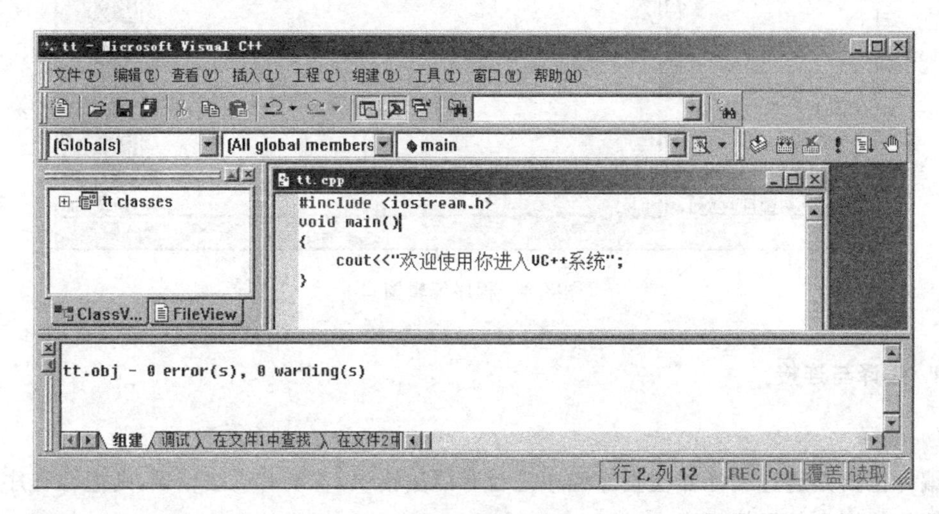

图 3.6 程序编译的正确结果

修改语法错误的方法:在调试信息窗口中双击某一个错误信息,光标会自动移到编辑窗口中该错误信息对应的所在行,然后根据错误信息提供的错误原因进行修改。

注意:程序在编译时会自动生成一个与源程序同名的目标文件,其扩展名为.obj。

2) 连接

程序通过编译后才能连接,连接是将目标程序与其他代码(例如库函数的目标代码和其他源程序的目标代码)连接起来,最终形成一个可执行的文件,该文件名与源程序同名,其扩展名为.exe。简单地说,连接的作用主要是将源程序生成可执行文件。

连接的方法:

(1) 使用菜单命令。

选择“组建”→“组建”命令。

(2) 使用“调试”工具栏中的按钮。

单击程序编辑窗口上方的“调试”工具栏中的“连接”按钮 。

程序连接后,在当前工程(或文件夹)的 debug 文件夹中会自动生成一个与源程序同名的可执行文件,其扩展名为.exe。

5. 执行程序

程序在连接后就可以运行并显示结果。

运行程序的方法:

(1) 使用菜单命令。

选择“组建”→“执行”命令。

(2) 使用“调试”工具栏中的按钮

单击程序编辑窗口上方的“调试”工具栏中的“运行”按钮 ! 。

6. 打开程序文件

方法：选择“文件”→“打开” 命令，在弹出的对话框中选择文件夹，并输入程序文件名。

7. 关闭工作区

若在运行一个程序之后运行另一个程序文件，则在运行另一个程序文件之前一定要关闭当前的工作区，否则会出现错误。

方法：选择“文件”→“关闭工作区”命令。

8. 调试程序

如果在程序编译或连接过程中出现了错误，需要对程序进行调试。调试程序分为两类，一类是改正编译系统检查出来的语法错误，语法错误有两种，分别是错误(error)和警告(warning)；另外一类是检查程序的逻辑是否出错。

1) 调试程序的功能键

F9：在当前光标所在的行断点，如果当前行已经有断点，则取消断点。

F5：调试状态运行程序，程序执行到有断点的地方会停下来。

F10：单步执行程序。

Ctrl+F10：运行到光标所在的行。

Shift+F5：停止调试。

F11：如果当前黄色箭头所指的程序行含有函数的调用，则按 F11 键进入函数体进行调试跟踪

2) 调试程序的方法

(1) 在工程文件夹中建立程序文件；

(2) 在程序的结尾处按 F9 键设定断点；

(3) 按 F10 键，在调试窗口中输入要观察值的变量；

(4) 连续按 F10 键，观察程序的运行过程和变量的值；

(5) 当程序运行到断点处时按 Shift+F5 组合键结束调试。

3) 简单程序的调试实例

调试程序的过程：

(1) 在文件夹 test 中建立、编译和运行程序，如图 3.7 中的程序。

(2) 第一次按 F10 键时，在主函数 main 下方的“{”的左边会出现一个黄色箭头，表示程序从该处开始执行，并且在屏幕上还会出现一个运行窗口，在编辑窗口的左下方会出现变量窗口，在编辑窗口的右下方会出现观察窗口，在观察窗口中可以观察变量的当前值。例如，在观察窗口 Watch1 中分别输入程序中的变量 x 和 y，就可以观察这两个变量的值，如图 3.8 所示。

(3) 继续按 F10 键，当黄色箭头移到 cin>>x>>y 所在的行时，按 F10 键箭头不动，此时，光标应切换到运行窗口，并输入数据(例如 3 4)，按回车键后，光标应切换到编辑窗口，

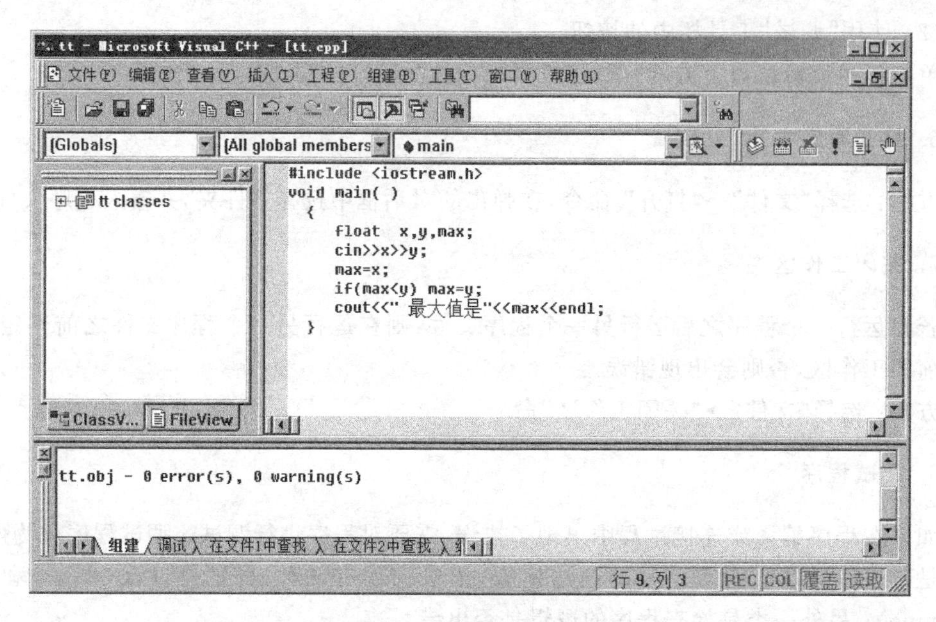

图 3.7 程序编辑窗口

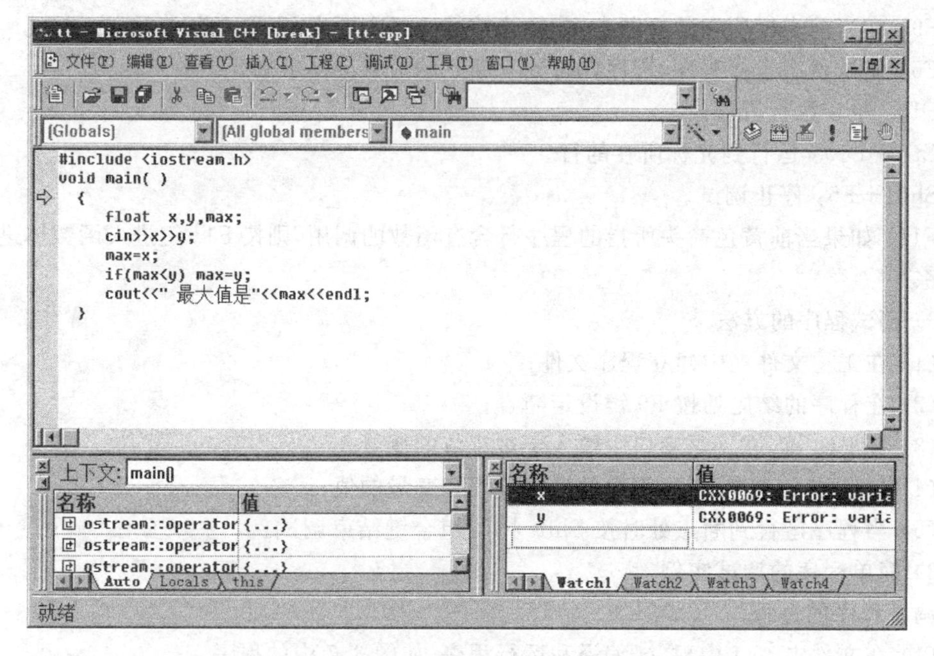

图 3.8 程序调试窗口

如图 3.9 所示。

(4) 连续按 F10 键,当黄色箭头移到最后一行的}时,单击"调试"命令,然后按 Shift+F5 组合键,终止单步调试程序,返回到编辑窗口。

4) 含函数程序的调试实例

调试程序的过程:

(1) 在文件夹 test 中建立、编译和运行程序,如图 3.10 中所示的程序。

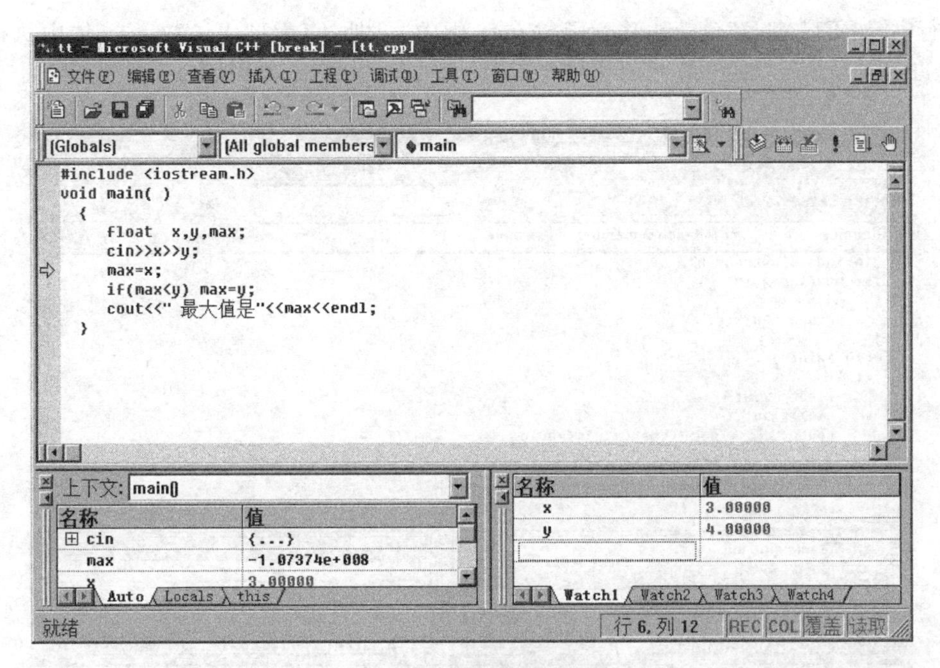

图 3.9 程序调试窗口

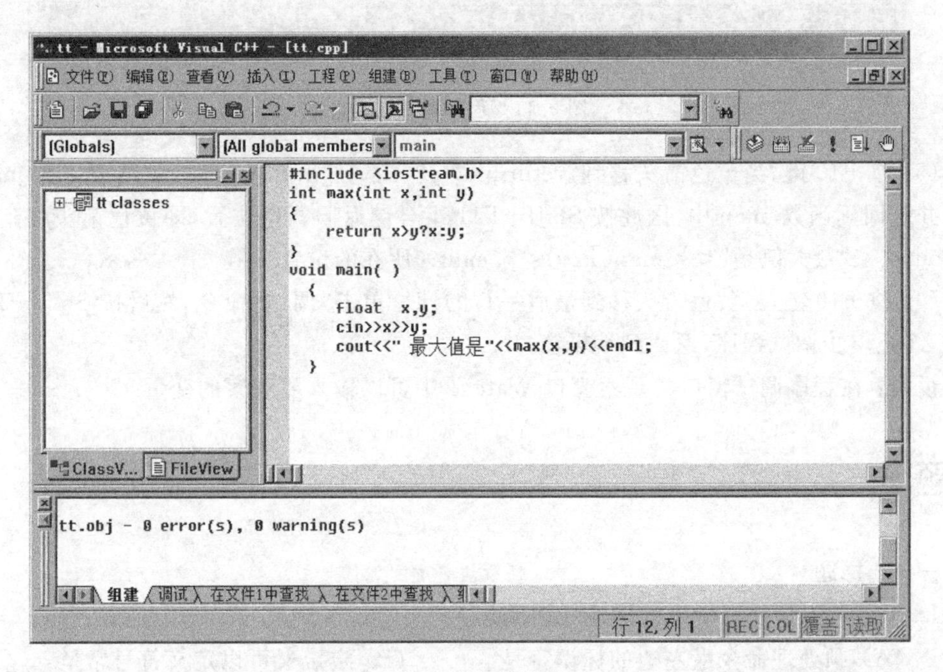

图 3.10 程序编辑窗口

(2) 第一次按 F10 键时,在主函数 main 下方的"{"的左边会出现一个黄色箭头,表示程序从该处开始执行。

(3) 继续按 F10 键,当黄色箭头移到 cin>>x>>y 所在的行时,按 F10 键箭头不动,此时,光标应切换到运行窗口,并输入数据(例如 3 4),按回车键后,光标应切换到编辑窗口。

(4) 继续按 F10 键,当黄色箭头移到"cout<<"最大值是"<<max(x,y)<<endl;"所

在的行时，按 F11 键，黄色箭头移到函数 max 中的“{”处，表示进入函数 max 体中执行，如图 3.11 所示。

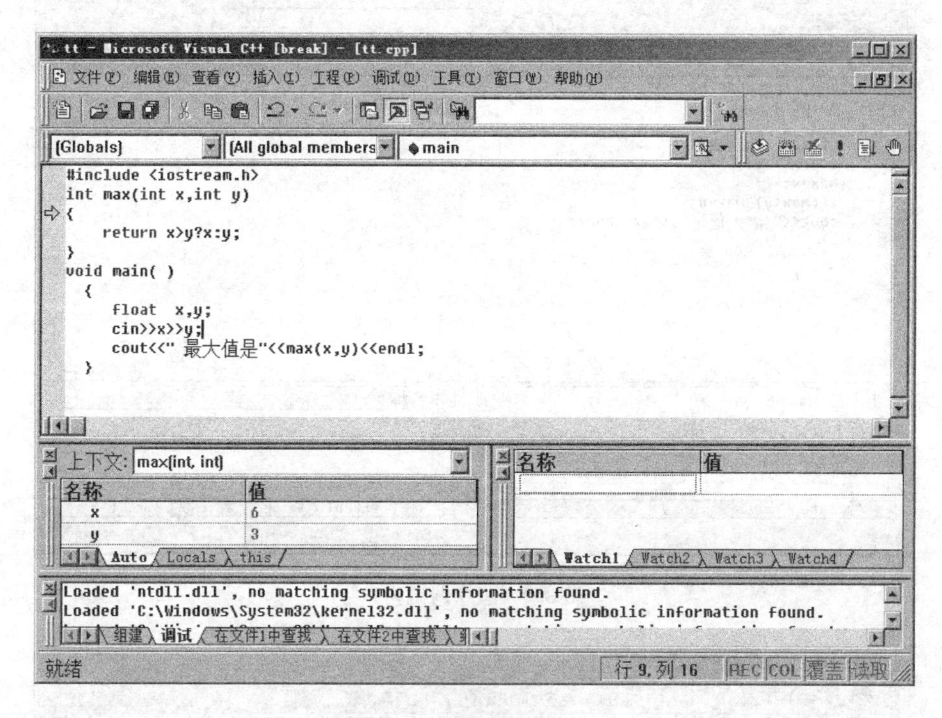

图 3.11　程序调试窗口

(5) 按 F10 键，当黄色箭头移到“return x>y? x:y; ”所在的行时，要结束函数 max 的调用并返回到函数 main 中，因此按 Shift＋F11 组合键返回调用位置，即黄色箭头移到程序行“cout<<"最大值是"<<max(x,y)<<endl;”所在的位置。

(6) 按 F10 键，当黄色箭头移到最后一行的}时，单击“调试”命令，然后按 Shift＋F5 组合键，终止单步调试程序，返回到编辑窗口。

说明：在程序调试窗口的观察窗口 Watch1 中可以输入要观察的变量。

习题 3

一、选择题

1. 下列关于预处理命令的描述错误的是________。

(A) 预处理命令最左边的标识符是#　　(B) 宏定义可以定义符号常量

(C) 文件包含命令只能包含.h 文件　　(D) 宏定义中的符号常量是标识符

2. C++规定，每条语句以________符号结束。

(A) 逗号　　(B) 感叹号　　(C) 分号　　(D) 双引号

3. 在 C++语句中，变量声明语句可以放在________。

(A) 只能放在程序的开头部分　　(B) 程序的任何一个位置

(C) 只能放在函数的开头部分　　(D) 必须放在头文件

4. 下列选项中，属于 C++语句的是________。

(A) x * y (B) i=1 (C) ; (D) cout<<\'n'

5. C++程序的 main 函数的位置是________。

(A) 必须在程序的后面 (B) 必须在程序的开头

(C) 可以在程序的任何位置 (D) 必须在其他函数之前

6. C++源程序文件默认的扩展名为________。

(A) .c (B) .cc (C) .cpp (D) .c++

7. C++源程序文件经过编译后生成的目标文件的扩展名是________。

(A) .cpp (B) .c (C) .exe (D) .obj

8. 表示 C++的一条预处理命令开始的符号是________。

(A) // (B) } (C) # (D) ;

9. 每个 C++程序必须有且仅有一个________。

(A) 函数 (B) 语句 (C) 预处理命令 (D) 主函数

10. 下面________是合法的 C++语句。

(A) # define SUM 100 (B) m = 15;

(C) x = y = 30 (D) / * a =3; * /

11. 一个 C++语言程序由________。

(A) 函数组成 (B) 若干过程组成

(C) 若干子程序组成 (D) 一个主程序和若干子程序组成

12. 执行以下语句后，b 的值为________。

```
int a = 6,b = 5,w = 1,x = 2,y = 3,z = 4;(a = y>z)&&(b = w>x);
```

(A) 6 (B) 5 (C) 0 (D) 1

二、填空题

1. 复合语句是由________条以上的语句加上________组成的。
2. 表达式语句是________加上分号组成的。
3. 标准输入设备是________，标准输出设备是________。

三、分析下列程序的输出结果

1.

```
#include < iostream.h >
void main()
{
 int x = 10,y = 10;
 cout << x -- <<' '<< -- y << endl;
}
```

2.

```
#include < iostream.h >
#define n 10
void main()
{
```

```
 int x = 5,a = 4;
 int p = (++a < 0)&&!(x-- < 0);
 cout << x <<' '<< p + n <<' '<< a << endl;
}
```

3.

```
#include < iostream.h >
#define SUB(X,Y) (X) * Y
void main()
{ int a = 3,b = 4;
  cout << SUB(a++,b++)<< endl;
}
```

4.

```
#include < iostream.h >
void main()
{ int x = 5,a = 4;
 cout << x <<' '<< a << endl ;
   {
    float x = 4/5;
    cout << x <<' '<< a++<< endl ;
   }
 cout << x <<' '<< a << endl ;
}
```

四、改错题

改正下列程序中 err 处的错误,使得程序能得到正确的结果。

注意:不要改动 main 函数,不得增行或删行,也不得更改程序的结构。

1. 输入 x、y、z 的值,输出 3 个数的最大值。

```
#include < iostream.h >
void main()
{ int x,y,z;
 cin >> x >>' '>> y >>' '>> z;                     //err1
 m = x > y?x:y;                                    //err2
 cout << m > z?m:z << endl ;                       //err3
}
```

2. 输入一个华氏温度 F,要求输出摄氏温度 C,$C=5/9(F-32)$。

```
#include < iostream.h >
void main()
{
 float F,C;
 cin >> F >>'\n';                                  //err1
 C = 5/9 * (F - 32);                               //err2
 printf(" % f\n",C);                               //err3
}
```

五、编程题

1. 编写程序输出下列图案。

```
       *
     * * *
   * * * * *
 * * * * * * *
```

2. 编写程序输出下列图案。

```
*****************************
*        欢迎您进入 VC++环境        *
*****************************
```

第4章 控制结构程序设计

本章学习目标

- 掌握 if 和 switch 语句的设计程序方法
- 掌握 while、do…while 和 for 语句的设计程序方法
- 掌握多重循环语句、break 和 continue 语句的设计程序方法

本章先介绍顺序结构、选择结构和循环结构的程序设计，然后介绍多重循环语句、break 和 continue 语句的程序设计。

4.1 顺序结构程序设计

C++程序由若干条语句组成，从程序的结构来划分，程序分为顺序结构、选择(或分支)结构和循环结构 3 种控制结构。按照书写语句的顺序依次执行的程序称为顺序结构程序。顺序结构是程序执行流程的默认方式。C++的基本语句是实现顺序结构的语句，基本语句分为声明语句、表达式语句、复合语句、输入/输出语句和空语句等。

例 4-1 写出程序的运行结果。

```
#include <iostream.h>                              //第 1 行
#include <math.h>                                  //第 2 行
void main()                                        //第 3 行
{                                                  //第 4 行,函数体开始
    float x1,x2,y1,y2;                             //第 5 行,定义变量
    cin >> x1 >> y1 >> x2 >> y2;                   //第 6 行,输入语句
    float d;                                       //第 7 行
    d = sqrt(pow(x1 - x2,2) + pow(y1 - y2,2));//第 8 行,将(x1,y1)和(x2,y2)的距离赋给 d
    cout << "d = "<< d << endl;                    //第 9 行,输出语句
}                                                  //第 10 行,函数结束
```

运行情况如下：

```
3 4 5 6↵                      (本行为输入,输入的 4 个数据之间以空格分开)
d = 2.82843                   (本行为输出)
```

程序分析：该程序的功能是计算坐标点$(x1,y1)$和$(x2,y2)$的距离，计算两坐标点之间距离的数学公式为 $d=\sqrt{(x1-x2)^2+(y1-y2)^2}$。由于第 1 行与第 2 行分别有头文件 iostream.h 和 math.h，因此，程序经过预处理后，输入流对象 cin 和输出流对象 cout 以及数学库中的函数都包含到本源程序文件中，这样在程序中才可以使用 sqrt(double)和 pow (double,double)两个函数以及输入流对象 cin 与输出流对象 cout。

该程序从第 3 行开始执行,直到第 10 行结束。第 5 行,定义单精度实型变量 $x1$、$x2$、$y1$ 和 $y2$；第 6 行,从键盘输入 4 个数据,分别赋给变量 $x1$、$y1$、$x2$ 和 $y2$,例如输入 3 4 5 6；第 7 行,定义单精度实型变量 d；第 8 行,计算表达式 sqrt(pow($x1-x2$,2)+pow($y1-y2$,2))的值,此处值为 2.82843,并把该值赋给变量 d；第 9 行,输出字符串"d="和 d 的值并换行(endl)。

例 4-2 输入 3 个整数,输出它们中的最大值。

分析：用变量 a、b、c 来存放这 3 个整数,输出这 3 个数的最大值的思路是先比较 a 与 b,取最大值赋给 m,然后比较 m 与 c,取最大值赋给 m。因此数学模型如下：

$$m=\begin{cases}a, & a>b\\ b, & a\leqslant b\end{cases},\quad m=\begin{cases}m, & m>c\\ c, & m\leqslant c\end{cases}$$

算法：

(1) 输入 a、b、c 的值。

(2) 取 a 与 b 的最大值保存在 m 中。

(3) 取 m 与 c 的最大值保存在 m 中。

(4) 输出 m 的值。

程序：

```
#include < iostream.h >
void main( )
{   int a,b,c,m;                        //定义整型变量 a、b、c、m
    cin >> a >> b >> c;                 //从键盘输入 3 个整数分别赋给 a、b、c
    m = a > b?a:b;                      //将 a、b 的最大值赋给 m
    m = m > c?m:c;                      //将 m、c 的最大值赋给 m
    cout << "最大值 = "<< m << endl;     //输出"最大值 = "和 m 的值并换行
}
```

4.2 选择结构程序设计

在现实生活中,当 个人走到 A、B、C 三条路的交叉路口时,往往根据自己要到达的目的地选择 A、B、C 中的一条路前进,这就是选择结构。若程序按照给定的条件选择执行某些语句,这种程序结构称为选择结构,完成选择结构的语句称为选择语句,选择语句分为 if 语句和 switch 语句两种类型。

4.2.1 if 语句

根据条件语句执行的方式,if 语句可分为单分支 if 语句、双分支 if 语句和多分支 if 语句 3 种语句形式。

1. 单分支 if 语句

格式：

```
if (表达式) 语句 S;
```

执行过程：先计算表达式，若表达式的值为真，执行语句 S，然后执行 if 语句的后继语句；若表达式的值为假，直接执行 if 语句的后继语句。其执行流程如图 4.1 所示。

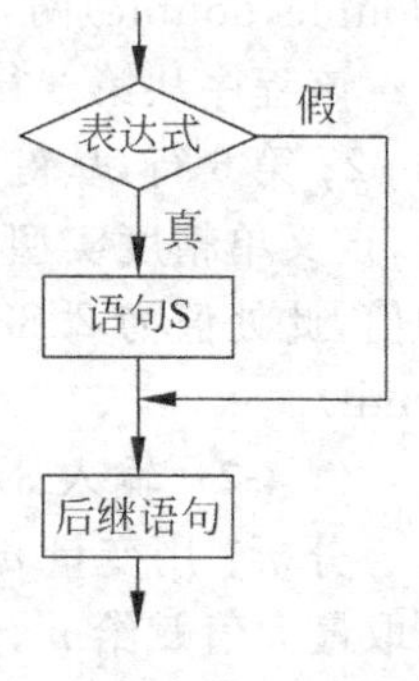

图 4.1 if 语句流程图

说明：

(1) if 语句中的表达式是符合 C++语言的任意表达式。

(2) if 语句中表达式值的类型为布尔类型，非零数据都可以当作真处理。

例如，

```
if(1) cout<<"*";
```

(3) 语句 S 是 C++语言中的任何语句，例如空语句、表达式语句和复合语句等。

(4) “if (表达式)”与“语句 S;”可以写在同一行，也可以分成多行写。若“语句 S”是复合语句，建议分成多行写，并且用一对大括号{ }括起来。

例 4-3 写出程序的运行结果。

```
#include <iostream.h>                    //第 1 行
void main( )                             //第 2 行
{                                        //第 3 行
    float x,y,m;                         //第 4 行
    x = 8;y = 5;                         //第 5 行，将 8 赋给 x，将 5 赋给 y
    if (x > y)                           //第 6 行，如果 x 大于 y，则执行第 7～11 行
      {                                  //第 7 行，复合语句开始
        m = x ;                          //第 8 行
        x = y;                           //第 9 行
        y = m;                           //第 10 行
      }                                  //第 11 行，复合语句结束
    cout <<"x = "<< x <<",y = "<< y << endl;  //第 12 行，输出结果
}                                        //第 13 行
```

运行结果：

```
x = 5,y = 8
```

程序分析：第 4 行定义单精度实型变量 x、y 和 m；第 5 行，对变量 x、y 进行赋值；第 6～11 行是 if 语句结构，如果条件表达式 $x>y$ 为真，则执行复合语句(由第 7～11 行组成)，否则执行第 12 行。此处由于 $x>y$ 为真，执行复合语句，交换 x 与 y 的值，得到 $x=5$，$y=8$，再执行第 12 行输出结果。

例 4-4 求两个数中的最大数。

分析：设输入的两个数分别存储在变量 x、y 中，用 max 存放最大数，开始时令 $\max=x$，然后比较 max 和 y，如果 $\max<y$，将 max 的值改为 y。

其数学模型如下：

$$\max = x,$$

$$\max = \begin{cases} y, & \max < y \\ \max, & \text{其他} \end{cases}$$

算法：

(1) 输入 x、y。

(2) 设 max＝x。

(3) 若 max＜y,则 max＝y。

(4) 输出 max。

算法中的第(3)步用单分支 if 语句结构。

程序：

```
#include <iostream.h>
void main()
{
   float x,y,max;
   cin>>x>>y;                        //从键盘输入两个实数分别赋给 x、y
   max = x;                          //将 x 的值赋给 max
   if(max < y) max = y;              //如果 max 小于 y,则将 y 的值赋给 max
   cout <<" 最大值是"<< max << endl;  //输出结果
}
```

2. 双分支 if 语句

格式：

```
if (表达式)
  语句 1;
else
  语句 2;
```

执行过程：先计算表达式,若表达式为真,执行语句 1,否则执行语句 2；在语句 1 或语句 2 执行后,执行 if 语句的后继语句。其执行流程如图 4.2 所示。

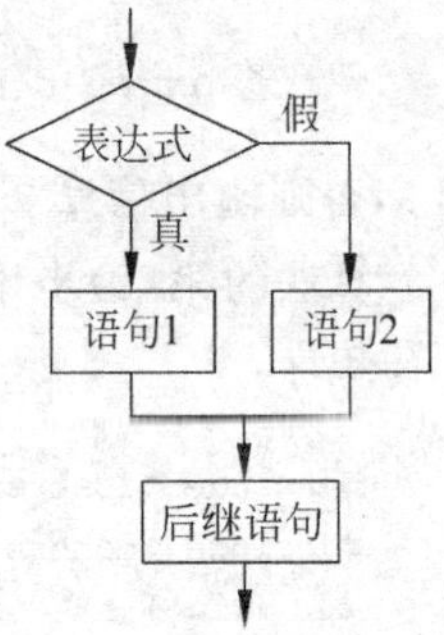

表达式
假
真
语句1
语句2
后继语句

图 4.2　if-else 语句流程图

说明：

(1) 语句 1 和语句 2 都可以是 C++语言中的任何语句。

(2) if (表达式)、"语句 1;"、else、"语句 2;"可以写在同一行,也可以分成多行写。

例 4-5　当 x 等于 3 和－4 时,分别写出程序的运行结果。

```
#include <iostream.h>                //第 1 行
void main()                          //第 2 行
{                                    //第 3 行
    float x,y;                       //第 4 行
    cin>>x;                          //第 5 行
    if (x<0)                         //第 6 行,如果 x 小于 0,执行第 7 行,否则执行第 9 行
       y= -x;                        //第 7 行,将 x 的相反数赋给 y,本行的末尾有分号
    else                             //第 8 行,本行的末尾没有分号
       y=x;                          //第 9 行,否则将 x 的值赋给 y,本行的末尾有分号
  cout <<"x = "<< x <<" y = "<< y << endl;  //第 10 行,if 语句的后继语句
}                                    //第 11 行
```

运行情况如下：

```
3↵
x = 3 y = 3
-4↵
x = -4 y = 4
```

程序分析：该程序的功能是求 x 的绝对值；第 5 行，输入 x 的值；第 6～9 行是 if-else 语句结构，如果条件表达式 $x<0$ 为真，执行第 7 行，否则执行第 9 行。如果 $x=3$，则$x<0$ 为假，因此执行第 9 行，得 $y=3$，再执行第 10 行输出结果。如果 $x=-4$，则 $x<0$ 为真，因此执行第 7 行，得 $y=4$，再执行第 10 行输出结果。

例 4-6 输入三角形的三条边，求三角形的面积。

分析：设三条边分别存放在 a、b、c 中，如果 a、b、c 3 个数能构成三角形，求三角形的面积，否则不能构成三角形。

3 个数构成三角形的条件为任意两边的和都大于第三边。

三角形求面积的计算公式为：

$$t=\frac{a+b+c}{2},s=\sqrt{t(t-a)(t-b)(t-c)}$$

因此，其数学模型为：

当 $a+b>c$、$a+c>b$、$b+c>a$ 时，$t=\frac{a+b+c}{2}$，$s=\sqrt{t(t-a)(t-b)(t-c)}$，输出 s，否则输出信息“a、b、c 不能构成三角形”。

算法：

(1) 输入 a、b、c。

(2) 若 $a+b>c$、$a+c>b$ 且 $b+c>a$，则 $t=\frac{1}{2}(a+b+c)$，$s=\sqrt{t(t-a)(t-b)(t-c)}$，输出 s，否则输出信息“a、b、c 不能构成三角形”。

算法的第(2)步用双分支 if-else 语句结构。

程序：

```
#include <iostream.h>                            //第 1 行
#include <math.h>                                //第 2 行
void main()                                      //第 3 行
{   double s;                                    //第 4 行
    double a,b,c,t;                              //第 5 行
    cout <<"输入三角形的三条边: "<< endl;          //第 6 行
    cin >> a >> b >> c;                          //第 7 行
    if(a + b > c&&a + c > b&&b + c > a)         //第 8 行,如果 a、b、c 构成三角形,执行第 9～13 行
    {                                            //第 9 行
        t = (a + b + c)/2;                       //第 10 行
        s = sqrt(t * (t - a) * (t - b) * (t - c));   //第 11 行
        cout << s << endl ;                      //第 12 行
    }                                            //第 13 行
   else                                          //第 14 行
cout << a << '、'<< b <<'、'<< c << "的值不能构成三角形"<< endl;          //第 15 行,否则执行本行
}                                                //第 16 行
```

如果第 8 行表达式 $a+b>c\&\&a+c>b\&\&b+c>a$ 为真，执行复合语句(第 9～13 行)，否则执行第 15 行。由于计算面积需要用到开方运算(第 11 行中的函数 sqrt)，因此要使用预处理命令把数学头文件 math.h 包含到本程序中(第 2 行)。

3. 多分支 if 语句

如果 if 或 else 后面的语句本身又是一个 if 语句，则称这种形式为多分支 if 结构。

例 4-7 写出程序的运行结果。

```
#include <iostream.h>              //第 1 行
void main()                        //第 2 行
{ float x,y;                       //第 3 行
  cin>>x;                          //第 4 行
  if(x>0)                          //第 5 行,若 x>0 为真,则执行第 6 行,否则执行第 8～10 行
    y=1;                           //第 6 行
  else                             //第 7 行
    if(x==0)                       //第 8 行, 若 x==0 为真,则执行第 9 行,否则执行第 10 行
        y=0;                       //第 9 行
    else y=-1;                     //第 10 行
  cout<<y<<endl;                   //第 11 行
}                                  //第 12 行
```

运行结果：

```
3↵
1
0↵
0
-4↵
-1
```

程序分析：第 5～10 行是 if 语句结构：若表达式 x>0 为真，则执行第 6 行，否则执行第 8～10 行。第 8～10 行也是 if-else 结构：若 x==0 为真，执行第 9 行，否则执行第 10 行。如，执行第 4 行时输入 0，执行第 5 行时，因为 x>0 为假，则执行第 8 行。又因 x==0 为真，执行第 9 行(y=0)，此时整个 if 语句执行完成，然后执行第 11 行，输出 y 值(0)。

例 4-8 输入百分制的成绩 score，要求显示对应五级制的评定，评定方法为当成绩大于等于 90 分时，等级为优；当成绩大于等于 80 分但小于 90 时，等级为良；当成绩大于等于 70 分但小于 80 时，等级为中；当成绩大于等于 60 分但小于 70 时，等级为及格；当成绩小于 60 分时，等级为不及格。

分析：设用整型变量 score 表示成绩，则有以下关系。

$$\text{等级：}\begin{cases}\text{优，} & score \geqslant 90 \\ \text{良，} & 90 > score \geqslant 80 \\ \text{中，} & 80 > score \geqslant 70 \\ \text{及格，} & 70 > score \geqslant 60 \\ \text{不及格，} & score < 60\end{cases}$$

算法：

(1) 输入 score。

(2) 若 score≥90,输出“优”。

否则,若 score≥80,输出“良”。

否则,若 score≥70 ,输出“中”。

若 score≥60 ,输出“及格”。

否则,输出“不及格”。

算法中的(2)表明当条件 score≥90 不成立时又出现一个条件的判断,因此使用多分支 if 语句结构。

程序:

```
#include <iostream.h>
void main()
{ float score;                                      //函数体开始
  cin >> score;                                     //将成绩赋给变量 score
  if (score >= 90) cout << "优";                    //如果 score≥90,输出“优”
  else if ( score >= 80) cout << "良";              //否则,如果 score≥80,输出“良”
     else if ( score >= 70) cout << "中";           //否则,如果 score≥70,输出“中”
          else if (score >= 60) cout << "及格";     //否则,如果 score≥60,输出“及格”
               else cout << "不及格";               //否则,输出“不及格”
}
```

说明:

(1) if 与 else 采取“就近配对”的原则,即 else 总是与它上面最近的、且未配对的 if 配对。

(2) 在多分支 if 语句中可以出现多个单分支 if 语句或双分支 if 语句,此时为了保证逻辑配对关系,需要用{}。

(3) 不管 if 语句中有几个分支,程序只能执行其中的一个分支。

(4) else if 不能写成 elseif。

(5) 建议采用锯齿形的书写形式书写多分支 if 语句。

思考题:当 x、y 的值分别是 3 和 −4 时,讨论下列程序段的结构以及输出的结果。

(1)
```
int x,y;
cin>> x>> y;
if (x>0)
  if (y>0) cout <<"x 与 y 均大于 0";
  else cout <<"x 大于 0,y 小于等于 0";
```

(2)
```
int x,y;
cin >> x >> y;
if (x>0)
  { if (y>0) cout <<"x 与 y 均大于 0"; }
else cout <<"x 小于 0,y 为任意值";
```

4.2.2 switch 语句

switch 语句也称多选择语句,它可以根据给定的条件从多个分支语句序列中选择一个分支语句执行。当多分支 if 语句中出现多个 if 语句时,建议使用 switch 语句。

switch 语句的格式：

```
switch(表达式)
{
    case 常量表达式 1: 语句序列 1;[break;]
    case 常量表达式 2: 语句序列 2;[break;]
    ⋮
    case 常量表达式 n: 语句序列 n;[break;]
    default: 语句序列 n+1;
}
```

说明：

(1) switch 和 case 都是关键字。

(2) break 语句是任选项，可以有，也可以没有。

switch 语句的执行过程：

(1) 计算 switch 表达式。

(2) switch 表达式的值与 case 的各常量表达式相比较，具体规则如下：

从第一个 case 到最后一个 case 逐个比较，若表达式的值与某个 case 的常量表达式的值相等，则以该 case 为入口，执行对应的语句序列（若所有的 case 常量表达式的值都与 switch 表达式的值不相等，则从 default 开始执行语句序列），然后执行下一个 case 的语句序列，直到遇到 switch 结构的末端“}”或遇到 break 语句时结束 switch 的执行。

例 4-9 写出程序的运行结果。

```
#include <iostream.h>                          //第 1 行
void main()                                    //第 2 行
{                                              //第 3 行
   char a = '3';                               //第 4 行
   switch(a)                                   //第 5 行,switch 语句开始
    {                                          //第 6 行
      case '3': cout<<'3';                     //第 7 行,输出 3 后执行第 8 行
      case '2': cout<< '2';break;              //第 8 行,输出 2 后跳出 switch 语句
      default : cout<< '1';                    //第 9 行
    }                                          //第 10 行,switch 语句结束
}                                              //第 11 行
```

运行结果：

```
32
```

程序分析：第 5～10 行是 switch 语句，switch 表达式的值为'3'，与第 7 行中 case 的常量相等，则执行第 7 行，输出'3'，然后执行第 8 行，输出'2'，遇到 break 语句，跳出 switch 语句并执行第 11 行，程序结束。

思考题：

(1) 若第 8 行中没有 break 语句，运行结果如何？

(2) 若第 8 行与第 9 行交换位置，运行结果如何？

(3) 若第 7 行与第 9 行交换位置，运行结果如何？

(4) 在第 8 行中 break 语句前面的分号(;)能改为逗号(,)吗?

说明:

(1) switch 表达式值的类型是整型或字符型。

例如,例 4-9 中的 switch(a)不能改为 switch("3")。

(2) 常量表达式与 case 之间应至少有一个空格。

例如,case'3'是错误的。

(3) 每个 case 的常量表达式的值不能相同,但次序不影响执行结果,default 只能出现一次。

(4) 常量表达式值的类型必须与表达式值的类型相同。

例如,例 4-9 中的 switch 语句不能改为以下程序段:

```
switch(a)
  {
      case "3": cout <<"3";
      case "2": cout <<"2";break;
      default : cout <<"1";
  }
```

因为"3"和"2"是字符串,不是字符常量,不能与 switch 表达式匹配。

(5) 每个 case 和 default 后面的序列可以有多条语句,不需要用{ }括起来。

(6) 允许多个常量表达式对应同一个语句序列。

例 4-10 输入百分制的成绩 score,要求显示对应五级制的评定,评定方法为当成绩大于等于 90 分时,等级为优;当成绩大于等于 80 分但小于 90 时,等级为良;当成绩大于等于 70 分但小于 80 时,等级为中;当成绩大于等于 60 分但小于 70 时,等级为及格;当成绩小于 60 分时,等级为不及格。

根据题目,等级"优"、"良"、"中"、"及格"和"不及格"分别对应的区间是[90,100]、[80,90)、[70,80)、[60,70)和[0,60)。因为 switch 语句要求条件表达式的取值为确定的整数值或字符值,分析发现,区间的分段点都是 10 的倍数,因此可以构造一个整型表达式(int)score/10,将分数段转换为单个整数值,即

$$\lfloor score/10 \rfloor = \begin{cases} 10,9, & score \in [90,100] \\ 8, & score \in [80,90) \\ 7, & score \in [70,80) \\ 6, & score \in [60,70) \\ 0,1,2,3,4,5, & score \in [0,60) \end{cases}$$

其中,$\lfloor x \rfloor$表示不大于 x 的最大整数,例如$\lfloor 2.5 \rfloor = 2$。

程序:

```
#include < iostream.h>
void main()
{
    float score;
    cin >> score;
    int x = (int)score/10;                          //将 score 取整后除以 10
```

```
switch(x)
  {
      case 10:
      case 9: cout << "优"; break;                    //输出"优",跳出 switch 语句
      case 8: cout << "良"; break;
      case 7: cout << "中"; break;
      case 6: cout << "及格"; break;
      default: cout << "不及格";
  }
  cout << endl;
}
```

思考题:该程序可以删除 break 语句吗?

4.3 循环结构程序设计

在进行 800m 的比赛时,运动员要围绕 400m 田径场跑两圈,绕圈跑的动作是重复的,终止跑的条件是绕场两圈,这就是循环结构。在程序设计中,如果需要重复执行某些语句,这种程序结构称为循环结构。完成循环结构的语句称为循环语句,循环语句有 while 语句、do…while 语句和 for 语句 3 种。

例 4-11 猴子第一天摘下若干个桃子,当即吃了一半,还不过瘾,并多吃了一个。第二天早上又将剩下的桃子吃掉一半,并多吃了一个。以后每天早上都吃了前一天剩下的一半再多吃一个。到第 10 天早上想吃时,只剩下一个桃子了。求第一天共摘了多少个桃子。

分析:设 x_n 表示第 n 天的桃子数,则有 $x_{10}=1$, $x_9=(x_{10}+1)*2$, $x_8=(x_9+1)*2$, $x_7=(x_8+1)*2$, $x_6=(x_7+1)*2$, $x_5=(x_6+1)*2$, $x_4=(x_5+1)*2$, $x_3=(x_4+1)*2$, $x_2=(x_3+1)*2$, $x_1=(x_2+1)*2$。

程序:

```
#include < iostream.h >                              //第 1 行
void main()                                          //第 2 行
{                                                    //第 3 行
 int x1,x2,x3,x4,x5,x6,x7,x8,x9,x10;                 //第 4 行
 x10 = 1;                                            //第 5 行
 x9 = (x10 + 1) * 2;                                 //第 6 行
 x8 = (x9 + 1) * 2;                                  //第 7 行
 x7 = (x8 + 1) * 2;                                  //第 8 行
 x6 = (x7 + 1) * 2;                                  //第 9 行
 x5 = (x6 + 1) * 2;                                  //第 10 行
 x4 = (x5 + 1) * 2;                                  //第 11 行
 x3 = (x4 + 1) * 2;                                  //第 12 行
 x2 = (x3 + 1) * 2;                                  //第 13 行
 x1 = (x2 + 1) * 2;                                  //第 14 行
 cout << x1 << endl;                                 //第 15 行
}                                                    //第 16 行
```

在主函数中定义了10个变量,第6~14行依次计算各天的桃子数,这9行语句的意义是完全相同的,书写的工作量较大。那么,能否只写一行语句,让它重复执行9次,最终达到同样的结果呢?回答是肯定的,这就需要用到下面的循环结构。

4.3.1 while语句

格式:

```
while (表达式)  循环体;
```

执行过程:先计算表达式,如果该表达式的值为真,则执行循环体,然后再次计算表达式的值,如果它仍为真,继续执行循环体,直到表达式的值为假时结束循环,执行while语句的后继语句。其执行流程如图4.3所示。

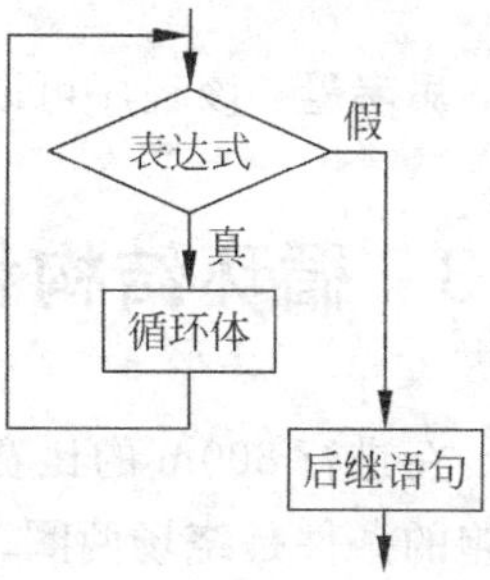

图4.3 while语句流程图

说明:

(1) while是关键字,表达式称为循环条件,表达式中控制循环条件的变量称为循环变量。

(2) 循环体表示重复执行的操作,它可以是一条语句,也可以是一个复合语句。

(3) 在循环体中通常要有改变循环变量的值的语句。

(4) while语句的特点是先判断后执行循环体。

例 4-12 写出程序的运行结果。

```
#include < iostream.h>                    //第 1 行
void main()                               //第 2 行
{                                         //第 3 行
    int s = 0;                            //第 4 行
    int i = 1;                            //第 5 行
    while(i<6)                 //第 6 行,若 i<6 为真,执行第 7~10 行,否则执行第 11 行
      {                                   //第 7 行
        s = s + i;                        //第 8 行,对 i 累加
        i = i + 1;                        //第 9 行,循环变量增值语句
      }                                   //第 10 行,遇到本行转向第 6 行执行
cout << "s = "<< s << endl;               //第 11 行,while 语句的后继语句
}                                         //第 12 行
```

运行结果:

```
s = 15
```

程序分析:该程序的功能是计算1+2+3+4+5的值。第6~10行是一个while语句循环结构,其中,第6行中的$i<6$是循环条件,i是循环变量,第7~10行是循环体。第9行用于改变循环变量i的值,称为循环变量增值语句。根据循环变量i的初值、循环条件及循环变量增值语句可知,该循环共执行了5次,执行过程中各变量的取值情况如表4.1所示。

表 4.1 变量的取值情况

i	表达式 $i<6$	循环次数	s
			0
1	1	第 1 次	1
2	1	第 2 次	3
3	1	第 3 次	6
4	1	第 4 次	10
5	1	第 5 次	15
6	0		

由例 4-12 程序的执行过程可知，在循环中，语句“s=s+i”执行了 5 次，它的功能是将 $i(i=1、2、3、4、5)$的每一个值与 s 相加，这种逐个往上加的方法称为累加。在累加之前，存储累加值的变量（例如本例中的 s）一定要赋初值（例如第 4 行，$s=0$），否则计算机会自动给累加变量赋一个任意数。第 9 行中的语句每执行一次都改变了 i 值，这样才能使 while 语句中的表达式 $i<6$ 由真变为假，因此，在 while 语句中通常有改变循环变量值的语句，否则不能终止循环。

注意：当 while 语句中的表达式是一个非零常量时，该表达式永远为真，这可能会导致循环执行无限次。

例如，while(1) cout<< " * ";

这个语句使循环体执行无限次，直到关闭计算机或按 Ctrl+Pausebreak 组合键为止，这种情况的循环语句称为死循环。

例 4-13 求 1～99 的奇数和，即 $s=1+3+5+\cdots+99$ 的值。

分析：设 $s_{50}=1+3+\cdots+(2*50-1)$，则对于任意 i 有 $s_i=1+3+\cdots+(2i-1)$，得到递推式 $s_0=0, s_i=s_{i-1}+2i-1, i=1,2,\cdots,50$。

令 $s_0=0$，则数学模型为 $s_i=s_{i-1}+2i-1$，其中，$i=1,2,\cdots,50$。

若 s_i 和 s_{i-1} 都用整型变量 s 表示，循环变量用 i 表示，初始值：$s=0, i=1$，循环条件：$i\leqslant 50$，循环体：$s=s+2i-1, i=i+1$。

算法：

(1) $i=1$, $s=0$。

(2) 当 $i\leqslant 50$ 为真时，转(3)，否则转(6)。

(3) 计算 $s=s+2i-1$。

(4) 计算 $i=i+1$。

(5) 转(2)。

(6) 输出 s 的值。

算法表明，第(2)～(5)步构成了 while 循环结构，其中，第(2)步中的 $i\leqslant 50$ 是循环条件，第(3)～(4)步为循环体，第(4)步中的表达式是循环变量 i 的增值表达式。

程序：

```
#include < iostream.h >
void main()
{   int i(1),s(0);
```

```
    while (i<=50)
      {
        s=s+2*i-1;                          //对 2i-1 累加
        i=i+1;                              //循环变量 i 的增值语句
      }
    cout<<s<<endl;
}
```

例 4-14 输入一串字符,以'?'结束,输出其中字母的个数与数字的个数。

分析:输入字符包括字母('A'、'B'、…、'Z'、'a'、'b'、…、'z'),数字('0'、'1'、…、'9')和其他符号('+'、'-'、'*'、…),该题目只统计其中的小(大)写字母和数字的个数。

本例用字符变量 ch 存放输入的字符,用整型变量 num1、num2 分别表示字母的个数和数字的个数。

设计思路:首先读入一个字符赋给 ch,当输入 ch 不是'?'时,重复做以下操作直到输入的字符是'?'为止,然后输出字母个数和数字个数的值。

(1) 如果 ch 是字母,则将 num1 加 1。

(2) 如果 ch 是数字,则将 num2 加 1。

(3) 继续读入下一个字符赋给 ch。

统计输入的字母个数和数字个数,可以用循环结构实现:

初始值:num1=0,num2=0,读入 ch。

循环条件:ch≠'?'。

循环体:如果 ch 是字母,则 num1=num1+1; 如果 ch 是数字,则 num2=num2+1,读入 ch。

算法:

(1) num1=0,num2=0。

(2) 读入 ch。

(3) 如果 ch≠'?'为真,则转(4),否则转(8)。

(4) 如果 ch 是字母,则 num1=num1+1。

(5) 如果 ch 是数字,则 num2=num2+1。

(6) 读入 ch。

(7) 转(3)。

(8) 输出字母的个数和数字的个数。

算法表明,第(3)~(6)步构成了 while 循环结构,其中,第(3)步中的 ch≠'?'是循环条件,第(4)~(6)步为循环体,第(6)步用于改变循环变量 ch 的值。

程序:

```
#include<iostream.h>
#include<stdio.h>                           //将函数 getchar()包括到本程序中
void main()
    {  char ch;
    int num1=0,num2=0;
      ch=getchar();                         //从键盘输入字符赋给 ch
      while (ch!= '?')                      //如果表达式 ch!= '?'为真,执行循环体
        {
```

```
            if(ch>='A'&&ch<='Z'|| ch>='a'&&ch<='z') //判断ch是不是字母
              num1 = num1 + 1;
            if(ch>='0'&&ch<='9')                    //判断ch是不是字符型数字
              num2 = num2 + 1;
            ch = getchar();                         //改变循环变量ch的值
        }
    cout <<"字母个数: "<< num1 << endl;
    cout <<"数字个数: "<< num2 << endl;
}
```

4.3.2　do…while 语句

格式：

```
do
  循环体
while (表达式);
```

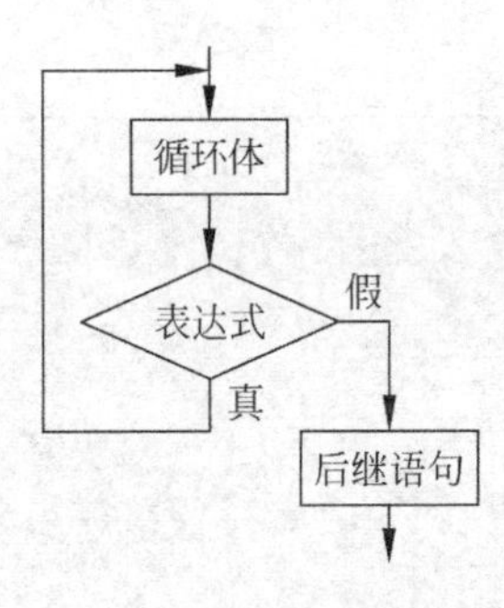

图 4.4　do…while 语句流程图

执行过程：先执行循环体，然后计算表达式的值，如果表达式的值为真，继续执行循环体，再计算表达式的值，如此继续，直到表达式的值为假时结束循环，执行 do…while 语句的后继语句。其执行流程如图 4.4 所示。

说明：

(1) do 和 while 都是关键字，它们成对出现。

(2) 表达式称为循环条件，表达式中控制循环条件的变量称为循环变量。

(3) 循环体表示重复执行的操作，它可以是一条语句，也可以是一个复合语句。

(4) 在循环体中通常要有改变循环变量的值的语句。

(5) do…while 语句的特点是先执行循环体后判断。

(6) do…while 循环体至少执行一次。

例 4-15　写出程序的运行结果。

```
#include < iostream.h >                             //第 1 行
void main()                                         //第 2 行
{                                                   //第 3 行
    int s = 0;                                      //第 4 行
    int i = 1;                                      //第 5 行
    do                                              //第 6 行
      {                                             //第 7 行
        s = s + i;                                  //第 8 行,对 i 累加
        i = i + 1;                                  //第 9 行,循环变量增值语句
      }                                             //第 10 行
  while(i<6);                        //第 11 行,如果表达式 i<6 为真,转向第 8 行,否则执行第 12 行
  cout <<"s = "<< s << endl;                        //第 12 行,do…while 语句的后继语句
}                                                   //第 13 行
```

运行结果：

```
s = 15
```

程序分析：该程序的功能是计算 1＋2＋3＋4＋5 的值。第 6～11 行是一个 do…while 语句循环结构，其中，第 11 行中的 $i<6$ 是循环条件，i 是循环变量，第 7～10 行为循环体。第 9 行用于改变循环变量 i 的值。根据循环变量 i 的初值、循环条件及循环变量增值语句可知，该循环共执行了 5 次，程序执行过程中各变量的取值情况如表 4.2 所示。

表 4.2　变量的取值情况

i	表达式 i<6	循环次数	s
			0
1		第 1 次	1
2	1	第 2 次	3
3	1	第 3 次	6
4	1	第 4 次	10
5	1	第 5 次	15
6	0		

例 4-16　用辗转相除法求两个自然数的最大公约数。

算法：

(1) 输入 a、b。

(2) $r=a\ \%\ b$。

(3) $a=b$。

(4) $b=r$。

(5) 若 $r\neq 0$ 为真，则转(2)，否则转(6)。

(6) 输出 a。

算法表明，第(2)～(5)步构成了 do…while 循环结构，其中，循环条件是第(5)步中的 $r\neq 0$，循环体是第(2)～(4)步，第(2)步所示的表达式是改变循环变量 r 值的表达式。

程序：

```
#include < iostream.h >
void main()
{     int a,b, r;
      cout <<"请输入 a ,b 的值 "<< endl;
      cin >> a >> b;
      do
        {
          r = a % b;                                    //改变循环变量 r 的值
          a = b; b = r;
        } while (r!= 0);                                //如果 r 为 0,则终止循环
      cout <<"最大公约数为 "<< a << endl;
}
```

例 4-17　计算 $\sin(x)=x-\frac{x^3}{3!}+\frac{x^5}{5!}-\frac{x^7}{7!}+\cdots$ 直到最后一项的绝对值小于 10^{-7} 时停止

计算。

分析：虽然数学库函数中有计算 sin(x)的函数，但是通过本例的设计，可以让读者了解在库函数中是如何计算 sin(x)的，从而加深对循环结构的理解。

设 $s_n=x-\frac{x^3}{3!}+\frac{x^5}{5!}-\frac{x^7}{7!}+\cdots+(-1)^{n-1}\frac{x^{2n-1}}{(2n-1)!}$，$n=1,2,\cdots$，令 $s_1=x$，则数学模型为：

$$s_n = s_{n-1}+(-1)^{n-1}\frac{x^{2n-1}}{(2n-1)!},\quad n=2,3,\cdots$$

又设 $t_n=(-1)^{n-1}\frac{x^{2n-1}}{(2n-1)!}$，则 $t_1=x$，可以得到递推公式：

$$t_n=(-1)^{n-2}\frac{x^{2n-3}}{(2n-3)!}\frac{-x^2}{(2n-2)(2n-1)}=t_{n-1}\frac{-x^2}{(2n-2)(2n-1)},\quad n=2,3,\cdots$$

因此，令 $s_1=x$，$t_1=x$，则数学模型为：

$$s_n=s_{n-1}+t_{n-1}\frac{-x^2}{(2n-2)(2n-1)},\quad n=2,3,\cdots$$

如果 s_n、s_{n-1}、s_1 都用实型变量 s 表示，t_n、t_{n-1}、t_1 都用实型变量 t 表示，初始时，令 $t=x$、$s=x$、$n=2$，循环条件为 $t\geqslant10^{-7}$，循环体为“$t=t\frac{-x^2}{(2n-2)(2n-1)}$，$s=s+t$，$n=n+1$”。其中，$t=t\frac{-x^2}{(2n-2)(2n-1)}$是改变循环变量 t 的表达式。

算法：

(1) 输入 x。

(2) 令 $s=0$、$t=x$、$n=1$。

(3) $s=s+t$。

(4) $n=n+1$。

(5) $t=t\frac{-x^2}{(2n-2)(2n-1)}$。

(6) 如果$|t|\geqslant10^{-7}$成立，转(3)，否则转(7)。

(7) 输出 s。

算法表明，第(3)～(6)步构成了 do…while 循环结构，其中，第(6)步中的 $|t|\geqslant10^{-7}$是循环条件，第(3)～(5)步为循环体，第(3)步改变循环变量 t 的值。

程序：

```
#include <iostream.h>
#include <math.h>
void main()
  { float s,t,x;int n;
    cin>>x;
    s=0,t=x,n=1;
    do
      {
        s=s+t;                                    //对 t 进行累加
        n=n+1;                                    //改变 n 的值
        t=-t*x*x/(2*n-1)/(2*n-2);                 //改变循环变量 t 的值
```

```
    }
    while (fabs(t)>=1e-7);                    //fabs(t)表示实数 t 的绝对值
    cout << s << endl;
}
```

4.3.3 for 语句

格式：

```
for(表达式 1;表达式 2;表达式 3) 循环体
```

执行过程：先计算表达式 1，再计算表达式 2，如果表达式 2 的值为真，执行循环体，然后计算表达式 3，再计算表达式 2，如果表达式 2 的值仍为真，继续执行循环体，如此继续，直到表达式 2 的值为假时结束循环，执行 for 语句的后继语句。其执行流程如图 4.5 所示。

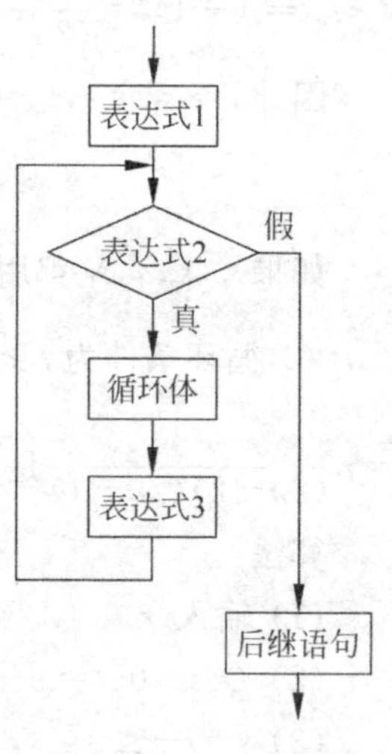

图 4.5　for 语句流程图

说明：

(1) for 是关键字。

(2) 表达式 2 称为循环条件，由它决定是否执行循环体，控制循环条件的变量称为循环变量。

(3) 通常情况下，表达式 1 对循环变量赋初值，表达式 3 改变了循环变量的值。

(4) 循环体可以是一条语句，也可以是一个复合语句。

(5) for 语句的特点是先判断后执行循环体。

(6) 循环次数由表达式 1、表达式 2 和表达式 3 共同决定。

例 4-18　写出程序的运行结果。

```
#include <iostream.h>                    //第 1 行
void main()                              //第 2 行
{                                        //第 3 行
    int i,s(0);                          //第 4 行
    for( i=1;i<6; i++)                   //第 5 行,若 i<6 为真,执行循环体,否则执行第 7 行
      s=s+i;                             //第 6 行,循环体,执行后转去执行 i++
     cout <<"s="<< s << endl;            //第 7 行,for 语句的后继语句
}                                        //第 8 行
```

运行结果：

```
s=15
```

程序分析：该程序的功能是计算 1+2+3+4+5 的值。第 5～6 行是一个 for 语句循环结构，其中循环条件是 $i<6$，i 是循环变量，表达式 $i++$ 是循环变量增值表达式，循环体是第 6 行。根据循环变量 i 的初值、循环条件及循环变量增值表达式可知，该循环共执行了 5 次。程序执行过程中各变量的取值情况如表 4.3 所示。

表 4.3　变量的取值情况

i	表达式 $i<6$	循环次数	s
			0
1	1	第 1 次	1
2	1	第 2 次	3
3	1	第 3 次	6
4	1	第 4 次	10
5	1	第 5 次	15
6	0		

例 4-19　猴子第一天摘下若干个桃子，当即吃了一半，还不过瘾，又多吃了一个。第二天早上又将剩下的桃子吃掉一半，并多吃了一个。以后每天早上都吃了前一天剩下的一半再多吃一个。到第 10 天早上想吃时，只剩下一个桃子了。求第一天共摘了多少个桃子。

用 x_i 表示第 i 天剩余的桃子数，$i=1,2,3,4,5,6,7,8,9,10$。令 $x_{10}=1$，则数学模型为：$x_i=(x_{i+1}+1)*2$，其中，$i=9,8,7,6,5,4,3,2,1$。

用 x 表示 x_i，$i=10,9,8,7,6,5,4,3,2,1$。

初值：$x=1,i=9$。循环条件：$i>0$。循环体：$x=(x+1)*2$。循环变量 i 的减值表达式：$i=i-1$。

算法：

(1) $x=1$。

(2) $i=9$。

(3) 如果 $i>0$，转(4)，否则转(7)。

(4) $x=(x+1)*2$。

(5) $i=i-1$。

(6) 转(2)。

(7) 输出 x。

算法表明，第(2)～(6)步构成了 for 循环结构，其中，第(3)步中的 $i>0$ 是循环条件，第(4)步为循环体，第(5)步中的表达式改变循环变量 i 的值。

程序：

```
#include < iostream.h >
void main()
{
 int x,i;
 x = 1;
 for(i = 9;i > 0;i -- )
 x = (x + 1) * 2;
 cout << x << endl;
}
```

例 4-20　求斐波那契数列(Fibonacci)的前 10 个数(不包括第 10 个数)。

斐波那契数列的特点是第 1、2 个数为 1、1，从第 3 个数开始，每个数是其前面两个数之和，用 $f_i(i=1,2,\cdots)$表示斐波那契数列的第 i 项，则数学模型为：

$$f_i=\begin{cases}1, & i=1\\ 1, & i=2\\ f_{i-1}+f_{i-2}, & 2<i<10\end{cases}$$

分析：如果用整型变量 $f1$、$f2$、f 表示斐波那契数列中的3个相邻的数，其中，f 表示当前斐波那契数，$f2$ 是 f 的前一个数，$f1$ 是 $f2$ 的前一个数。开始时 $f1=1$，$f2=1$，用表达式 $f=f1+f2$ 计算，得 f 的值，然后输出 f。计算 f 的值后不再需要 $f1$ 的值，则可以将 $f2$ 的值存放于 $f1$，将 f 的值存放于 $f2$，继续用表达式 $f=f1+f2$ 计算下一个 f 的值并输出，这样重复执行 $f=f1+f2$，输出 f，$f1=f2$，$f2=f$，就可以把所需的数求出。

如果用整型变量 i 表示当前已输出斐波那契数的个数，初始时：$f1=1$，$f2=1$，并输出 $f1$ 和 $f2$，$i=3$。循环条件：$i<10$。循环体：$f=f1+f2$，输出 f，$f1=f2$，$f2=f$。改变循环变量 i 值的表达式：$i=i+1$。

算法：

(1) $f1=1$、$f2=1$，输出 $f1$、$f2$。

(2) $i=3$。

(3) 若 $i<10$，转(4)，否则程序结束。

(4) $f=f1+f2$。

(5) 输出 f。

(6) $f1=f2$、$f2=f$。

(7) $i=i+1$。

(8) 转(3)。

算法表明，第(2)～(8)步构成了 for 循环结构，其中，第(3)步中的 $i<10$ 是循环条件，第(4)～(6)步为循环体，第(7)步中的表达式是循环变量增值表达式。

程序：

```
#include < iostream.h >
void main()
{  int i,f1,f2,f;
    f1 = 1;f2 = 1;
    cout << f1 <<' '<< f2 <<' ';
    for(i = 3;i < 10;i++)
       {  f = f1 + f2;
          cout << f <<' ';
          f1 = f2; f2 = f;
       }                                    //遇到本行转去执行 i++
}
```

该程序输出了9个斐波那契的数，循环体只输出了7个。

说明：

(1) for 语句中的3个表达式都可以省略，但分号不能省。

例如计算 $1+3+\cdots+99$ 的值，在用 for 语句实现时有以下几种结构。

```
① i = 1;s = 0;
   for ( ; i < 100 ; i = i + 2)            //省略了表达式 1
      s = s + i ;
```

将对循环变量 i 赋初值的表达式放在 for 语句之前。

②
```
s = 0;
for (i = 1; i<100 ; ) //省略了表达式 3
  {s = s + i ; i = i + 2 ; }
```

将改变循环变量 i 值的表达式放在 for 语句的循环体中。

③
```
s = 0;
for (i = 1; ; i = i + 2 )                     //省略了表达式 2
  {  if (i>= 100) break; s = s + i ; }
```

当 for 语句中的表达式 2 省略时,在循环体中一定要有终止循环的语句,例如 break 语句。

for(表达式 1; ;表达式 3) 相当于 for(表达式 1; 1 ;表达式 3)。

④
```
i = 1;s = 0;
for ( ;i<100 ; )                              //省略了表达式 1 和表达式 3
  {s = s + i ; i = i + 2 ; }
```

(2) 表达式 1 和表达式 3 可以是逗号表达式。

例如,

```
for (i  =  1,s = 0 ; i<100 ; s = s + i ,i = i + 2 ) ;     //循环体为空语句
```

由此可见,循环体中的语句可以放在 for 语句的表达式 3 中。

4.3.4 循环语句小结

while 语句、do…while 语句和 for 语句都可以完成循环结构的程序设计,但它们各自有不同的特点和用法。

(1) while 语句和 for 语句都是先判断后循环,do…while 语句是先循环后判断。

(2) do…while 语句中的循环体至少执行一次,while 语句和 for 语句中的循环体可能一次也没有执行。

(3) for 语句有 3 个表达式,可以分别用于循环变量的初始化、循环结束条件和循环变量的更新,格式清晰、使用灵活,因此用得比较多,其次是 while 语句,而 do…while 语句比较少用。

例如,比较下列两个程序的运行结果。

(1)
```
#include < iostream.h>
void main()
{   int s = 0, i = 6;
    do
      {
           s = s + i; i = i + 1;
      } while(i<6);
    cout <<"s = "<< s << endl;
}
```

运行结果:

```
s = 6
```

(2)
```
#include < iostream.h >
void main()
{   int s = 0, i = 6;
     while(i < 6)
      {
        s = s + i; i = i + 1;
      }
     cout <<"s = "<< s << endl;
}
```

运行结果：

```
s = 0
```

(3)
```
#include < iostream.h >
void main()
{   int s = 0;
     for(int i = 6;i < 6;i++)
       s = s + i;
      cout <<"s = "<< s << endl;
}
```

运行结果：

```
s = 0
```

在循环程序设计中，哪些语句安排在循环前，哪些语句安排在循环中，哪些语句安排在循环后，是一个很重要的问题。也就是说，必须根据实际需要仔细安排，将初值放在循环体前，重复执行的操作就是循环体，不要放错位置，否则将得到不正确的结果。

4.4 多重循环程序设计

如果在循环语句的循环体中又嵌套另一个循环语句，这种循环语句称为多重循环。多重循环的嵌套次数是任意的，按照嵌套次数，多重循环又分为二重循环、三重循环等。并且，处于内部的循环语句称为内循环，处于外部的循环语句称为外循环。例如，4 个运动员参加 4×400m 接力赛，每一个运动员都要跑 400m，这样，从第 1 个运动员到第 4 个运动员轮流构成一个循环，而每一个运动员要跑完 400m 又构成一个循环，这样就形成了一个二重循环。

例 4-21 写出下列程序的运行结果。

```
#include < iostream.h >                                //第 1 行
void main()                                           //第 2 行
{                                                     //第 3 行
    int k,p;                                          //第 4 行
    for(k = 1;k < = 3;k++)                            //第 5 行
    {                                                 //第 6 行
        for(p = 1;p < = k;p++)                        //第 7 行
         cout << k <<" * "<< p <<" = "<< k * p <<"\t";  //第 8 行
        cout << endl;                                 //第 9 行
    }                                                 //第 10 行
}                                                     //第 11 行
```

运行结果：

```
1*1=1
2*1=2    2*2=4
3*1=3    3*2=6    3*3=9
```

程序分析：第 5～10 行是一个 for 语句循环结构(外循环)，其中，外循环体：第 6～10 行，外循环条件：$k<=3$，外循环变量 k 增值表达式：$k++$，根据外循环变量 k 初值、外循环条件及外循环变量增值表达式可知，外循环执：3 次。此处，第 7～8 行又是一个 for 语句结构(内循环)，其中，内循环体：第 8 行，内循环条件：$p<=k$，内循环变量 p 增值表达式：$p++$。根据内循环变量 p 初值、内循环条件及内循环变量增值表达式可知，内循环执行 k 次。因此，由第 5～10 行构成的二重循环语句共执行 6(=1+2+3)次。程序执行过程中各变量的取值情况如表 4.4 所示。

表 4.4 变量的取值情况

k	表达式 $k<=3$	外循环次数	p	表达式 $p<=k$	输出结果	内循环次数
1	1	第 1 次	1	1	1*1=1	第 1 次
			2	0		
2	1	第 2 次	1	1	2*1=2	第 1 次
			2	1	2*2=4	第 2 次
			3	0		
3	1	第 3 次	1	1	3*1=3	第 1 次
			2	1	3*2=6	第 2 次
			3	1	3*3=9	第 3 次
			4	0		
4	0					

注意：内循环的循环变量与外循环的循环变量不能同名。

例如，以下语句是错误的。

```
for(i=1;i<10;i++)                    //外循环变量为 i
  for(i=2;i<3;i++)                   //内循环变量为 i
    cout << i << endl;
```

例 4-22 用二重循环输出下列图形。

```
*
**
***
****
*****
```

分析：该图形一共有 5 行，第 i 行有 i 个“*”，其中，$i=1,2,3,4,5$。

因此，可以用 i 作为外循环变量，初值：$i=1$。外循环条件：$i\leqslant 5$。外循环体：(1)用内循环输出 i 个“*”；(2)换行。改变 i 值的表达式：$i=i+1$。

内循环实现输出 i 个“*”，可用 j 做内循环变量，将初值设为 $j=1$。内循环条件：$j\leqslant i$。

内循环体：输出 '*'。改变 j 值的表达式：$j=j+1$。

算法：

(1) $i=1$。

(2) 若 $i\leqslant5$，转(3)，否则转(7)。

(3) 输出第 i 行的字符。

(4) 换行输出。

(5) $i=i+1$。

(6) 转(2)。

(7) 程序结束。

细化——输出第 i 行字符的算法：

(3.1) $j=1$。

(3.2) 若 $j\leqslant i$，转(3.3)，否则转(4)。

(3.3) 输出 '*'。

(3.4) $j=j+1$。

(3.5) 转(3.2)。

该算法中的第(1)～(6)步构成外循环，其中，外循环条件是 $i\leqslant5$，外循环体见第(3)～(4)步，第(5)步中的表达式是外循环变量 i 的增值表达式。第(3.1)～(3.4)构成内循环，其中，内循环条件是 $j\leqslant i$，内循环体见第(3.3)步，第(3.4)步中的表达式是内循环变量 j 的增值表达式。程序流程图如图 4.6 所示。

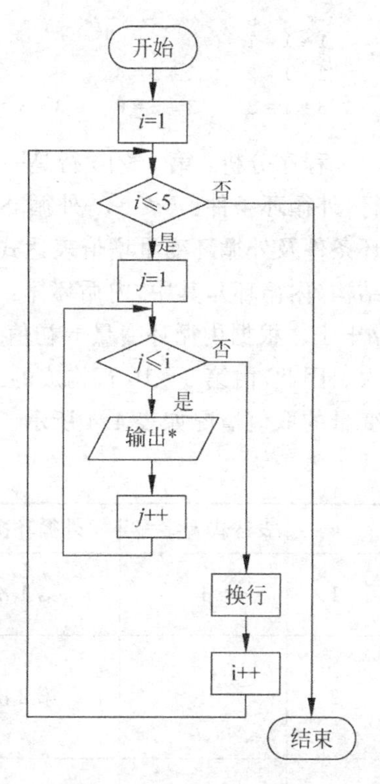

图 4.6 例 4-22 流程图

程序：

```
#include <iostream.h>
void main()
  {  int i,j;
     for(i = 1;i <= 5;i++)                    //外循环,控制输出 5 行
      {
         for(j = 1;j <= i;j++)                //内循环,在第 i 行中输出 i 个'*'
          cout <<'*';
         cout << endl;
      }
}
```

例 4-23 计算 $1!+2!+\cdots+n!$。

设 $s_k=1!+2!+\cdots+(k-1)!+k!$，$k=1,2,\cdots,n$，令 $s_0=0$，则数学模型为：

$$s_k=s_{k-1}+k!\,,\quad k=1,2,\cdots,n$$

如果 s_k、s_{k-1} 都用整型变量 s 表示，初始值：$s=0$；外循环体：$s=s+k!$；外循环条件：$k\leqslant n$；改变循环变量 k 的表达式：$k=k+1$。

记 $t_i=i!$，令 $t_0=1$，则计算 $k!$ 的数学模型为：

$$t_i=t_{i-1}*i,\quad i=1,2,\cdots,k$$

如果 t_i 用整型变量 t 表示，初始值：$t=1$；内循环体：$t=t*i$；内循环条件：$i\leqslant k$；改变

循环变量 i 的表达式：$i=i+1$。

算法：

(1) 输入 n。

(2) 令 $s=0$。

(3) $k=1$。

(4) 若 $k\leqslant n$,转(5),否则转(9)。

(5) 计算 $t=k!$。

(6) $s=s+t$。

(7) $k=k+1$。

(8) 转(4)。

(9) 输出 s。

细化——计算 $t=k!$ 的算法：

(5.1) 令 $t=1$。

(5.2) $i=1$。

(5.3) 若 $i<=k$,转(5.4),否则转(6)。

(5.4) $t=t*i$。

(5.5) $i=i+1$。

(5.6) 转(5.3)。

该算法中的第(3)～(8)步构成外循环,第(5.2)～(5.6)步构成内循环。

程序：

```
#include < iostream.h >
void main()
{   int s,n,i,k,t;
    cin >> n; s = 0;
    for(k = 1;k < = n;k++)                        //外循环
      {
         t = 1;
         i = 1;
         while(i < = k)                           //内循环,计算 k!
           {
              t = t * i;                          //对 i 累乘
              i++;
           }                                      //内循环结束
           s = s + t;                             //对 t 累加
      }                                           //外循环体结束
    cout << s;
}
```

分析例 4-23 的程序,在内循环中,对于每一个 k,语句 $t=t*i$ 都执行了 k 次,它的功能是将 $i(i=1,2,\cdots,k)$的每一个值与 t 相乘,这种逐个往上乘的方法称为累乘。在累乘之前,对存储累乘的变量(例如本例中的 t)一定要赋初值(例如本例中 t 的初值为 1),否则计算机会自动给累乘的变量赋一个任意数。该程序中的变量 s 和 t 都被定义为整型,当 n 较大时,$n!$ 是一个相当大的数,可能超过整数允许的表示范围(−2 147 483 648～2 147 483 647),因此，当 n 值较大时，变量 s 和 t 都要被定义为实型，否则会出现不正确的结果。

4.5 常用转移语句

4.5.1 break 语句

格式：

```
break;
```

执行过程：遇到该语句时，跳出包含该 break 语句的最内层的循环语句，终止循环。

在循环语句中，break 语句通常和条件语句一起使用，当满足某条件时跳出循环。

例 4-24 写出程序的运行结果。

```
#include < iostream.h >                                  //第 1 行
void main()                                               //第 2 行
{    int i,m;                                             //第 3 行
     cin >> m;                                            //第 4 行
     for(i = 2;i < m;i++) if(m % i == 0) break;           //第 5 行
     if(i == m) cout <<"YES"<< endl;                      //第 6 行
     else cout <<"NO"<< endl;                             //第 7 行
}                                                         //第 8 行
```

运行结果：

```
5 ↵
YES
```

程序分析：程序的功能是判断 m 是否是素数。第 5 行是 for 语句结构，功能是在 2,3,…，$m-1$ 中寻找能整除 m 的整数 i，若能找到这样的整数 i，则终止循环（$if(m\%i==0)$break;）。当 $m=4$ 时执行过程如表 4.5 左侧所示，循环体执行 1 次后结束，此时 $i<m$，程序输出“NO”。当 $m=5$ 时执行过程如表 4.5 右侧所示，循环体共执行 3 次，此时 $i==m$，程序输出“YES”。

表 4.5 变量的取值情况

i	表达式 $i<m$	循环次数	$m\%i==0$	i	表达式 $i<m$	循环次数	$m\%i==0$
2	1	第 1 次	1	2	1	第 1 次	0
				3	1	第 2 次	0
				4	1	第 3 次	0
				5	0		

注意：break 语句只能出现在 switch 语句和循环语句中。

4.5.2 continue 语句

格式：

```
continue;
```

执行过程：遇到该语句时，终止本次循环，即跳过 continue 语句后面的语句进入下一次循环。

说明：

(1) continue 语句只能用于 while、do…while 和 for 3 种循环语句中，continue 语句通常和条件语句一起使用。

(2) 在 while 或 do…while 语句中，当遇到 continue 语句后，转到 while 或 do…while 后面的表达式做判断。在 for 语句中，遇到 continue 语句后，转到 for 的表达式 3 做判断。

例 4-25 写出程序的运行结果。

```
#include <iostream.h>                       //第1行
void main()                                 //第2行
{ int i;                                    //第3行
    for(i = 100;i <= 200;i++)               //第4行
    { if(i % 21) continue;                  //第5行
      break;                                //第6行
    }                                       //第7行
    cout << i << endl;                      //第8行
}                                           //第10行
```

运行结果：

```
105
```

程序分析：第 4～7 行是 for 语句结构。循环体第 5～6 行表明：当 $i\%21$ 的值为 1 时，执行 continue 语句，即终止本次循环，跳过后面的 break 语句进入下一次循环(执行 i++)；当 $i\%21$ 的值为 0 时，不会执行 continue 语句，然后执行下一条语句——break 语句，于是终止循环。执行过程中各变量的取值情况如表 4.6 所示。

表 4.6 变量的取值情况

i	表达式 i<=200	循环次数	i%21
100	1	第 1 次	16
101	1	第 2 次	17
102	1	第 3 次	18
103	1	第 4 次	19
104	1	第 5 次	20
105	1	第 6 次	0

例 4-26 求 1～100 之间的素数，并且每行显示 8 个素数。

分析：除 1 和它本身以外，不能被其他任何一个整数整除的自然数称为素数。判断数 m 是否为素数的方法是，若存在 $i\in[2,m-1]$，使 m 被 i 整除，则 m 不是素数，否则 m 是素数。

用整型变量 m 表示 2～100 之间的整数，用整型变量 c 表示输出素数的个数，为了控制输出的格式(即每行显示 8 个素数)，在输出素数的过程中，若 c 能被 8 整除，则输出换行。

初始值：$m=2,c=0$；外循环条件：$m<100$。

外循环体：(1)判断 m 是否被 $i\in[2,m-1]$整除；(2)如果 m 是素数，$c=c+1$，按格式输出 m。

外循环变量 m 的增值表达式：$m=m+1$。

算法：

(1) 令 $c=0$。

(2) 令 $m=2$。

(3) 若 $m<100$,转(4),否则终止外循环。

(4) 判断 m 是否被 $i\in[2,m-1]$ 整除。

(5) 若 m 是“素数”,则输出 m,$c=c+1$,若 c 能被 8 整除,则输出换行。

(6) $m=m+1$。

(7) 转(3)。

判断 m 是否被 $i\in[2,m-1]$ 整除,可以用循环(内循环)结构实现：

初始值：$i=2$;

内循环条件：$i<m$;

内循环体：若 $m\%i=0$,则终止内循环;

内循环变量 i 增值表达式：$i=i+1$。

判断 m 是否被 $i\in[2,m-1]$ 整除的算法：

(4.1) 令 $i=2$。

(4.2) 若 $i<m$,转(4.3),否则转(5)。

(4.3) 若 $m\%i=0$,终止内循环,转(5),否则转(4.4)。

(4.4) $i=i+1$。

(4.5) 转(4.2)。

在该算法中,第(2)～(7)步构成外循环结构,第(4.1)～(4.5)步构成内循环结构。从内循环结构可以看出,当内循环结束时,i 的值有两种情况,即 $i<m$ 或 $i=m$,当 $i<m$ 时说明 m 不是素数,当 $i=m$ 时说明 m 是素数。

程序：

```
#include <iostream.h>
void main()
{   int m,i,c(0);
    for(m = 2;m<100;m++)                        //外循环
     {
      for(i = 2;i<= m-1;i++)                    //内循环
        if (m % i == 0) break;                  //若某个 i 整除 m,则跳出内循环
      if (i == m)                               //如果 i == m 为真,则 m 是素数
      {   cout << m <<'\t';                     //输出 m
          c++;                                  //累加输出素数个数 c
        if (c % 8 == 0) cout << endl;           //每行控制输出 8 个素数
      }
     }
}
```

在输出结果时,若某行输出的字符数超过屏幕一行允许显示的字符数,多余的字符会自动在下一行显示,这可能造成输出的数据不整齐。因此,当输出的数据较多时,往往使用 if

语句控制每一行输出数据的个数。例如本例控制每行输出 8 个数。

思考题：该程序中的“for(i ＝ 2;i＜＝m－1;i＋＋)”能否改为“for(i ＝ 2;i＜＝sqrt(m);i＋＋)”?为什么？若能，它的作用是什么？

习题 4

一、选择题

1. 顺序结构是指________。

 (A) 程序必须在一行内写完

 (B) 程序中的每一条语句都是顺序执行的

 (C) 程序中的每一条语句都是按顺序排列的

 (D) 每一条语句在执行时都必须先排队后执行

2. 在下列描述中，正确的是________。

 (A) while 语句的特点是先判断后执行

 (B) switch 语句结构中必须有 default 语句

 (C) 条件语句结构中必须有 else 语句

 (D) 如果至少有一个操作数为 true，则包含“||”运算符的表达式为 true

3. 已知“int i,x,y;”，在下列选项中错误的是________。

 (A) if (x || y) i=0；(B) if (x=y) i=0；(C) if (xy) i=0；　(D) if (x－y) i=0；

4. 设有“int x,y;”，则下列 if 语句中，正确的是________。

 (A)
```
if(x!= y) if(x> y) cout<< "x> y\n ";
else cout<< "x< y\n ";else cout<< "x== y\n ";
```
 (B)
```
if(x!= y)
    if(x> y) cout<< "x> y\n "
    else cout<< "x< y\n ";
else cout<< "x== y\n ";
```
 (C)
```
if(x!= y) if(x> y) cout<< "x> y\n ";
  else cout<< "x< y\n "
else cout<< "x== y\n ";
```
 (D)
```
if(x!= y)
   if(x> y) cout<< "x> y\n ";
     else cout<< "x< y\n "
else cout<< "x== y\n ";
```

5. 下列关于 switch 语句的描述中，正确的是________。

 (A) 在 switch 语句中，default 子句可以没有，也可以有一个

 (B) 在 switch 语句中，每个语句序列中必须有 break 语句

 (C) 在 switch 语句中，default 子句只能放在最后

 (D) 在 switch 语句中，case 子句后面的表达式只能是整型表达式

6. 已知“int i=3;”，下列 do…while 语句的循环次数是________。

```
do{
    cout << i -- << endl;
  } while(i!= 0);
```

(A) 0　　(B) 1　　(C) 3　　(D) 无限

7. 下列 for 语句的循环次数是________。

```
for(int i(0),j(5);i = 3;i++,j -- );
```

(A) 3　　(B) 无限　　(C) 5　　(D) 0

8. 下列 while 语句的循环次数是________。

```
while(int i(0)) i -- ;
```

(A) 0　　(B) 无限　　(C) 1　　(D) 2

9. 下列语句段将输出________个"#"字符。

```
int i = 50;
while(1)
  {  i -- ;
    if(i == 0) break;
    cout << '#';
  }
```

(A) 48　　(B) 49　　(C) 50　　(D) 51

10. 下列有关 for 循环的描述中正确的是________。

(A) for 循环只能用于循环次数已经确定的情况

(B) for 循环是先执行循环体语句后判断表达式

(C) 在 for 循环中不能用 break 语句跳出循环体

(D) 在 for 循环体语句中可以包含多条语句,但是要用大括号括起来

11. 下列程序段在执行完毕后 i 的值是________。

```
i = 0; for (n = 0; n < 90; n++) if (n) i++;
```

(A) 0　　(B) 89　　(C) 90　　(D) 91

12. 下面程序段的内循环体一共需要执行________次。

```
for ( i = 4 ; i ; i -- )for (j = 0 ; j < 4 ; j ++) { … }
```

(A) 20　　(B) 25　　(C) 9　　(D) 16

13. 以下程序段是________。

```
x = 0;  do  { x = x * x; }  while(!x);
```

(A) 死循环　　(B) 循环执行一次　　(C) 有语法错误　　(D) 循环执行两次

14. 执行下面的程序段以后,k 的值是________。

```
int k = 1,n = 532;
do { k * = n % 10 ; n / = 10 ; }  while ( n ) ;
```

(A) 1　　(B) 235　　(C) 5　　(D) 30

二、填空题

在程序中的下划线上填写相应的代码,以保证完成程序的功能(注意:不要改动其他的代码,不得增行或删行,也不得更改程序的结构)。

1. 下列程序是将一个正整数的每一位按其逆序输出。

```
#include <iostream.h>
void main()
{ long int n,d;
  cin>>n;
do{
     d=________;
      ________;
     cout<<d;
  }while( n>0);
  cout<<endl;
}
```

2. 下列程序是求1000以内的能同时被7和3整除的整数之和。

```
#include <iostream.h>
void main()
{
  int sum;
  ________;
  for(int i=1;________;i++)
  if(________)
   sum+=i;
   cout<<sum<<endl;
}
```

3. 有20只猴子吃50个桃子,已知公猴每只吃5个,母猴每只吃4个,小猴每只吃两个。下列程序是求出公猴、母猴和小猴各多少只。

```
#include <iostream.h>
void main()
{
  int a,b,c;
  for(a=1;a<11;________)
    for(b=1;________;b++)
      {
       c=20-a-b;
       if(________)
        cout<<"公猴="<<a<<','<<"母猴="<<b<<','<<"小猴="<<c<<endl;
     }
}
```

三、分析下列程序的输出结果

1.

```
#include <iostream.h>
```

```
void main()
{
int a = 3,b = 5;
if(a!= b)
   {
    b -= 2;
    cout << b << endl;
   }
  cout << a + b << endl;
}
```

2.

```
#include < iostream.h >
void main()
{
  int a = 2,b = 3,c = 4,d = 5;
  switch(++a)
    {
      case 2: c++;d++;
      case 3: switch(++b)
              {
                  case 4:c++;
                  case 5: d++;
              }
      case 4:
      case 5:c++; d++;
    }
  cout << c << ', ' << d << endl;
}
```

3.

```
#include < iostream.h >
void main()
{
    int k,x = 10;
    for(k = 9;k >= 0;k -- )
    {
      switch(k)
       {
          case 1:case 4:case 7:x++;break;
          case 2:case 5: case 8:break;
          case 3:case 6:case 9: x += 2;
       }
    }
  cout << x << endl;
}
```

4.

```
#include < iostream.h >
```

```
void main()
{
  int t = 10;
  while( -- t)
   {
     if(t == 5) break ;
     if(t % 2) continue ;
     cout << t << endl;
   }
}
```

5. 运行下列程序后，从键盘上输入 china 并按回车键。

```
#include < iostream.h >
#include < stdio.h >
void main()
{    int n1 = 0,n2 = 0;char ch;
     while((ch = getchar())!= '\n')
     switch(ch)
         {
            case 'a':
            case 'h':
            default: n1++;
            case '0': n2++;
         }
     cout << n1 << n2 << endl;
}
```

四、用自然语言设计算法

1. 输入年，判断该年是否是闰年。

2. 输入两个数和一个运算符，输出它们的运算结果。

3. 输出所有的水仙数。水仙数是一个三位数，其各位数字的立方和等于该数本身。

4. 求 2～1000 中的完数。完数是因子和等于它本身的数，例如 28＝1＋2＋4＋7＋14，则 28 是完数。

五、改错题

改正下列程序中 err 处的错误，使得程序能得到正确的结果。

注意：不要改动 main 函数，不得增行或删行，也不得更改程序的结构。

1. 用辗转相减法求 m、n 的最大公约数。

```
#include < iostream.h >
main()
{
int m,n;                                      //err1
cin >> m >> n;
while(m!= n)
{
   if(m > n) ; m = m - n;                     //err2
   else t = m;m = n;n = t;                    //err3
}
```

```
cout << m << endl;
}
```

2. 打印九九表。

```
#include < iostream.h >
void main()
{
    int i,j,k;
    cout <<" * ";
    for(i = 1;i < 10;i++) cout <<" "<< i;        //err1
    cout << endl << endl;
    for(j = 1;j < 10;j++)
    {
        printf(" %d ",j);                       //err2
        for(k = 1;k <= j;k++) cout <<" "<< i * k;//err3
        cout << endl;
    }
}
```

六、编程题

1. 交换两个变量的值。

2. 求一个三位整型数的个位、十位和百位。

3. 输入年,判断该年是否是闰年。

4. 输入 3 个数,将其中的最小数输出。

5. 输入 3 个字母,按字母表中的顺序输出这 3 个字母。

6. 输入一元二次方程的 3 个系数 a、b、c,计算方程的根。

7. 输入年、月,输出该月有几天。

8. 输入两个数和一个运算符,输出它们的运算结果。

9. 输入一个字符,若为大写字母,则输出其对应的小写字母;若为小写字母,则输出其对应的大写字母;若为数字字符,则输出其对应的数值;若为其他字符,则原样输出(要求分别用 if 语句和 switch 语句编写)。

10. 运输公司按以下标准计算运费(s 表示距离,单位为 km):

$s<250$	没有折扣
$250\leqslant s<500$	折扣 5%
$500\leqslant s<1000$	折扣 10%
$s\geqslant 1000$	折扣 15%

若 p 是每吨货物每千米的基本运费,w 是货物的重量,d 是折扣,则计算运费的公式为 $f=p*w*s*(1-d)$,试用 switch 语句编写计算运费的程序。

11. 读入 10 个数,计算它们的和与积以及平均值。

12. 计算 $n!$。

13. 输出所有的水仙数。水仙数是一个三位数,其各位数字的立方和等于该数本身。

14. 输入 10 个数,求这 10 个数中的最大数。

15. 有一分数数列 2/1、3/2、5/3、8/5、13/8、…,求出该数列的前 20 项之和。

16. 输出下列数字金字塔:

```
1
1 2 1
1 2 3 2 1
1 2 3 4 3 2 1
```

17. 输出下列图形:

```
    A
   BBB
  CCCCC
 DDDDDDD
EEEEEEEEE
 DDDDDDD
  CCCCC
   BBB
    A
```

18. 求自然对数 e 的近似值,要求其误差小于 0.000 01 。

$$e = 1 + \frac{1}{1!} + \frac{1}{2!} + \cdots + \frac{1}{n!} = 1 + \sum_{i=1}^{n} \frac{1}{i!}$$

19. 某学校的 4 位同学中的一位做了好事不留名,表扬信来了之后,校长问这 4 位是谁做的好事。A 说:不是我。B 说:是 C。C 说:是 D。D 说:他胡说。已知 3 个人说的是真话,一个人说的是假话。现在根据这些信息,找出做了好事的人。

20. 设 $n=10$,求 $s=1+(1+2)+(1+2+3)+\cdots+(1+2+3+\cdots+n)$。

21. 百元买百鸡问题。假定小鸡每只 5 角(即一元两只),公鸡每只 2 元,母鸡每只 3 元,现有 100 元钱要买 100 只鸡,列出所有可能的购鸡方案。

22. 求 2～1000 中的完数。完数是因子和等于它本身的数,例如 28=1+2+4+7+14,则 28 是完数。

第5章 函数

本章学习目标

- 掌握函数定义和函数调用的方法
- 掌握值传递和地址传递的方法
- 掌握变量的作用域及其存储类型
- 掌握嵌套调用的方法和递归函数的使用方法
- 了解有默认参数的函数和函数重载的方法

本章先介绍函数定义和函数调用的方法，详细讲解参数的传递方式、变量的作用域和变量的存储类型，然后介绍嵌套调用和递归函数，最后介绍有默认参数的函数、内联函数和函数重载的方法。

5.1 引言

在程序设计中，经常将一个复杂的问题分解成若干个简单的并且容易处理的模块，每一个模块完成一定的功能。在C++中，每个模块的功能都是用函数来实现的，主函数负责调用各个函数依次实现各项功能。因此，由若干个函数构成一个C++程序就可以解决一个复杂的问题。

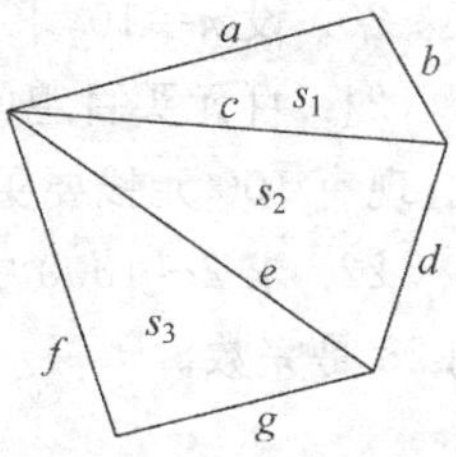

例 5-1 已知五边形边长及两条对角线 a、b、c、d、e、f、g 的值，如图 5.1 所示，计算由这些边组成的五边形面积。

分析：先将五边形分解成 3 个三角形(如图 5.1 所示)，然后分别计算这 3 个三角形的面积，最后把这 3 个三角形的面积相加得到五边形的面积。设三角形的 3 个边长分别为 x、y、z，则面积的计算公式为：

图 5.1 五边形

$$p=\frac{x+y+z}{2}\quad s=\sqrt{p(p-x)(p-y)(p-z)}$$

程序：

```
#include < iostream.h >                                 //第 1 行
#include < math.h >                                     //第 2 行
void main()                                             //第 3 行
{    float a,b,c,d,e,f,g,p1,p2,p3,s1,s2,s3,s;           //第 4 行
     cin >> a >> b >> c >> d >> e >> f >> g;            //第 5 行
     p1 = (a + b + c)/2;                                //第 6 行
```

```
    s1 = sqrt(p1 * (p1 - a) * (p1 - b) * (p1 - c));        //第 7 行,计算 s1 的面积
    p2 = (c + d + e)/2;                                      //第 8 行
    s2 = sqrt(p2 * (p2 - c) * (p2 - d) * (p2 - e));        //第 9 行,计算 s2 的面积
    p3 = (e + f + g)/2;                                      //第 10 行
    s3 = sqrt(p3 * (p3 - e) * (p3 - f) * (p3 - g));        //第 11 行,计算 s3 的面积
    s = s1 + s2 + s3;                                        //第 12 行,计算五边形的面积 s
    cout << s << endl;                                       //第 13 行
}                                                            //第 14 行
```

C++用函数 sqrt 实现开方运算。本例中需要进行 3 次开方运算,因此在程序中调用了库函数 sqrt 共 3 次。第 6～7 行、第 8～9 行和第 10～11 行完成的功能是相同的,都是计算三角形的面积。那么,能否设计一个与库函数 sqrt 类似的函数,功能为计算三角形的面积,在主函数中调用该函数求面积,以减少重复编写程序段的工作量呢？回答是肯定的,C++编译系统提供了许多库函数,例如 sqrt、fabs 等,用户可以直接使用这些函数,同时 C++允许用户自己定义函数,以解决用户的专门需要。如何定义和使用函数,就是本章要讲的内容。

5.2 函数的定义与调用

5.2.1 函数的定义

C++语言提供的库函数是有限的,有些时候不能满足某个问题的求解,这时就需要用户自己定义函数。如例 5-1,库函数中没有计算三角形面积的函数,因此用户可以定义一个函数实现计算三角形面积的功能。

格式：

```
函数类型　函数名(形参表)                                      //函数首部
{
    语句组
}
```

说明：

(1) 函数由函数首部和函数体两个部分组成。

(2) 函数首部由函数类型、函数名和形参表组成,函数名是标识符。

(3) 形参(也称形式参数)表的形式为“类型 1 形参名 1,类型 2 形参名 2,…,类型 n 形参名 n”。

① 形参的类型可以是基本类型、指针类型、构造类型或类等。

② 形参可以省略,但圆括号不能省略,此时函数被称为无参函数。

(4) 函数类型是指函数返回值的类型,函数类型分为有类型和无类型(void)两种。如果没有给出函数类型,则该函数类型默认为 int 型。

例如：

```
void print ()                                  //函数首部,函数值为 void 型,没有形参
{
  cout <<" ****** "<< endl;
}
```

这个函数实现在一行中输出6个星号,函数名为print,函数类型为void型。

(5) 对于有返回值的函数,函数值通过return语句返回,其形式如下。

```
return 表达式;
```

或

```
return (表达式);
```

功能:结束函数的执行,并将表达式的值作为函数值返回到调用位置。

注意:表达式的类型一般与函数类型一致。

例如:

```
int max(int x,int y)              //第1行,函数首部,函数值为int型,有两个int型形参
{    int z;                       //第2行
     if(x>y) z=x; else z=y;       //第3行,将x和y中的最大值赋给z
     return z;                    //第4行,将z的值作为函数值返回调用位置
}                                 //第5行,函数定义结束
```

这个函数实现求x和y中的最大值,函数名为max,函数类型为int型。该函数有x和y两个形参,形参尚未获取确定值,只代表了参数的个数、类型和位置,函数的值即是两个整数的最大值,通过return语句返回。当用户调用max函数时,将具体的值(实参)传递给形参,通过执行函数体获得函数的结果。

(6) 如果被调函数只是完成某些操作,不需要返回数值,则将函数类型设置为void类型,这时一般不用return语句。

例如:

```
void printstar (int n)            //第1行,函数首部,函数值为void型,有一个int型形参
{                                 //第2行
     for(int i=1 ;i<=n ;i++)      //第3行
       cout<<'*';                 //第4行
}                                 //第5行
```

这个函数实现在一行中输出n个星号,函数名为printstar,函数类型为void型,函数体中没有return语句。

5.2.2 函数的调用

在C++程序中,函数的功能必须通过函数的调用才能实现。函数调用遵循“先定义后使用”的原则,函数的定义必须在该函数的调用位置之前。

1. 函数调用的方式

按函数在语句中的作用来分共有3种函数调用方式:

1) 函数表达式

对于有返回数值的函数,函数调用出现在表达式中,其值参加表达式的运算。

格式:

```
函数名(实参1, 实参2,…,实参n)
```

例如：

```
m = max(a,b);                    //调用函数 max 后,并将 a 与 b 的最大值赋给 m
```

2）函数语句

对于没有返回数值的函数,函数调用作为一条语句。

格式：

```
函数名(实参 1, 实参 2,…,实参 n);
```

例如：

```
printstar (6);                   //调用函数 printstar 时,输出 6 个星号
```

3）函数参数

函数调用作为函数的实参。

例如：

```
m = max(3, max(2,5));            //先调用 max(2,5),其值为 5; 然后调用 max(3, 5)
```

注意：调用 max(2,5)时,实参为 2 和 5；调用 max(3, max(2,5))时,实参为 3 和 max(2,5)。

说明：

(1) 实参可以是常量、变量或表达式,此时对应的形参只能是变量。

(2) 如果函数是无参函数,则调用时不需要实参,但圆括号不能省略。

2. 函数调用的过程

调用函数的一般过程如下：

(1) 计算实参的值。

(2) 系统给形参变量分配存储空间,并且将实参的值赋给对应的形参变量。

(3) 执行被调函数的函数体。

(4) 如果遇到 return 语句,或执行到函数体末端的"}",调用结束并返回调用位置。

在调用结束时要做以下工作：

(1) 释放形参所占的存储空间以及其函数体中定义变量的存储空间。

(2) 如果有 return 语句,则以 return 语句中表达式的值作为函数值返回到调用位置。

例 5-2 分析程序的运行结果。

```
#include < iostream.h >                 //第 1 行
int max(int x, int y)                   //第 2 行,定义函数 max
  {                                     //第 3 行
    int z;                              //第 4 行
    if(x > y) z = x; else z = y;        //第 5 行
    return z;                           //第 6 行
  }                                     //第 7 行,函数 max 结束
void main()                             //第 8 行,主函数
{                                       //第 9 行
     int a,b,c,m;                       //第 10 行
     cin >> a >> b >> c;                //第 11 行
     m = max(a,b);                      //第 12 行,以函数表达式方式调用函数 max
     m = max(c,m);                      //第 13 行,将 c 和 m 中的最大值赋给 m
```

```
    cout << m << endl;                                  //第 14 行
}                                                       //第 15 行
```

运行情况如下：

```
3 5 2↲
5
```

程序分析：函数 max 由第 2～7 行组成，功能为求 x 和 y 的最大值。在主函数的第 12～13 行中，以函数表达式方式调用 max 函数，称 main 为主调函数，称 max 为被调函数。

程序的执行过程如图 5.2 所示。程序总是从主函数开始执行，当执行第 11 行时，从键盘输入 3 个数，例如 3、5、2，则 $a=3,b=5,c=2$。在执行第 12 行时，先计算表达式 max(a, b)，第 1 次调用函数 max，给形参 x 与 y 开辟存储空间，将 $a\to x,b\to y$，即 $x=3,y=5$，程序流程转向第 3 行。当执行第 5 行时，将 x 和 y 中的最大者存放在 z 中，得到 $z=5$；执行第 6 行，将表达式 z 的值（此时为 5）返回到调用位置（第 12 行）并释放 x、y 和 z 的存储空间，此时第 12 行中的 max(a,b)的值为 5，然后 $5\to m$。执行第 13 行，第 2 次调用函数 max，过程与第 1 次调用类似，得到 $m=5$。执行第 14 行，输出 m 的值 5。整个程序的功能是求 3 个数中的最大值。

例 5-3 分析程序的运行结果。

```
#include <iostream.h>                                   //第 1 行
void pp (int n)                                         //第 2 行
{                                                       //第 3 行
      for(int i = 1 ; i <= n ; i++)                     //第 4 行
        cout <<' * ';                                   //第 5 行
}                                                       //第 6 行
void main()                                             //第 7 行，主函数
{                                                       //第 8 行
     int n;                                             //第 9 行
     cin >> n;                                          //第 10 行
     pp (n);                                            //第 11 行，以函数语句方式调用函数 pp，n 为实参
}                                                       //第 12 行
```

运行情况如下：

```
6↲
******
```

程序分析：函数 pp 由第 2～6 行组成，功能是在一行中输出 n 个“ * ”号。在主函数中第 11 行以函数语句方式调用函数 pp。程序的执行过程如图 5.3 所示。

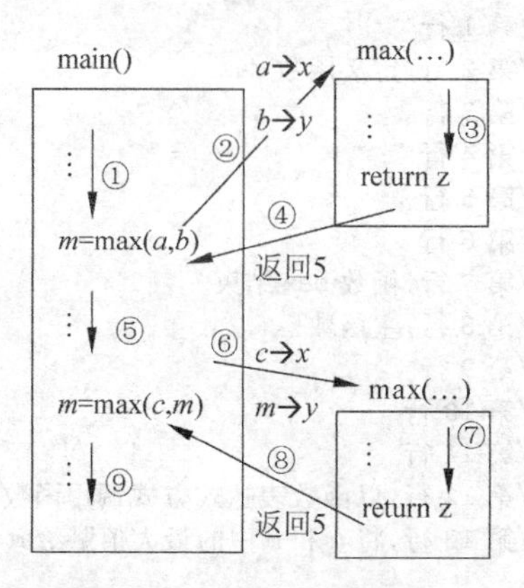

图 5.2　例 5-2 的执行过程

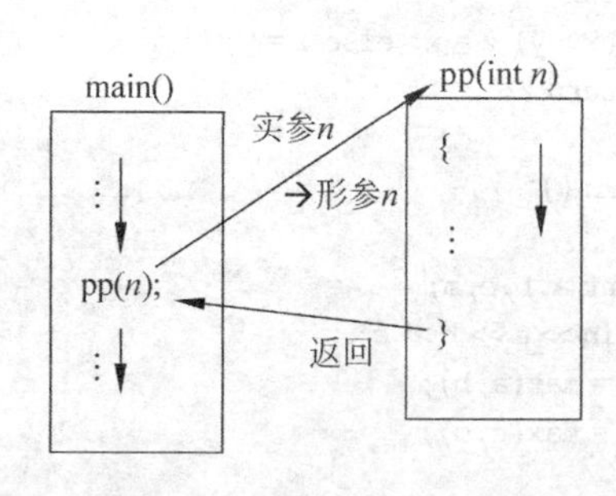

图 5.3　例 5-3 的执行过程

说明：

(1) 实参与形参的类型最好保持一致，否则形参按其类型接受实参的值。

例 5-4 分析程序的运行结果。

```
#include < iostream.h >                    //第 1 行
int f(int m)                               //第 2 行,形参 m 为 int 型
{                                          //第 3 行
    m++;                                   //第 4 行
    return m;                              //第 5 行
}                                          //第 6 行
void main()                                //第 7 行
{                                          //第 8 行
    float x = 3.5, y = 5.3;                //第 9 行
    cout << f(x + y)<< endl;               //第 10 行,实参 x + y 的值为 float 型
}                                          //第 11 行
```

运行结果：

```
9
```

程序分析：函数 f 由第 2～6 行组成，功能是返回参数加 1 的值。

程序从主函数开始执行，当执行第 9 行时，$x=3.5$，$y=5.3$。当执行第 10 行时，先调用函数 f 计算实参表达式 $x+y$，其值为 8.8，开辟形参 m 的存储空间，并且 $8 \rightarrow m$。然后程序流程转去执行第 4 行，得到 m 的值为 9。第 5 行，返回 m 的值到调用位置(第 10 行)并释放 m 的存储空间，此时函数 $f(x+y)$ 的值为 9，最后输出 9。

(2) 如果 return 语句中表达式的类型与函数类型不一致，则返回值的类型为函数类型。

例 5-5 分析程序的运行结果。

```
#include < iostream.h >                    //第 1 行
int fm(float x, float y)                   //第 2 行,函数类型为 int 型
  {                                        //第 3 行
     return (x > y?x:y);                   //第 4 行,表达式为 float 型
  }                                        //第 5 行
void main()                                //第 6 行
{                                          //第 7 行
     float a = 3.5, b = 5.3;               //第 8 行
     cout << fm(a, b)<< endl;              //第 9 行,调用函数 fm,a、b 是实参
}                                          //第 10 行
```

运行结果：

```
5
```

程序分析：函数 fm 由第 2～5 行组成，功能是求两个数的最大值。

程序从主函数开始执行，第 8 行，$a=3.5$，$b=5.3$。第 9 行，先调用函数 fm，开辟形参 x、y 的存储空间，并且 $3.5 \rightarrow x$，$5.3 \rightarrow y$。然后程序流程转向第 4 行，计算条件表达式，得到5.3，但函数类型为 int 型，因此，函数 fm(a,b)的值为 5，并返回调用位置(第 9 行)，最后输出 5。

3. 实例

例 5-6 设计一个函数 fac(n)，求 $n!$。在主函数中计算 $a!+b!+c!$ 的值。

分析：$1!=1,2!=1!*2,\cdots,(n-1)!=(n-2)!*(n-1),n!=(n-1)!*n$。

令 $t=1$，则数学模型为 $t=t*i$，其中，$i=1,2,\cdots,n$。

函数 fac(n)的算法：

(1) $t=1,i=1$。

(2) 如果 $i\leqslant n$，转(3)，否则转(6)。

(3) $t=t*i$。

(4) $i=i+1$。

(5) 转(2)。

(6) 返回 t。

主函数的算法：

(1) 输入 a、b、c。

(2) 输出 fac(a)＋ fac(b)＋ fac(c)。

程序：

```
#include < iostream.h >
long fac(int n)                          //定义函数 fac,功能是计算 n!
{
    long t = 1;int i;
    for(i = 1;i <= n;i++)
      t = t * i;
    return t;
}
void main()
{
    int a,b,c;
    cin >> a >> b >> c;
    cout << fac(a) + fac(b) + fac(c)<< endl; //以函数表达式方式调用函数
}
```

例 5-7 设计一个程序，输出如图 5.4 所示的图形。

分析：直接看图形比较复杂，根据图形的规律，可以把它分成上、下两部分，上面部分可看成是由 5 行星号“*”组成的三角形，下面部分可看成是由 3 行星号“*”组成的三角形。这两个三角形图形的形状相似，只是行数不同，因此可设计一个函数 pic(int n)，功能是输出由 n 行星号“*”组成的三角形图形。

每个三角形图形具有以下两个特征：

```
    *
   ***
  *****
 *******
*********
    *
   ***
  *****
```

图 5.4 例 5-7 的输出图形

(1) 第 i 行“*”的个数 $j=2i-1, i=1,2,\cdots,n$，其中，n 表示三角形的行数。

(2) 三角形中每一行的第一个“*”之前都有若干个空格。若假设每个三角形的第一行字符“*”之前有 9 个空格，则第 i 行的第一个“*”之前有 $10-i$ 个空格，也就是说，第 i 行的第一个“*”的宽度是 $11-i$。输出具有 n 行的三角形图形，可以用循环(外循环)结构实现：

初值：$i=1$；

循环条件：$i\leqslant n$；

循环体：(1)输出 $10-i$ 个空格；(2)输出第 i 行的 $2i-1$ 个星号“*”；(3)换行。

改变循环变量的表达式：$i=i+1$。

输出具有 n 行三角形图形的函数 pic 的算法：

(1) $i=1$。

(2) 如果 $i\leqslant n$，转(3)，否则返回调用位置。

(3) 输出 $10-i$ 个空格。

(4) 输出第 i 行的 $2i-1$ 个星号“*”。

(5) 换行。

(6) $i=i+1$。

(7) 转(2)。

输出第 i 行的 $2i-1$ 个星号“*”，可以用循环(内循环)结构实现：

初值：$j=1$；循环条件：$j\leqslant 2i-1$；

循环体：输出“*”；改变循环变量的表达式：$j=j+1$。

(4.1) $j=1$。

(4.2) 如果 $j\leqslant 2*i-1$，转(4.3)，否则转(5)。

(4.3) 输出一个“*”。

(4.4) $j=j+1$。

(4.5) 转(4.2)。

主函数的算法：

(1) 调用 pic(5)。

(2) 调用 pic(3)。

程序：

```
#include < iostream.h >
#include < iomanip.h >
void pic(int n)                              //定义函数 pic,其功能为输出具有 n 行的图形
  {
     for(int i = 1;i <= n;i++)               //控制 n 行
       {
          cout << setw(11 - i);              //以 11 - i 个宽度输出第 i 行的第 1 个"*"
          for(int j = 1;j <= 2 * i - 1;j++)  //控制第 i 行有 2i - 1 个"*"
            cout <<"*";
          cout << endl;                      //换行
       }
  }
void main()
  {
    pic(5);                                  //以语句形式调用函数 pic
```

```
    pic(3);
}
```

在该程序中，setw(n)表示数据的输出宽度为 n，用于控制每行的起始空格数，该函数包含在头文件 iomanip.h 中。由于函数 pic 不需要返回一个函数值，因此函数类型为 void，在主函数中两次以语句形式调用函数 pic。pic(5)表示输出上面部分三角形图形，pic(3)表示输出下面部分三角形图形。

例 5-8 设计一个程序，通过函数调用验证哥德巴赫猜想，即任何大于 2 的偶数均可表示为两个素数的和。例如，4=2+2(特例，仅此一个)，6=3+3，8=3+5，…。程序要求(1)输入任何一个正整数 x，输出 6 到该数范围内的各个满足条件的组合。(2)设计一个函数 isprime，判断一个数是否是素数。

分析：任意一个正整数 $n(6\leqslant n\leqslant x)$都可以组合为两个正整数之和，即 $n=a+b$，其中，a、b 都是正整数。哥德巴赫猜想是一个特殊的整数组合问题。显然，4=2+2，因此，只需要从 6 开始验证哥德巴赫猜想，即先输入一个正整数 x，然后输出整数 n 的有效组合，即如果 a 和 b 都是素数，则输出组合形式 $n=a+b$。控制 6 到 x 之间的数 n，可以用循环(外循环)结构实现：

初值：$n=6$；

循环条件：$n\leqslant x$；

循环体：输出 n 的有效组合；

改变循环变量 n 的表达式：$n=n+2$。

主函数的算法：

(1) 输入 x。

(2) $n=6$。

(3) 如果 $n\leqslant x$，转(4)，否则程序结束。

(4) 输出整数 n 的组合。

(5) $n=n+2$。

(6) 转(3)。

在算法中，第(2)～(6)步构成循环结构，其结构为：

初值：$n=6$。循环条件 $n<=x$。

循环体：输出 n 的组合。

改变循环变量 n 的表达式：$n=n+2$。

输出整数 n 的组合：如果 a 和 b 都是素数，则输出组合形式 $n=a+b$。

一般认为组合形式与顺序无关，例如 8=3+5 和 8=5+3 被认为是同一种组合，因此可认为整数 a 满足 $a\leqslant n/2$，另外 $a=2$ 时，$b=n-2$ 是偶数，不满足 b 是素数的条件，因此 a 必须满足 $3\leqslant a\leqslant n/2$，且是奇数。

输出整数 n 的组合，可以用循环(内循环)结构实现：

初值：$a=3$；

循环条件：$a\leqslant n/2$；

循环体：(1)$b=n-a$；(2)如果 a 和 b 都是素数，则输出组合形式 $n=a+b$；

改变循环变量 a 的表达式：$a=a+2$。

细化——输出整数 n 的组合的算法：

(4.1) $a=3$。

(4.2) 当 $a \leqslant n/2$ 时,转(4.3),否则转(5)。

(4.3) $b=n-a$。

(4.4) 如果 a 和 b 是素数,则输出组合形式 $n=a+b$。

(4.5) $a=a+2$。

(4.6) 转(4.2)。

在算法中,第(4.1)～(4.6)步构成循环结构,其结构为:

初值:$a=3$。循环条件:$a \leqslant n/2$。

循环体:①$b=n-a$;②如果 a 和 b 都是素数,则输出 n 组合形式 $n=a+b$。

改变循环变量 a 的表达式:$a=a+2$。

函数 isprime(m)的功能是判断 m 是否是素数,算法如下:

(1) $i=2$。

(2) 如果 $i<m$,转(3),否则转(6)。

(3) 如果 m 被 i 整除,转(6),否则转(4)。

(4) $i=i+1$。

(5) 转(2)。

(6) 返回表达式 $i==m$。

程序:

```
#include < iostream.h >
int isprime(int m)                          //定义函数 isprime
  {
    for(int i = 2;i < m;i++)
      if(m % i == 0) break;
    return (i == m);
  }
void main()                                 //主函数
  {   int n,x,a,b;
      cin >> x;
      for(n = 6;n <= x;n += 2)
        for(a = 3;a <= n/2;a += 2)          //3≤a≤n/2
          {   b = n - a;                    //计算 b
              if(isprime(a)&&isprime(b))    //以函数表达式方式调用函数 isprime
              cout << n <<" = "<< a <<" + "<< b << endl;                    //输出整数 n 的组合
          }
    }
```

4. 函数声明与函数原型

在一个函数(即主调函数)中调用另一个函数(即被调函数),必须满足:(1)被调函数已定义(是库函数,或用户定义的函数);(2)如果被调函数是用户定义的,则该函数的定义必须在主调函数之前,否则在调用此函数之前对被调函数做声明。

函数声明是指函数在未定义的情况下,先将该函数的函数名、函数类型、函数要接受的参数个数、参数类型和参数顺序通知编译系统,以使编译能正常进行。

函数声明格式:

```
函数类型  函数名(类型名 1 形参 1,类型名 2 形参 2,…,类型名 n 形参 n);
```

例 5-9 分析程序的运行结果。

```
#include < iostream.h >                              //第 1 行
void main()                                          //第 2 行,主函数
   {   int a,b,c;                                    //第 3 行
       int max(int x,int y);                         //第 4 行,声明函数 max
       a = 7;b = 8;                                  //第 5 行
       c = max(a,b);                                 //第 6 行
       cout << c << endl;                            //第 7 行
   }                                                 //第 8 行
int max(int x,int y)                                 //第 9 行,定义函数 max
{                                                    //第 10 行
     return x > y?x:y;                               //第 11 行
}                                                    //第 12 行
```

运行结果:

```
8
```

程序分析:函数 max 由第 9~12 行组成,其定义在主函数之后,对函数 max 进行函数声明在主函数 main 中。如果没有第 4 行,当编译到第 6 行语句“c=max(a,b);”时,编译系统不知道 max 是否是函数名,也无法判断实参(a 和 b)的类型和个数是否正确,因而无法进行正确性的检查。

说明:

(1) 函数声明的位置可以在主调函数所在的函数体中,也可以在主调函数之前。

(2) 在函数声明中,函数类型、函数名、参数个数、参数类型和参数顺序必须与函数首部相同。

(3) 在函数声明中,形参名可以与函数首部的形参名不同。

例如,例 5-9 中的第 4 行 “int max(int x,int y);”可以改为“int max(int v,int w);”。

编译系统并不检查参数名,因此函数声明中的参数没有任何意义。

(4) 在函数声明中,形参名可以省略。

例如,例 5-9 中的第 4 行“int max(int x,int y);”可以改为“int max(int,int);”。

这种函数声明称为函数原型,其作用主要是根据函数原型在程序编译阶段对调用函数的合法性进行全面检查。

函数原型的声明格式:

```
函数类型   函数名(类型名 1 ,类型名 2, …, 类型名 n);
```

(5) 在函数调用时,函数名、实参类型和实参个数必须与函数原型一致。

5.3 参数传递方式

参数是主调函数和被调函数交换数据的“通道”。函数调用时实参可以是表达式、变量的地址、数组名、指针名和对象名;形参定义的形式可以是变量、变量引用、数组、指针和对象。按形参的定义方式,函数的参数传递方式分为值传递和地址传递两种。值传递方式也称单向传递方式,在调用函数时将实参值传给形参,而不能将形参值传给实参;地址传递方式也称双向传递方式,在调用函数时将实参的地址传给形参,实参和形参共享一段存储空

间，形参的值就是对应的实参的值。

5.3.1 值传递

当形参是普通变量时，实参只能是表达式，这种参数的传递方式是值传递方式。值传递方式的调用过程：当函数被调用时，系统为形参分配存储空间，并将实参值赋给形参，然后执行被调函数的函数体，当函数调用结束时，释放形参所占用的存储空间和该函数体中定义的所有变量的存储空间。

值传递方式的特点：(1)将实参值赋给形参；(2)形参值不影响实参值；(3)实参的存储空间和形参的存储空间不同。

例 5-10 分析程序的运行结果。

```
#include < iostream.h >                    //第 1 行
void main()                                //第 2 行,主函数
{                                          //第 3 行
    void swap(int , int );                 //第 4 行,声明函数 swap
    int a = 4,b = 6;                       //第 5 行
    swap(a,b);                             //第 6 行,以函数语句方式调用函数 swap
    cout <<"a = "<< a <<",b = "<< b << endl;  //第 7 行
}                                          //第 8 行
void swap( int x, int y)                   //第 9 行,定义函数 swap
{                                          //第 10 行
    int t;                                 //第 11 行
    t = x;x = y;y = t;                     //第 12 行
}                                          //第 13 行
```

运行结果：

```
a = 4,b = 6
```

程序分析：函数 swap 由第 9～13 行组成，功能是交换 x 和 y 的值。在主函数的第 6 行中以函数语句方式调用函数 swap，但 a 和 b 的值未交换。

程序的执行过程如图 5.5 所示。在执行第 6 行时，调用函数 swap，给形参 x 与 y 开辟存储空间，然后将 $a \rightarrow x, b \rightarrow y$，即 $x=4, y=6$。程序流程转向第 11 行，在执行第 12 行时，交换了 x 和 y 的值，得到 $x=6, y=4$。执行第 13 行，释放 t, x 与 y 的存储空间，并返回调用位置(即第 6 行)，再执行第 7 行，输出 $a=4, b=6$。程序运行过程中变量的变化如图 5.6 所示。

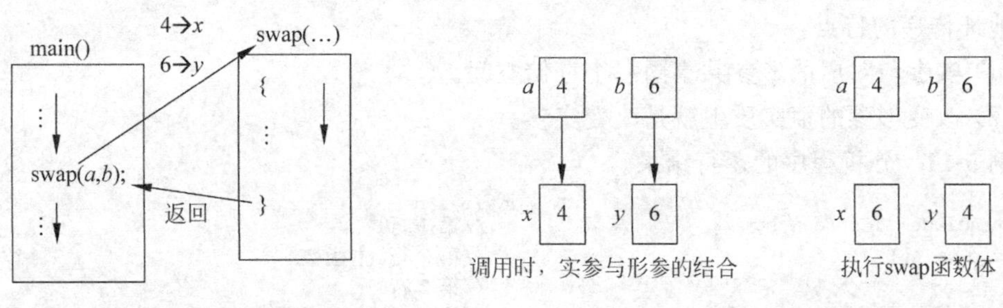

图 5.5 例 5-10 的执行过程　　　　图 5.6 例 5-10 变量的变化

在定义函数时，如果希望被调函数形参的改变不影响主调函数的实参，则参数传递可采用值传递方式，如例 5-10。

5.3.2 地址传递

1. 变量的引用

引用是一种新的变量类型，它的作用是为一个变量起一个别名。从语义上讲，引用就好像古人的名字和“号”一样，例如，苏轼和东坡居士是同一个人的不同称呼。

格式：

```
类型 & 变量 2 = 已定义的变量 1;
```

功能：声明变量 2 是变量 1 的引用，即变量 2 是变量 1 的别名。

说明：

(1) & 是引用声明符。

(2) 声明变量 2 为引用类型，并不需要另外开辟内存单元来存放变量 2 的值，变量 2 和变量 1 共享同一个存储空间，它们具有同一个地址。

(3) 在声明一个引用类型变量时必须初始化，即声明它代表哪一个变量。

(4) 引用经常用于函数的参数传递。

例如：

```
int a = 3,&b = a;
```

其中，b 是 a 的别名，a 和 b 共享同一个存储空间，此时 b 的值也是 3。在程序执行期间，b 始终与其代表的变量 a 相联系，例如执行语句“b=b+3;”后，b 的值更新为 6，a 的值也更新为 6。

2. 引用类型的传递

引用类型主要应用在函数参数中，以扩充函数传递数据的功能。当形参是变量引用时，实参只能是变量，这种传递方式就是地址传递，称其为引用传递方式。

地址传递的调用过程：调用函数时，把实参的地址传到形参，使形参的地址取实参的地址，从而使形参和实参共享同一个存储空间(可以简单地说，将实参的名字传给形参，使形参成为实参的别名)，然后执行被调函数的函数体，在调用结束时，只释放形参单元和函数体中定义的变量的存储空间。

地址传递的特点：

(1) 实参与对应的形参共享同一个存储空间。

(2) 改变形参的值实质上就是改变实参。

例 5-11 分析程序的运行结果。

```
#include <iostream.h>                      //第 1 行
void main()                                //第 2 行,主函数
  {                                        //第 3 行
    void swap(int &,int & );               //第 4 行,声明函数,形参是引用类型
    int a = 4,b = 6;                       //第 5 行
    swap(a,b);                             //第 6 行,实参是变量
    cout <<"a = "<< a <<",b = "<< b << endl;  //第 7 行,a 和 b 的值已交换
  }                                        //第 8 行
```

```
void swap(int &x,int &y)                         //第9行,将x和y的值交换
  {                                              //第10行
    int t;                                       //第11行
    t = x;x = y;y = t;                           //第12行
  }                                              //第13行
```

运行结果：

```
a = 6,b = 4
```

程序分析：第4行声明函数swap的两个形参是整型变量的引用。函数swap由第9～13行组成,功能是交换x和y的值。在主函数的第6行中,以函数语句方式调用函数swap。

程序的调用过程如图5.7所示。在执行第6行时,调用函数swap,由实参把变量名传给形参,这样x和y分别成为a和b的别名,a和x代表同一个变量,b和y代表同一个变量,程序流程转向第11行。在执行第12行时,交换x与y的值,得到$x=6$,$y=4$；执行第13行,释放t的存储空间和x与y的单元,并返回调用位置,即转向第6行,再执行第7行,输出$a=6$,$b=4$。变量的变化如图5.8所示。

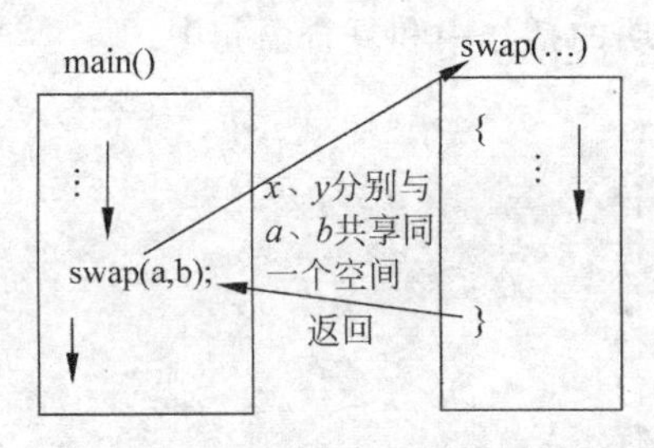

图5.7 例5-11的执行过程

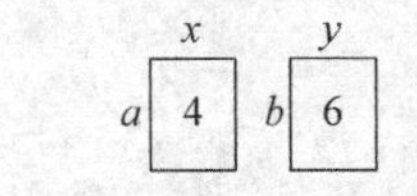

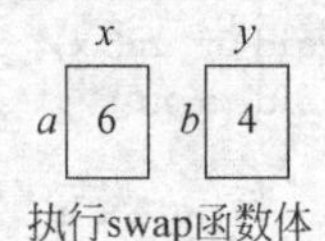

图5.8 例5-11变量的变化

由于被调函数只能带一个值回到主调函数,所以如果希望调用结束后有一个以上的值要返回到调用位置,除了用return语句返回一个值外,其他的值可以通过引用来实现。

例5-12 设计一个函数sum：求[m,n]内所有偶数之和以及偶数个数c。要求在主函数中输入m与n的值并输出结果。

分析：由于该函数需要返回两个数,因此可以用return语句返回[m,n]内所有偶数之和,同时将偶数个数c设置为引用参数。

主函数的算法：

(1) c＝0

(2) 输入m,n。

(3) 输出sum(m,n,c)的值。

(4) 输出c值。

程序：

```
#include < iostream.h >
int sum(int,int,int & );
void main()
{   int m,n,c = 0;
    cin >> m >> n;
    cout <<"[m,n]之间各偶数之和:"<< sum(m,n,c)<< endl;
    cout <<"[m,n]之间偶数个数:"<< c << endl;
}
```

```
int sum(int m,int n,int &c)
{    int i,s = 0;
     for(i = m;i <= n;i++)
       if(i % 2 == 0) {s += i;c++;}
     return s;
}
```

5.4 变量的作用域

变量的有效范围称为变量的作用域,或者说程序中可以引用该变量的区域。按作用域来分,变量可以分为局部变量和全局变量两种类型。

5.4.1 局部变量

在一个函数的函数体、形参表或者复合语句中定义的变量都称为局部变量,这些局部变量的作用域分别是该变量所在的函数体、函数原型声明的括号中和复合语句中。

例 5-13 分析程序的运行结果。

```
#include <iostream.h>                    //第 1 行
void ff(int x);                          //第 2 行
void main()                              //第 3 行
  {                                      //第 4 行
     int x = 4;                          //第 5 行
     ff(x) ;                             //第 6 行
     cout << x << endl;                  //第 7 行
  }                                      //第 8 行
void ff(int x)                           //第 9 行
  {                                      //第 10 行
     int a = 5;                          //第 11 行
     x = a + x;                          //第 12 行
     cout <<"x = "<< x << endl;          //第 13 行
  }                                      //第 14 行
```

运行结果:

```
x = 9
4
```

程序分析:第 2 行中局部变量 x 的作用域为该行的括号内;第 5 行中局部变量 x 的作用域为主函数 main 的函数体,即第 5～7 行;第 9 行中局部变量 x 的作用域为函数 ff 的函数体,即第 9～13 行;第 11 行中局部变量 a 的作用域为函数 ff 的函数体,即第 11～13 行。

例 5-14 分析程序的运行结果。

```
#include <iostream.h>                    //第 1 行
void main()                              //第 2 行
  {                                      //第 3 行
     int x = 3;                          //第 4 行
       {                                 //第 5 行
          int x = 5;                     //第 6 行
          x++;                           //第 7 行
```

```
        cout << x <<" ";                          //第 8 行
      }                                           //第 9 行
    cout << x << endl ;                           //第 10 行
  }                                               //第 11 行
```

运行结果：

```
6 3
```

程序分析：第 4 行中局部变量 x 的作用域为主函数，即第 4～10 行；第 6 行中局部变量 x 的作用域为复合语句内，即第 6～9 行，此处的局部变量 x 屏蔽了第 4 行中的局部变量 x。

5.4.2 全局变量

在函数外定义的变量称为全局变量，也称为外部变量。全局变量的作用域是从定义处开始到本程序的结尾。系统在编译时给全局变量赋初值。

例 5-15 分析程序的运行结果。

```
#include < iostream.h >                           //第 1 行
int k = 3;                                        //第 2 行
int ff(int x, int a)                              //第 3 行
  {                                               //第 4 行
     int k = 5;                                   //第 5 行
     k++;                                         //第 6 行
     cout << k << endl;                           //第 7 行
     a = x-- ;                                    //第 8 行
     return x + k + a;                            //第 9 行
  }                                               //第 10 行
void main()                                       //第 11 行
  {                                               //第 12 行
     int x = 7;                                   //第 13 行
     cout << ff(x,k)<< endl ;                     //第 14 行
  }                                               //第 15 行
```

运行结果：

```
6
19
```

程序分析：第 2 行中全局变量 k 的作用域为第 2～14 行；函数 ff 由第 3～10 行组成，局部形参变量 x 和 a 的作用域为第 3～9 行；第 5 行中局部变量 k 的作用域为第 5～10 行，此处的局部变量 k 屏蔽了全局变量 k 。

说明：

(1) 在全局变量定义处之前，不可以使用该全局变量。

(2) 若没有对全局变量赋初值，默认初值为 0。

例 5-16 分析程序。

```
#include < iostream.h >                           //第 1 行
int fun()                                         //第 2 行
{                                                 //第 3 行
   return i + j;                                  //第 4 行
}                                                 //第 5 行
```

```
int i = 3,j;                              //第 6 行
void main()                               //第 7 行
{                                         //第 8 行
     cout << fun();                       //第 9 行
}                                         //第 10 行
```

程序分析：第 4 行使用了第 6 行中定义的两个全局变量 i 和 j，根据变量先定义后使用的原则，该程序是错误的。

全局变量的作用是增加函数间数据联系的渠道，但全局变量会降低函数的可靠性，因为一个函数对全局变量的修改会影响另一个引用该全局变量的函数，建议少用全局变量。

5.5 变量的存储类型

计算机的内存分为三个区域：

(1) 静态存储区

静态存储区主要存放静态数据、全局数据和常变量等，存储空间在整个运行期间都存在。

(2) 动态存储区

动态存储区主要用来存放函数的返回地址、形参和局部变量等，存储空间只在调用函数时才存在。

(3) 代码区

代码区主要存放程序的二进制代码。

存储区域不同，变量从获得空间到空间被释放之间的时间也不同。按存储区域来分，变量可分为静态存储变量和动态存储变量。在 C++ 中，变量的存储类别确定了变量的存储区域。存储类别分为自动(auto)、寄存器(register)、静态(static)和外部(extern)四种，具有自动和寄存器存储类别的变量属于动态存储变量，具有静态和外部存储类别的变量属于静态存储变量。

5.5.1 自动变量

自动变量可以出现在函数体或形参表中，也可以出现在复合语句中。

自动变量的定义格式：

```
auto  类型  变量表;
```

说明：

(1) 关键字 auto 可以省略。

(2) 如果没有对自动变量赋初值，它的初值是不确定的。

(3) 如果在复合语句中定义了自动变量，则在该变量定义时分配存储空间，在复合语句结束时自动释放空间。

(4) 如果在函数体或形参表中定义了自动变量，则调用该函数时，系统给这些变量分配空间，并在函数调用结束时自动释放这些空间。

例 5-17 分析程序的运行结果。

```
#include <iostream.h>                     //第 1 行
int f(int x)                              //第 2 行
  {                                       //第 3 行
```

```
    x++;                                    //第 4 行
    int k = 5;                              //第 5 行,k 是自动变量,作用域是第 5~7 行
    k++;                                    //第 6 行
    return x + k;                           //第 7 行
  }                                         //第 8 行
void main()                                 //第 9 行
  {                                         //第 10 行
    int k = 2;                              //第 11 行
    cout << f(k)<< endl;                    //第 12 行
    cout << f(k + 1)<< endl;                //第 13 行
  }                                         //第 14 行
```

运行结果：

```
9
10
```

程序分析：第 2 行中局部变量 x 的作用域为第 2~7 行；第 5 行中自动变量 k 的作用域为第 5~7 行；第 11 行中自动变量 k 的作用域为第 11~13 行。

在执行第 12 行时，第 1 次调用函数 f 给形参 x 分配存储空间，并且 $k \rightarrow x$，即 $x=2$，执行第 7 行，计算表达式 $x+k$，其值为 9，然后以 9 返回到调用位置(第 12 行)，并且释放 k 和 x 的存储空间，输出 9。执行第 13 行，第 2 次调用函数 f，调用过程与第 1 次调用类似。

注意：第 1 次调用函数 f 后，第 13 行中 k 的值仍为 2。

5.5.2 寄存器变量

一般情况下，变量的值存放在计算机内存中。当变量参加操作时，由计算机指令将该变量内存中的值传送到 CPU 的运算器中，经过运算器操作后，如果还需要保存结果，再从运算器将结果传送到内存中。如果在程序中有一些变量使用频繁，则存取该变量的值要花不少时间。例如，在循环语句“for(i=0;i<1000;i++){ 函数体}”中变量 i 的使用较频繁。

为了节约存取变量的时间，C++允许将局部变量的值存放在 CPU 的寄存器中，当需要用时直接从寄存器取出参加操作，这种变量称为寄存器变量。

寄存器变量的定义格式：

```
register 类型 变量表;
```

说明：

(1) 如果没有对寄存器变量赋初值，它的初值是不确定的。

(2) 在程序中寄存器变量与自动变量在使用上基本相同。

例如：

```
register int k,f = 1;
```

该语句表明定义了两个寄存器变量 k 和 f，k 的初值不确定，f 的初值为 1。

5.5.3 静态局部变量

当函数调用结束时，该函数的局部变量的存储空间就会被释放。

有时候，希望函数中局部变量的值在函数调用结束后不消失，即其占用的存储空间不被

释放，这时应该指定该局部变量为静态局部变量。

静态局部变量的定义格式：

```
static 类型 变量表;
```

说明：

(1) 静态局部变量的作用域是它所在的函数体。

(2) 静态局部变量的存储空间在整个程序运行期间都不释放，只有在程序结束后才释放。

(3) 静态局部变量在程序第一次执行到该变量的声明处时被初始化，且只能初始化一次。若以后调用函数时再运行到此处不再重新赋初值，保留上一次函数调用结束时的值。

(4) 如果没有对静态局部变量赋初值，默认初值为 0。

例 5-18 分析程序的运行结果。

```
#include < iostream.h>                    //第 1 行
int ff()                                  //第 2 行
  {                                       //第 3 行
     auto int b = 0;                      //第 4 行，定义自动变量 b 并赋初值
     static int c = 3;                    //第 5 行，定义静态局部变量 c 并赋初值
     b = b + 1;                           //第 6 行
     c = c + 1;                           //第 7 行
     return b + c;                        //第 8 行
  }                                       //第 9 行
void main()                               //第 10 行
  {                                       //第 11 行
    int k;                                //第 12 行
    for(k = 1;k < 4;k++)                  //第 13 行
      cout << ff()<<' ';                  //第 14 行
  }                                       //第 15 行
```

运行结果：

```
5 6 7
```

程序分析：第 4 行中自动变量 b 的作用域为第 4～8 行；第 5 行中静态局部变量 c 的作用域为第 5～8 行，但 c 的内存单元在整个程序运行期间都有效；第 12 行中自动变量 k 的作用域为第 12～14 行。程序执行过程中各变量的取值情况如表 5.1 所示。

表 5.1 变量的取值情况

函数 f 的调用次数	调用时的初值		调用结束时		
	自动变量 b	静态局部变量 c	b	c	$b+c$
第 1 次	0	3	1	4	5
第 2 次	0	4	1	5	6
第 3 次	0	5	1	6	7

5.5.4 扩大或限制全局变量的作用域

全局变量(即外部变量)是在函数外定义的，它的作用域是从变量的定义处开始到本程序的末尾，有时需要扩大或限制它的作用域。

1. 扩大全局变量的作用域

格式：

```
extern 类型 变量表;
```

功能：把全局变量的作用域扩大到该声明位置，这种格式的声明也称提前引用声明。

例 5-19　分析程序的运行结果。

```
#include <iostream.h>                  //第 1 行
int max();                             //第 2 行,声明函数 max
void main()                            //第 3 行
  {                                    //第 4 行
    extern int a,b;                    //第 5 行,提前引用声明 a、b
    b = b + 2;                         //第 6 行
    cout << max()<< endl;              //第 7 行,以函数表达式方式调用函数 max
  }                                    //第 8 行
int a = 5,b;                           //第 9 行,定义全局变量 a、b 并赋初值
int max()                            //第 10 行,定义函数 max,求全局变量 a 和 b 的最大值
  {                                    //第 11 行
     int z;                            //第 12 行
     z = a > b?a:b;                    //第 13 行
     return z ;                        //第 14 行
  }                                    //第 15 行
```

运行结果：

```
5
```

程序分析：第 9 行中全局变量 a 和 b 的作用域为第 9～14 行，由于第 5 行对这两个外部变量进行了提前引用声明，因此，全局变量 a 和 b 的作用域扩大到了第 5～14 行。

2. 把全局变量的作用域扩大到其他程序

一个 C++程序可以由多个程序文件组成。如果一个程序文件要使用另一个程序文件中的全局变量，必须把该全局变量的作用域进行扩大。

例 5-20　有两个程序文件 file1. cpp 和 file2. pp，其中程序文件 file1. cpp 的内容如下：

```
#include <iostream.h>
int a = 3;                             //定义全局变量 a 并赋初值
void ff();
void main()
  {
    ff();
  }
```

程序文件 file2. cpp 的内容如下：

```
#include <iostream.h>
extern int a;                          //把全局变量 a 的作用域扩大到文件 file2.cpp
void ff()
  {
```

```
        a = a * 2;
        cout << a << endl;
    }
```

输出结果：

```
6
```

程序分析：在 file1. cpp 中定义的全局变量 a 的作用域为从它定义的位置到程序文件 file1. cpp 的结尾；由于在程序文件 file2. cpp 中用 extern int a 进行了作用域的扩大，因此在程序文件 file2. cpp 中可以使用 file1. cpp 中的全局变量 a。

注意：file1. cpp 和 file2. cpp 在同一个文件夹中。

在一个程序文件中使用另一个程序文件中的全局变量，虽然能为程序设计带来方便，但要十分慎重，因为在执行一个文件时，可能会改变全局变量的值，从而影响另一个文件中的执行结果，建议少用这种方式。

3. 限制全局变量

为了限制一个程序文件使用另一个程序文件中的全局变量，可以把该全局变量定义为静态外部变量。

静态外部变量的声明格式：

```
static 类型 变量表;
```

功能：限制静态外部变量的作用域只能在本程序文件中。

例 5-21 有两个程序文件 file3. cpp 和 file4. pp，其中程序文件 file3. cpp 的内容如下：

```
#include < iostream.h>
static int a = 3;                          //定义静态变量 a 并赋初值
void ff();
void main()
    {
        ff();
    }
```

程序文件 file4. cpp 的内容如下：

```
#include < iostream.h>
extern int a;
void ff()
    {
        a = a * 2;
        cout << a << endl;
    }
```

在运行程序文件 file4. cpp 时，将出现错误信息“unresolved external symbol "int a"”。

程序分析：在 file3. cpp 中定义的静态外部变量 a 的作用域只是从定义位置到程序文件 file3. cpp 的结尾；在 file4. cpp 中虽然用了 extern int a 声明 a 是外部变量，但在程序文件 file4. cpp 中无法用 file3. cpp 中的 a。

注意：file1. cpp 和 file2. cpp 在同一个文件夹中。

5.6 嵌套与递归

5.6.1 嵌套

C++不允许在一个函数中定义另一个函数,也就是说,在一个函数中不能完整地包含另一个函数的定义。C++允许在一个被调用函数中调用另一个函数,这种情况称为函数的嵌套调用。

例如,主函数 main 调用函数 A,函数 A 又调用函数 B,当函数 B 执行结束时返回到函数 A 的调用位置,当函数 A 执行结束时返回到主函数 main 的调用位置。这几个函数嵌套调用的执行过程如图 5.9 所示。

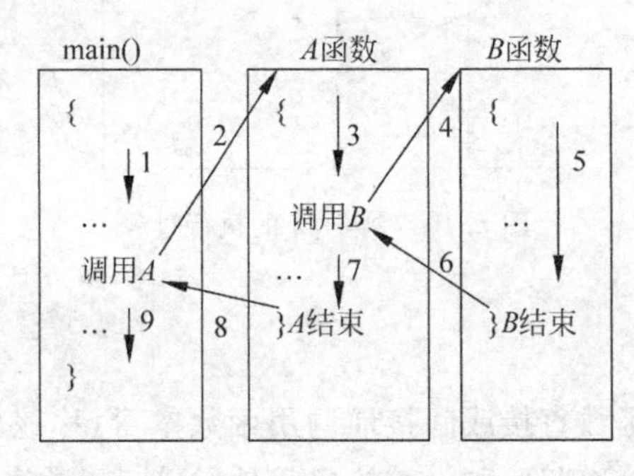

图 5.9 执行过程

总之,函数调用的规律是在哪一个位置调用,在调用结束时就返回到该位置。

例 5-22 分析程序的运行结果。

```
#include <iostream.h>                    //第 1 行
double sum(int ), fac(int );             //第 2 行
void main()                              //第 3 行
{   int n;cin >> n;                      //第 4 行
    cout.precision(10);                  //第 5 行,设置浮点数精度为 10 位
    cout << sum(n)<< endl;               //第 6 行
}                                        //第 7 行
double sum(int x)                        //第 8 行
{   int k; double s = 1;                 //第 9 行
    for(k = 2;k <= x;k++)                //第 10 行
        s += 1/fac(k);                   //第 11 行
    return s;                            //第 12 行
}                                        //第 13 行
double fac(int m)                        //第 14 行
{   double t = 1; int i;                 //第 15 行
    for(i = 1;i <= m;i++)                //第 16 行
        t *= i;                          //第 17 行
    return t;                            //第 18 行
}                                        //第 19 行
```

运行结果：

```
9↲
1.718281526
12↲
1.718281828
```

程序分析：函数 sum 由第 8～13 行组成，函数 fac 由第 14～19 行组成。程序执行过程见图 5.10。程序功能：1＋1/2!＋1/3!＋…＋1/n!。

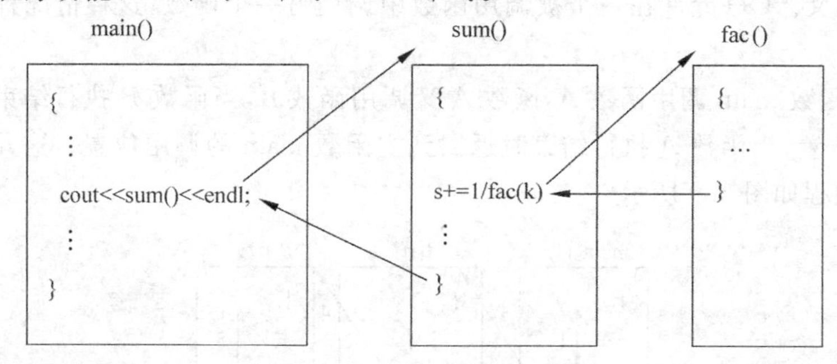

图 5.10　例 5-22 的执行过程

5.6.2　递归

函数的递归是指一个函数直接或间接地调用函数本身，称该函数为递归函数。函数的递归方式有直接递归和间接递归两种。直接递归是指递归函数直接调用该递归函数。间接递归是指递归函数调用另一个函数，而该函数又调用该递归函数。

例如：

```
int ff(int x)
{ int y,z;
  z = ff(y);
  return z;
}
```

在函数 ff 中调用了函数 ff，因此，递归函数 ff 属于直接递归，其执行过程如图 5.11 所示。

又如：

```
int ff(int x)
{   int y,z;
    z = gg(y);
    return z;
}
int gg(int a)
 {  a = ff(a);
    return a;
 }
```

在函数 ff 函数体中调用了函数 gg，而函数 gg 又调用了函数 ff，因此递归函数 ff 属于间接递归，其执行过程如图 5.12 所示。

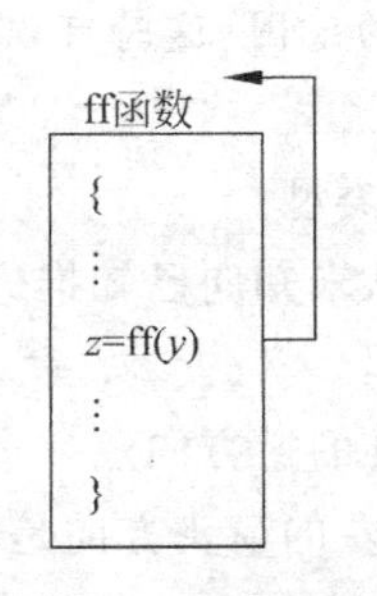

图 5.11　直接递归

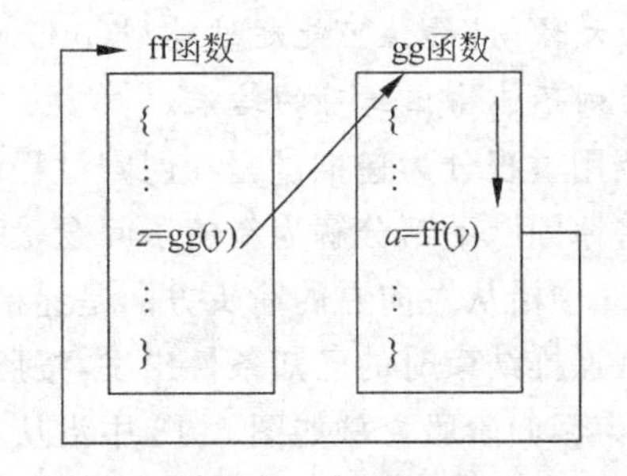

图 5.12　间接递归

递归调用过程和之前讲的函数调用过程一样，从哪一个位置调用，在调用结束时就回到该位置。从以上两个例子可以知道，这两个例子的递归都是无终止地调用递归函数，使得程序无法正常结束，因此在设计递归函数时必须有终止递归的条件。

例 5-23　分析程序的运行结果。

```
#include < iostream.h >                    //第 1 行
int fac(int n)                             //第 2 行,定义递归函数 fac
  {                                        //第 3 行
    if(n == 1)                             //第 4 行
      return(1);                           //第 5 行
    return (n * fac(n - 1));               //第 6 行,以函数表达式方式调用函数 fac
  }                                        //第 7 行
void main()                                //第 8 行
  {                                        //第 9 行
    cout << fac(4)<< endl;                 //第 10 行,以表达式形式调用函数 fac
  }                                        //第 11 行
```

运行结果：

```
24
```

程序分析：函数 fac 由第 2～7 行组成，第 5 行返回一个确定的值，第 6 行调用函数 fac，因此函数 fac 是递归函数，功能是计算 4!，终止递归条件为 $n==1$。

程序从主函数开始执行，执行第 10 行时先计算 fac(4)的值，第 1 次调用函数 fac(4)，返回值为 4 * fac(3)，第 2 次调用函数 fac(3)，返回值为 3 * fac(2)，第 3 次调用函数 fac(2)，返回值为 2 * fac(1)，第 4 次调用函数 fac(1)，返回值为 1，结束递归；然后将 1 返回到第 4 次调用位置 fac(1)，计算 2 * fac(1)，即函数 fac(2)的值为 2，将 2 返回到第 3 次调用位置 fac(2)，计算 3 * fac(2)，即函数 fac(3)的值为 6，再返回到第 2 次调用位置 fac(3)，计算 4 * fac(3)，即函数 fac(4)的值为 24，返回到第 1 次调用位置(第 10 行)，输出结果 24。程序的递归过程如图 5.13 所示。

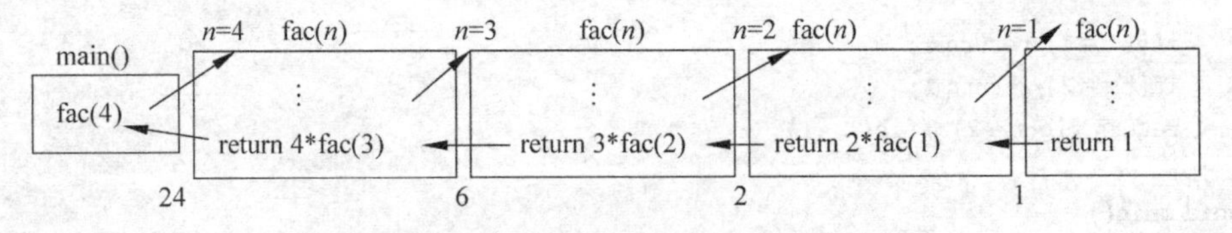

图 5.13　计算 4! 的递归过程

注意：当 n 较大时，$n!$ 的值可能超过整型(int)允许的范围，这时可以将函数 fac 的类型设置为 float 型，否则不能输出正确的结果。

递归函数的调用过程分为递推过程和回归过程两种类型。

递推过程是将原问题不断分解为新的子问题，逐渐从未知向已知推进，最终达到已知的条件。例如图 5.13 中沿从左向右的箭头方向是递推过程。

回归过程是从递推结束时的已知条件出发，按照递推的逆方向逐一求值回归，最后达到递归的开始处，结束回归阶段。例如图 5.13 中沿从右向左的箭头方向是回归过程。

其实计算 $n!$ 的数学模型为：

$$n! = \begin{cases} 1, & n = 1 \\ n(n-1)!, & n > 1 \end{cases}$$

若函数 fac(n)的功能是计算 $n!$，则递归函数 fac 的定义为：

$$\text{fac}(n) = \begin{cases} 1, & n = 1 \\ n * \text{fac}(n-1) & n > 1 \end{cases}$$

例 5-24 设计一个递归函数 fib，求斐波那契(fibonacci)数列的前 n 项(含第 n 项)。

fibonacci 数列满足下列关系：

$$f_t = \begin{cases} 1, & t = 1 \\ 1, & t = 2 \\ f_{t-2} + f_{t-1} & t > 2 \end{cases}$$

其中，$t=1,2,\cdots,n$。用函数 fib(t)求 fibonacci 数列的第 t 项，则递归函数 fib(t)为：

$$\text{fib}(t) = \begin{cases} 1, & t = 1 \\ 1, & t = 2 \\ \text{fib}(t-2) + \text{fib}(t-1) & t > 2 \end{cases}$$

终止递归条件为 $t=1$ 或 $t=2$。

主函数的算法：

(1) 输入 n。

(2) $i=1$。

(3) 若 $i \leqslant n$，转(4)，否则程序结束。

(4) 输出函数 fib(i)。

(5) $i=i+1$。

(6) 转(3)。

程序：

```
#include < iostream.h >
int fib(int t)                                    //定义函数 fib
  {
    if(t == 1) return 1;
    if(t == 2) return 1;
    return fib(t - 2) + fib(t - 1);
  }
void main()
  {  int i,n;
```

```
    cin>> n;
    for(i = 1;i <= n;i++)
   cout <<"fib("<< i <<") = "<< fib(i)<< endl; //以表达式形式调用函数 fib
  }
```

例 5-25 设计一个递归函数 convert，将一个十进制整数 m 转换成二至十六进制 r 的字符。

分析：将一个十进制整数 m 转换成 r 进制的方法是将 m 不断地除 r 取余数，直到商为 0，逆序输出余数对应的字符即可。

例如：将十进制 $m=56$ 转换成 $r=2$ 进制的过程如图 5.14 所示。

被除数m	m/2的商	余数m%2
56	28	0
28	14	0
14	7	0
7	3	1
3	1	1
1	0	1

图 5.14 56 转换为二进制的过程

在将十进制整数 m 转换成 r 进制的过程中，如果 $m=0$，不需要进行转换，否则进行下列操作：

(1) 将 m/r 转换成 r 进制的字符。

(2) 输出余数 $m\%r$ 对应的字符。

用函数 convert(m,r)求十进制整数 m 转换成 r 进制的字符，则递归函数为：

$$\text{convert}(m,r):\begin{cases}\text{结束} & m=0\\ \text{convert}(m/r,r)\text{，输出余数 } m\%r \text{ 对应的字符} & m\neq 0\end{cases}$$

其中，终止递归条件为 $m=0$。另外要注意，如果 0≤余数≤9，则将余数转换成对应字符('0'～'9')的表达式为(char)(余数+'0')；如果 10≤余数≤15，则将余数转换成对应的字符('A'～'F')的表达式为(char)(余数−10+'A')。

主函数的算法：

(1) 输入 m、r。

(2) 如果 $m<0$ 或 $r<2$、$r>16$，则转(1)。

(3) 调用函数 convert (m,r)。

程序：

```
#include < iostream.h >
void convort(int m , int r)                          //定义函数 convert
  {
     if(m!= 0)
      {
        convert(m/r,r);                               //以函数语句方式调用函数 convert
        if(m % r >= 10)
           cout << char(m % r - 10 + 'A');
        else cout << char(m % r + '0');
      }
  }
void main()
  {  int m,r;
     do
       cin>> m >> r;
     while(m < 0||r < 2||r > 16);
     cout << m << "转换为"<< r << "进制数: ";
```

```
    convert(m,r);                              //以函数语句方式调用函数 convert
    cout << endl;
}
```

5.7 有默认参数的函数

在定义函数时可以预先给定一个默认的形参值。在调用函数时,如果给出实参,则将实参的值传给形参;如果没有给出实参,则形参采用预先给定的默认值。

例 5-26 分析程序的运行结果。

```
#include < iostream.h >                        //第 1 行
float const pi = 3.14159;                      //第 2 行,定义常变量 pi
float volum(float h , float r = 13.5)          //第 3 行,定义函数 volum,形参 r 有默认值 13.5
  {                                            //第 4 行
    return pi/3 * h * r * r;                   //第 5 行
  }                                            //第 6 行
void main()                                    //第 7 行
{                                              //第 8 行
    cout << "两个圆锥体的体积: ";                 //第 9 行
    cout << volum( 45.0 )<<' ';                //第 10 行,调用函数 volum,给出一个实参
    cout << volum( 23,10.6 ) << endl;          //第 11 行,调用函数 volum,给出两个实参
}                                              //第 12 行
```

输出结果:

```
两个圆锥体的体积: 8588.32   2706.25
```

程序分析:第 3 行定义函数 volum 时,给出形参 r 的默认值 13.5。在第 10 行,第 1 次调用函数 volum,45.0→h,形参 r 取默认值 13.5,转向执行第 5 行,计算表达式 pi/3 * h * r * r,得到 8588.32,并返回第 10 行,输出 8588.32。在第 11 行,第 2 次调用函数 volum,23→h,10.6→r,转向第 5 行,计算表达式 pi/3 * h * r * r,得到 2706.25,并返回第10行,输出 2706.25。

说明:

(1) 有默认参数的函数原型声明必须出现在函数调用之前。

例 5-27 分析程序的运行结果。

```
#include < iostream.h >                        //第 1 行
void main()                                    //第 2 行
  {                                            //第 3 行
    float area(float a,float b,float h = 5);   //第 4 行,函数声明,形参 h 有默认值 5
    cout << area(1,3)<< endl;                  //第 5 行,调用函数 area,给出两个实参
  }                                            //第 6 行
float area(float a, float b, float h)          //第 7 行,定义函数 area
  {   float s;                                 //第 8 行
      s = (a + b) * h/2;                       //第 9 行
      return s;                                //第 10 行
  }                                            //第 11 行
```

运行结果：

```
10
```

程序分析：在第 4 行函数 area 的原型声明中形参 h 有默认值 5，而第 7 行函数 area 定义中有 3 个形参。在执行第 5 行时先调用函数 area，并且 1→a，3→b，h 取默认值 5，然后输出 10。

例 5-28 下面是错误的程序。

```
#include < iostream.h >                       //第 1 行
void main()                                   //第 2 行
  {                                           //第 3 行
    float area(float a, float b, float h);    //第 4 行，函数声明
    cout << areat(1,3)<< endl;                //第 5 行，调用函数 area
  }                                           //第 6 行
float area(float a, float b, float h = 5)     //第 7 行，定义函数 area
  {   float s;                                //第 8 行
      s = (a + b) * h/2;                      //第 9 行
      return s;                               //第 10 行
  }                                           //第 11 行
```

在第 5 行调用函数 areat 时只有两个实参，而第 4 行函数原型声明中又没有给出参数的默认值，因此该程序是错误的。

(2) 若函数原型声明与函数定义中的默认值不一致，则取函数原型声明中的默认值。

例 5-29 分析程序的运行结果。

```
#include < iostream.h >                       //第 1 行
void main()                                   //第 2 行
  {                                           //第 3 行
    float area(float a, float b, float h = 5); //第 4 行，函数声明
    cout << area(1,3)<< endl;                 //第 5 行，调用函数 area，给出两个实参
  }                                           //第 6 行
float area(float a, float b, float h = 2)     //第 7 行，定义函数 area，h 的默认值为 2
  {   float s;                                //第 8 行
      s = (a + b) * h/2;                      //第 9 行
      return s;                               //第 10 行
  }                                           //第 11 行
```

运行结果：

```
10
```

程序分析：在第 4 行函数原型声明中，形参 h 有默认值 5，第 7 行函数定义中 h 有默认值 2。在第 5 行调用函数 area 时，1→a，3→b，h 取函数原型声明的默认值 5。

(3) 允许有多个默认参数，但必须放在形参列表中的最右端。

例如，float area(float a,float b=3,float h=5); //正确

float area(float a=1,float b=3,float h);

//错误，因为默认值 b=3 在形参 h 定义之前

float area(float a=1,float b ,float h=5);

//错误，因为默认值 a=1 在形参 b 定义之前

(4) 函数调用时按从左到右的顺序将实参与形参结合,当实参数目不足时,右边的参数用默认值来补足。

例如,

```
void main()
  {
     float area(float a,float b=3,float h=5);
     cout<<area()<<endl;                    //错误,因为形参 a 没有默认值,因此实参不能为空
     cout<<area(1)<<endl;                   //正确,a=1,b=3,h=5
     cout<<area(3,6)<<endl;                 //正确,a=3,b=6,h=5
     cout<<area(3)<<endl;                   //正确,a=3,b=3,h=5
     cout<<area(3, ,4)<<endl;               //错误,因为第 2 个实参的值没有给出
  }
```

5.8 内联函数和函数重载

5.8.1 内联函数

调用函数会增加程序执行的时间和空间开销,例如,调用函数时要记住该位置的地址,以便函数调用结束时返回该位置。对于频繁调用的函数而言,这种额外的开销将会降低程序运行的效率,为此 C++引进了内联函数来解决这一问题。内联函数的作用是在编译时将所调用函数的代码直接嵌入到主调函数中。

内联函数的定义格式:

```
inline 函数类型   函数名(形参表)
{
  语句组
}
```

例 5-30 计算整数 1~10 中各个数的立方。

```
#include<iostream.h>                        //第 1 行
inline int cc(int);                         //第 2 行,声明函数,注意左端有 inline
void main()                                 //第 3 行,主函数
  {                                         //第 4 行
    for(int i=1;i<=10;i++)                  //第 5 行
      cout<<i<<'*'<<i<<'*'<<i<<'='<<cc(i)<<endl;   //第 6 行
  }                                         //第 7 行
inline int cc(int n)                        //第 8 行,定义 cc 为内联函数
  {                                         //第 9 行
    return n*n*n;                           //第 10 行
  }                                         //第 11 行
```

程序分析:函数 cc 是内联函数,编译器在编译时会将第 6 行处理成以下形式:

```
cout<<i<<'*'<<i<<'*'<<i<<'='<<i*i*i<<endl;
```

因此,程序执行时不再有对函数 cc 的调用。

5.8.2 函数重载

在设计程序时，一般一个函数对应一种功能，每一个函数都有唯一的函数名。对于功能相似，但是函数类型和参数不同的函数而言，在设计程序时要用不同的函数名，这给设计者带来不便。例如求一个数的绝对值，有以下两个函数：

```
int abs(int);
float fabs( float);
```

C++允许用同一个函数名定义多个功能相似的函数，但这些函数的参数个数或参数类型不同，这就是函数的重载。在调用函数时，会自动寻找形参个数与实参个数相同、形参类型和实参类型相同的函数进行调用。

例 5-31 分析程序的运行结果。

```
#include <iostream.h>                          //第 1 行
int min(int a, int b)                          //第 2 行,定义有两个形参的函数 min
  {                                            //第 3 行
     return a < b? a : b;                      //第 4 行
  }                                            //第 5 行
int min(int a, int b, int c)                   //第 6 行,定义有 3 个形参的函数 min
  {                                            //第 7 行
    int t = min( a , b);                       //第 8 行,调用有两个形参的函数 min
    return min(t , c);                         //第 9 行,调用有两个形参的函数 min
  }                                            //第 10 行
int min(int a, int b, int c, int d)            //第 11 行,定义有 4 个形参的函数 min
  {                                            //第 12 行
    int t1 = min(a,b);                         //第 13 行
    int t2 = min(c,d);                         //第 14 行
    return min(t1,t2);                         //第 15 行
  }                                            //第 16 行
void main()                                    //第 17 行,定义主函数
  {                                            //第 18 行
   cout << min(13,5,4,9)<< endl;               //第 19 行,调用有 4 个形参的函数 min
   cout << min( - 2,8,0)<< endl;               //第 20 行,调用有 3 个形参的函数 min
  }                                            //第 21 行
```

运行结果：

```
4
- 2
```

程序分析：该程序中定义了 3 个同名函数，功能相似，分别求 2 个数、3 个数、4 个数的最小值。

第 19 行，调用有 4 个参数的函数 min；第 13～15 行，分别调用有两个参数的函数 min；第 20 行，调用有 3 个参数的函数 min；第 8～9 行，分别调用有两个参数的函数 min。

习题 5

一、选择题

1. 在一个被调用函数中,关于 return 语句使用的描述错误的是________。
   (A) 在被调用函数中可以不用 return 语句
   (B) 在被调用函数中可以使用多个 return 语句
   (C) 在被调用函数中如果有返回值,则一定要有 return 语句
   (D) 在被调用函数中,一个 return 语句可以返回多个值给主调函数
2. 以下叙述中不正确的是________。
   (A) 在函数中通过 return 语句传回函数值
   (B) 在函数中可以有多条 return 语句
   (C) 在主函数名 main()后的一对圆括号中也可以带有形参
   (D) 调用函数必须在一条独立的语句中完成
3. 在 C++语言中,决定函数的返回值类型的是________。
   (A) return 语句中的表达式类型
   (B) 调用该函数时系统随机产生的类型
   (C) 调用该函数时的主调函数类型
   (D) 在定义该函数时所指定的函数类型
4. 当一个函数无返回值时,函数的类型应定义为________。
   (A) int　　(B) void　　(C) 无　　(D) 任意
5. 以下对 C++语言中函数的有关描述正确的是________。
   (A) 在调用函数时,只能把实参的值传给形参,形参的值不能传送给实参。
   (B) 函数既可以嵌套定义,又可以递归调用
   (C) 函数必须无返回值,否则不能使用函数
   (D) 函数必须有返回值,返回值类型不定
6. 若对 main 函数类型未加显式说明,则该函数的默认类型是________。
   (A) void　　(B) double　　(C) int　　(D) char
7. 下列________的调用方式是引用调用。
   (A) 形参和实参都是变量　　(B) 形参是数组名,实参是变量
   (C) 形参是指针,实参是地址值　　(D) 形参是引用,实参是变量
8. 在 C++中,下列设置参数默认值的描述正确的是________。
   (A) 不允许设置参数的默认值
   (B) 参数的默认值只能在定义函数时设置
   (C) 设置参数的默认值时,应该设置全部参数
   (D) 设置参数的默认值时,应该先设置右边的,再设置左边的
9. 若有函数调用语句“func(a+b,(x,y),func(n+k,d,(a,b)));”,在此函数调用语句中,实参的个数是________。
   (A) 3　　(B) 4　　(C) 5　　(D) 6

10. 已知一个函数的原型是“ int f(int * x,double &y);”,且变量 m 和 n 的定义是“int m;double n;”,则下列对函数 f 的调用正确的是________。

(A) $f(m,n)$　(B) $f(\&m,n)$　(C) $f(m,\&n)$　(D) $f(\&m,\&n)$

11. 关于变量的访问,下列表述中错误的是________。

(A) 在一个函数中可以访问定义在函数外的变量

(B) 在一个函数中可以访问定义在另一个函数中的变量

(C) 在一个函数中可以访问定义在另一个程序文件中的变量

(D) 在一个函数中可以访问定义在同一个函数中的变量

12. 对于函数重载,________是错误的。

(A) 参数个数不相同时,参数类型不完全相同

(B) 参数个数与参数类型以及函数值的类型都不同

(C) 参数个数相同但参数类型不同

(D) 参数个数相同,至少有一个参数类型不相同

13. 若一个函数带有参数说明,则参数的默认值应该在________中给出。

(A) 函数编译　(B) 函数调用　(C) 函数定义或声明　(D) 函数执行

14. 系统在调用重载函数时不能通过________确定哪个重载函数被调用。

(A) 参数个数　(B) 参数的类型　(C) 函数的类型　(D) 函数名称

15. 在下列选项中,________是函数的声明。

(A) int ff(int x, int y)　(B) int ff(int x, int y) {…}

(C) int ff(int, int);　(D) int ff(x, y)

16. 在下列引用的定义中,________是错误的。

(A) char d; char &k=d;　(B) int i; int &j; j=i;

(C) int i; int &j=i;　(D) float i; float &j=i;

17. 下面说法正确的是________。

(A) C++语言编译时不检查语法、语义错误

(B) C++语言的函数都必须有返回值

(C) C++语言的函数可以嵌套定义

(D) C++语言的所有函数都是外部函数

18. 已知“int m=10;”,在下列表示引用的方法中,________是正确的。

(A) char &y;　(B) float &t=&m;　(C) int &x=m;　(D) int &z=10;

19. 以下关于函数的说法中正确的是________。

(A) return 后边的值不能为表达式

(B) 形参的类型说明可以放在函数体内

(C) 如果函数值的类型与返回值的类型不一致,以函数值的类型为准

(D) 如果形参与实参的类型不一致,以实参的类型为准

20. 在 C++的程序中有一个整型变量要频繁使用,最好定义它为________。

(A) auto　(B) extern　(C) static　(D) register

21. 在声明函数时,下列选项中的________项是不必要的。

(A) 返回值表达式　(B) 函数的类型　(C) 函数的参数类型　(D) 函数的名字

二、填空题

在程序中的下划线上填写相应的代码，以保证完成程序的功能(注意：不要改动其他的代码，不得增行或删行，也不得更改程序的结构)。

1. C++语言的参数传递机制包括值传递和地址传递两种，如果调用函数时需要改变实参或者返回多个值，应该采取________方式。

2. 在C++语言中，对于存储类型为________的变量，只有在使用它们时才占用内存单元。

3. 凡是在函数中未指定存储类型的变量，其隐含的存储类型是________。

4. 已知函数abc的定义为"void abc() {…}"，则函数定义中void的含义是________。

5. 语句" static int i=10;"的含义是________。

6. 求输入的3个数的最大值。

```
#include < iostream.h >
int val(int a,int b,int c)
  {
    ________;
    ________;
  }
void main()
{
int a,b,c,max;
cout <<"请输入 3 个整数:";
cin >> a >> b >> c;
max = val(a,b,c);
cout <<"max = "<< max << endl;
}
```

7. 计算 $1+\frac{1}{2!}+\frac{1}{3!}+\cdots+\frac{1}{n!}$ 的值。

```
#include < iostream.h >
double abc(int n)
{
double s = 0.0,f = ________;
for(int j = 1;j <= n;j++)
      {  f = ________;s = ________ + f; }
   return s;
}
void main()
  {    ________;
       cin >> n;
       cout << abc(n)<< endl;
}
```

三、分析程序的输出结果

1. 下列程序的输出结果是________。

```
#include < iostream.h >
```

```
func(int a,int b)
{   int c; c = a + b; return c; }
void main()
{    int x = 6,y = 7,z = 8,r;
     r = func((x-- ,x + y,y++),z-- );
     cout << r << endl;
}
```

2. 下列程序的输出结果是________。

```
#include < iostream.h >
void fun(int,int &);
void main()
  {   int x(5),y(9);
      cout << x <<','<< y << endl ;
      fun(x,y) ;
      cout << x <<','<< y << endl ;
  }
void fun(int a,int &r)
  {
    a * = a;
    r/ = r;
    cout << a <<','<< r << endl ;
  }
```

3. 下列程序的输出结果是________。

```
#include < iostream.h >
fun(int a,int b)
  {
    static int m = 1,i = 2;
     i += m + 1;
     m = i + a + b;
     return(m);
  }
void main()
  {
    int k = 4,m = 2,p;
     p = fun(k,m);
     cout << p <<",";
     p = fun(k,m);
     cout << p << endl;
  }
```

4. 下列程序的输出结果是________。

```
#include < iostream.h >
int f(int);
void main()
  {
int a = 2,i;
for(i = 0;i < 3;i++)
```

```
cout << f(a)<<" ";
cout << endl;
}
int f(int a)
{  int b = 0;
   static int c = 5;
   b++; c++; return (a + b + c);
}
```

5. 下列程序的输出结果是________。

```
#include < iostream.h >
void fun(int k)
  {
    if(k > 0) fun(k - 1);
    cout << k <<" ";
  }
void main()
  { int w = 3;
    fun(w);
    cout << endl;
  }
```

四、改错题

改正下列程序中 err 处的错误,使得程序能得到正确的结果。

注意:不要改动 main 函数,不得增行或删行,也不得更改程序的结构。

1. 用辗转相减法求 m、n 的最大公约数。

```
#include < iostream.h >
void gdc(int m, n)                                   //err1
{
  int t,m,n;                                         //err2
  while(m!= n)
  if(m > n) m = m - n;
  else {t = m;m = n;n = t; }
return m;
}
main()
{
int m,n;
cin >> m >> n;
gdc(m,n);                                            //err3
}
```

2. 计算 $\sum_{i=m}^{n} i$。

```
#include < iostream.h >
void sum(int m,int n)
{
    int s,i;                                         //err1
    for(i = m ;i < = n,i++)                          //err2
```

```
        s += i;
        cout << s << endl;
    }
    void main()
    {
        int m,n;
        cin>> m >> n;
        cout << sum(m,n);                                   //err3
    }
```

3. 设计一个递归函数,将一个整数 n 转换成字符串。例如输入 483,输出字符串"483"。

```
#include < iostream.h >
void conv( n)                                           //err1
{
    if(n = 0)                                           //err2
    {
      conv(n/10);
      cout << n/10;                                     //err3
    }
}
void main()
{
    int n;
    cin>> n;
    conv(n);
    cout << endl;
}
```

五、编程题

1. 设计一个函数 number(n),判断整数 n 是否是"完数",在主函数中输出 1000 之内的所有"完数"。所谓"完数"就是这个数等于它的因子之和。例如 6 是完数,即 6=1+2+3。

2. 设计一个函数 prime(n),判断整数 n 是否为素数。在主函数中输出 5~100 之间的所有素数,要求每行输出 5 个素数。

3. 设计一个函数 daffodils(n),判断整数 n 是否为水仙数,并在主函数中输出所有的水仙数。水仙数是一个三位数,其各位数字的立方和等于该数本身。例如,水仙数 $153=1^3+5^3+3^3$。

4. 设计一个函数 digit(n,k),求整数 n 的从右至左的第 k 个数字。例如,digit(15327,4)=5,digit(289,5)=0。

5. 设计一个函数 check(n,k):判断整数 k 是否在整数 n 出现,当整数 k 在整数 n 出现时,该函数值为 1,否则为 0。如,check (3256,2)=1,check (1725,3)=0。

6. 设计一个函数 palindrome(n,k),判断整数 n 是否为回文数,并计算该整数的位数 k。回文数就是从左读和从右读都相同的数,例如 121、12321 都是回文数。

7. 计算 $1^k+2^k+3^k+\cdots+n^k$。要求:(1)定义两个函数,其中一个函数 powers 求 m^k 的

值，另一个函数 sum 求 $1^k+2^k+3^k+\cdots+n^k$；(2)在函数 sum 中调用函数 powers；(3)在主函数中调用函数 sum。

8. 设计一个递归函数 gcd(m,n)，计算 m 与 n 的最大公约数。

9. 设计一个递归函数 power(x,n)，计算 x^n。

10. 设计一个函数，求两个数中最大的数(分别考虑整数、双精度数、字符的情况)。

构造数据类型

本章学习目标

- 熟练掌握一维数组、二维数组和字符数组的定义与应用
- 熟练掌握结构体类型和联合体类型的定义与应用

本章先介绍一维数组、二维数组和字符数组的定义与应用，然后介绍结构体类型和联合体类型的定义与应用。

6.1 数组

C++提供了实型、整型、字符型、空类型、布尔型等基本数据类型，但这些基本数据类型只能解决数据结构比较简单的问题，不能解决数据结构比较复杂的问题。在C++语言中，允许用户自己定义数据类型，也就是说，根据实际需要，在基本数据类型的基础上可以构造新的数据类型，这种新的数据类型就是构造数据类型。常用的构造数据类型有数组、结构体类型、联合体类型和类类型等。

例 6-1 求 10 个学生的平均成绩，并统计高于平均分的人数。

程序 1：

```
#include < iostream.h >
void main()
{
    int k = 0;
    float s,ave,sum = 0;
    for(int i = 1;i < = 10;i++)                //输入每个学生的成绩并累加成绩
     {
        cin >> s;
        sum = sum + s;
     }
    ave = sum/10;                               //计算 10 个学生的平均成绩
    cout <<"平均成绩: "<< ave << endl;
    for(i = 1;i < = 10;i++)                     //输入每个学生的成绩并计算高于平均成绩的人数
     {
        cin >> s;
        if(s > ave) k++;
     }
    cout <<"高于平均成绩的人数: "<< k << endl;
}
```

程序 1 存在以下问题：(1)变量 s 只能保存一个数据，每次输入新的数据，会将此前输入的数据覆盖；(2)在计算高于平均成绩的人数时，需要重新输入 10 个学生的成绩，这样会增加输入数据的工作量；(3)若第二次输入的成绩与第一次输入的成绩不同，则统计结果是错误的。

程序 2：

```
#include < iostream.h>
void main()
{
    int k = 0; float ave, sum = 0;
    float s1,s2,s3,s4,s5,s6,s7,s8,s9,s10;   //定义 10 个变量
    cin >> s1; sum = sum + s1;              //输入学生成绩并累加到 sum 中
    cin >> s2; sum = sum + s2;
    cin >> s3; sum = sum + s3;
    cin >> s4; sum = sum + s4;
    cin >> s5; sum = sum + s5;
    cin >> s6; sum = sum + s6;
    cin >> s7; sum = sum + s7;
    cin >> s8; sum = sum + s8;
    cin >> s9; sum = sum + s9;
    cin >> s10; sum = sum + s10;
    ave = sum/10;                           //计算 10 个学生的平均成绩
    cout <<"平均成绩: "<< ave << endl;
    if(s1 > ave) k++;                       //计算高于平均成绩的人数
    if(s2 > ave) k++;
    if(s3 > ave) k++;
    if(s4 > ave) k++;
    if(s5 > ave) k++;
    if(s6 > ave) k++;
    if(s7 > ave) k++;
    if(s8 > ave) k++;
    if(s9 > ave) k++;
    if(s10 > ave) k++;
    cout <<"高于平均成绩的人数: "<< k << endl;
}
```

程序 2 虽然存储了学生成绩，但要用 10 个变量、10 行输入语句与求和赋值语句以及 10 行条件语句，其存在以下问题：(1)书写工作量大；(2)书写多条功能相同的语句。

在程序 2 中，10 个变量 s1、s2、…、s10 有以下共同点：(1)都是实数类型；(2)数据有序。在 C++中，用数组将具有相同类型的数据组织起来，也就是说，数组是具有相同数据类型的数据的有序集合，数组中的各数据称为数组元素。引入数组可以大大减少程序中变量与语句的书写，使程序变得精简，从而大大提高编程的效率。

6.1.1 一维数组

在向量 $A=(a_1,a_2,\cdots,a_n)$ 中，元素 a_i 表示第 i 个元素，i 称为向量元素 a_i 的下标。在 C++中用一维数组表示向量，具有一个下标的数组称为一维数组。

1. 一维数组的定义

格式：

```
数据类型  数组名[整型常量表达式];
```

功能：定义一个具有 M 个元素的一维数组，在内存中为数组元素开辟 M 个连续的存储单元。其中，M 表示整型常量表达式的值。

说明：

(1) 数组名是标识符，数据类型指定了数组中每一个数组元素的类型。

(2) 在定义数组时，整型常量表达式中可以包含常量、常变量和符号常量，但不能包含变量。

(3) 整型常量表达式的值表示数组元素的个数，也称为数组长度。

例如：

```
const int S = 10;                    //S为常变量
#define M 10                         //M为符号常量
int P = 10;                          //P为变量
int a[S], b[M];                      //正确
float f[5];                          //正确
int x[P];                            //错误,因为中括号[]中出现了变量 P
float t[3.4];                        //错误,因为中括号[]中出现了实数 3.4
```

2. 一维数组元素

引用一维数组元素的格式：

```
数组名[表达式]
```

功能：用表达式的值标识数组中的一个数组元素。

说明：

(1) 数组元素相当于一个普通变量，中括号[]中的表达式称为数组下标。

(2) 数组下标<数组长度，即数组下标的范围是 0～数组长度－1。

(3) 数组名是标识符，表示数组在内存中的首地址。

例如：

```
int  s[5],i;
```

其含义是定义长度为 5 的整型数组 s，在内存中开辟 5 个连续的存储空间，数组 s 的 5 个数组元素分别为 $s[0]$、$s[1]$、$s[2]$、$s[3]$、$s[4]$。假设数组 s 的首地址为 0x2000，则数组 s 在内存的存储结构如图 6.1 所示。

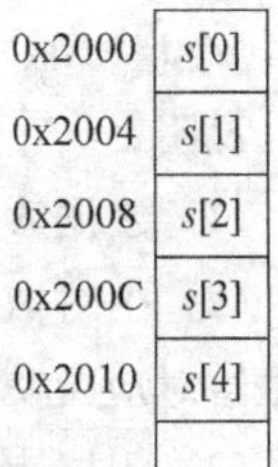

地址	元素
0x2000	s[0]
0x2004	s[1]
0x2008	s[2]
0x200C	s[3]
0x2010	s[4]

图 6.1　数组 s 的存储空间

如果 $i=3$，则 $s[i-3]$、$s[i+1]$、$s[i++]$、$s[2*i-2]$等都是数组 s 的元素，但 $s[i+2]$不是数组 s 的元素，$s[5]$不是数组 s 的元素，$s[5]$的存储空间在 $s[4]$的存储空间之后，这种现象称为数组“越界”。

例 6-2 分析程序的运行结果。

```
#include <iostream.h>                          //第 1 行
void main()                                    //第 2 行
{    int k;                                    //第 3 行
     int a[3];                                 //第 4 行,定义一维数组 a
     for(k = 0;k < 3;k++)                      //第 5 行
      a[k] = k;                                //第 6 行,将 k 赋给第 k 个元素 a[k]
     for(k = 2;k >= 0;k -- )                   //第 7 行
      cout << a[k]<< " ";                      //第 8 行,输出元素 a[k]和一个空格
     cout << endl;                             //第 9 行
}                                              //第 10 行
```

运行结果:

```
2 1 0
```

程序分析:第 4 行定义了具有 3 个元素的整型数组 a;第 5～6 行循环语句按下标顺序实现对数组元素赋值,赋值结果如表 6.1 所示;第 7～8 行循环语句按逆序输出各数组元素,如表 6.2 所示。

表 6.1 对数组元素赋值的结果

k	$a[k]$
0	0
1	1
2	2
3	

表 6.2 按逆序输出各数组元素的情况

k	输出 $a[k]$
2	2
1	1
0	0
−1	

3. 一维数组的初始化

格式:

```
数据类型  数组名[数组长度] = {数据表};
```

功能:在定义数组时,对每个数组元素按数据表中的顺序一一对应赋值。

例如:

```
int a[5] = {0,2,4,6,8};
```

则有 $a[0]=0, a[1]=2, a[2]=4, a[3]=6, a[4]=8$。

说明:

(1) 数据表中的数据之间用逗号分开。

(2) 在对数组初始化时,数组元素的下标按从小到大的顺序排列,数据表按从左到右的顺序给对应元素赋值。

(3) 数据表中数据的个数≤数组长度。

例如:

```
int a[4] = {0,2,4,6,8}; //错误
```

(4) 数组初始化的方式。

① 给数组的所有元素赋初值。

当数据表的数据个数与数组长度相等时，表示给数组的所有元素赋初值，在这种情况下，数组长度可以省略，此时数组长度由大括号{}中数据的个数决定。

例如：

```
int a[] = {0,2,4,6,8};
```

则数组 a 的长度为5，并且有 $a[0]=0, a[1]=2, a[2]=4, a[3]=6, a[4]=8$。

② 给数组的部分元素赋初值。

当数据表的数据个数<数组长度时，表示给数组的前面部分元素赋初值，后面部分的元素默认为0。前面部分元素的个数由数据表中数据的个数决定。

例如：

```
int a[6] = {1,3,5,7};
```

则数组 a 的长度为6，并且有 $a[0]=1, a[1]=3, a[2]=5, a[3]=7, a[4]=0, a[5]=0$。

(5) 对于非字符型的数组，不能对数组名进行赋值，因为数组名是地址。

例如：

```
若有 int a[5];
```

则"a={1,3,5,7,9};"是错误的赋值语句。数组名 a 是数组首元素 $a[0]$ 的地址，由计算机自动分配，不能改变地址值。

(6) 不能给数组之外的元素赋值。

例如：

```
若有 int a[5];
```

则语句"a[5]=1;"错误，因为 $a[5]$ 不是数组 a 的元素，产生"越界"现象。

例 6-3 分析程序的运行结果。

```
#include < iostream.h >                    //第 1 行
#include < iomanip.h >                     //第 2 行
void main()                                //第 3 行
{                                          //第 4 行
   int i;                                  //第 5 行
   int x[10] = {1,1};                      //第 6 行,定义数组 x 并初始化
   for (i = 2;i < 10;i++)                  //第 7 行,给元素 x[i]赋值
     x[i] = x[i - 2] + x[i - 1];           //第 8 行
   for (i = 0;i < 10;i++)                  //第 9 行
   {                                       //第 10 行
     if(i % 5 == 0) cout << endl;          //第 11 行,如果一行已输出 5 个元素,则换行
     cout << setw(5)<< x[i];               //第 12 行,以 5 个宽度输出元素 x[i]
   }                                       //第 13 行
cout << endl;                              //第 14 行
}                                          //第 15 行
```

运行结果：

```
1  1  2  3  5
```

8 13 21 34 55

程序分析：第6行，定义数组 x 并初始化，如表6.3所示；第7～8行循环语句给 $x[i]$（i=2,3,…,9）赋值，如表6.4所示；第9～13行循环语句按格式顺序输出各数组元素的值；第11行，当 i 被5整除时换行，也就是说，如果一行已输出5个元素，则换行；第12行，以5个宽度输出元素 $x[i]$。

表6.3　数组 x 的取值情况

i	$x[i]$
0	1
1	1
2	0
3	0
4	0
5	0
6	0
7	0
8	0
9	0

表6.4　数组 x 的取值情况

i	$x[i]$
0	1
1	1
2	2
3	3
4	5
5	8
6	13
7	21
8	34
9	55

程序功能：输出斐波那契数列的前10个数。

4. 一维数组的应用

例6-4　一家养猪场的工人要从20头猪中挑选出一头最重的猪。

分析：用数组 x 存放20头猪的重量，数组下标的范围是0～19，表示猪的编号，用max表示最重的猪的编号。求若干个数中的最大数，常用"打擂台"算法：(1)设数组元素 $x[0]$ 为当前最大值，则令max=0；(2)将数组 x 的下一个元素 $x[1]$ 与 $x[\max]$ 比较，将较大元素的编号保存在max中；(3)将数组 x 的下一个元素 $x[2]$ 与 $x[\max]$ 比较，将较大元素的编号保存在max中；…；(19)将最后一个元素 $x[19]$ 与 $x[\max]$ 比较，将较大元素的编号保存在max中。经过(1)～(19)步操作后，max最后的值就是最重猪的编号。

令max=0，则数学模型为：若 $x[i]>x[\max]$，则max=i，其中 i=1,2,…,19。

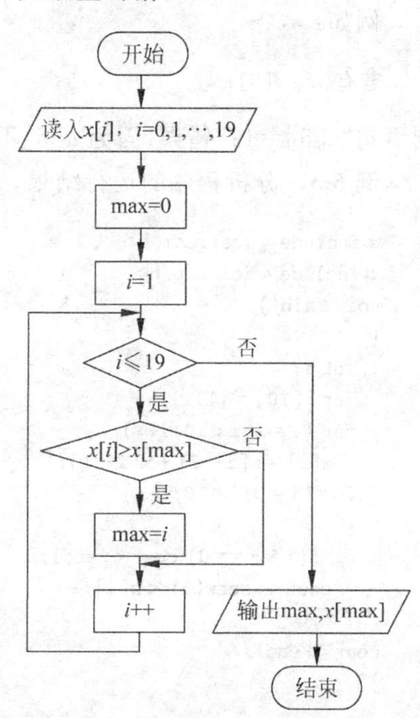

图6.2　例6-4的流程图

算法：

(1) 输入数组 x。

(2) max=0。

(3) 如果 $x[i]>x[\max]$，则max=i，其中 i=1,2,…,19。

(4) 输出max及x[max]

该算法中(1)和(3)都可以用循环语句实现。该例的流程图如图 6.2 所示。

程序：

```
#include < iostream.h >
void main()
{
    int i,max;float x[20];
    for(i = 0;i < = 19;i++)                    //输入 20 头猪的重量
      cin >> x[i];
    max = 0;                                   //假设编号为 0 的猪是当前最重的
    for(i = 1;i < = 19;i++)                    //求最重的猪的编号 max
      if(x[i]> x[max])max = i;
    cout <<"最重猪的编号: "<< max ;
    cout << " 其重量: "<< x[max]<< endl;
}
```

例 6-5 给出年、月、日，计算该日是该年的第几天。

分析：用变量 y、m、d 表示年、月、日；y 年 m 月 d 日在这一年的天数 days＝前$(m-1)$个月的天数之和＋d。将 1～12 月的天数存放在数组 table 中，定义数组 int table[13]＝{0，31，28，31，30，31，30，31，31，30，31，30，31}；如果 y 年是闰年，该年的 2 月份的天数为 29，也就是说，若 y 是闰年且 $m>2$，则有 days＝days＋1。

算法：

(1) 输入 y、m、d。

(2) 令 days＝0。

(3) days＝days＋table $[i]$，$i=1,2,\cdots,m-1$。

(4) 如果 y 是闰年且 $m>2$，则 days＝days＋1。

(5) 输出 days＋d。

程序：

```
#include < iostream.h >
void main()
{
    int i,y,m,d,days = 0;
    int table[13] = {0,31,28,31,30,31,30,31,31,30,31,30,31};
    cout <<"输入年、月 、日: "<< endl;
    cin >> y >> m >> d;
    cout << y <<" 年"<< m <<" 月"<< d <<" 日"<< endl;
    days = 0;
    for(i = 1;i < m;i++)                       //计算 1～m - 1 个月的天数之和
     days +=  table [i];
    if(y % 4 == 0&&y % 100!= 0||y % 400 == 0)  //判断 y 是否是闰年
     if(m > 2) days += 1;                      //y 是闰年且 m 大于 2,则 days 加 1
    cout <<"是第 "<< days + d << endl;
}
```

例 6-6 求两个集合的交集，其中，这两个集合中的数都是整数。

例如，$A=\{1,4,5,6\}$，$B=\{2,3,5\}$，则 $C=A\cap B=\{5\}$。

分析：

(1) 用数组 a 和 b 分别表示集合 A、B，对应的元素个数分别为 m 和 n。

(2) 用数组 c 表示交集 $C=A\cap B$，其元素个数小于等于 m 与 n 的最小值。

(3) 求交集的思路：从集合 A 中取出元素 $a[i](i=0,1,\cdots,m-1)$，然后与集合 B 中的元素 $b[j](j=0,1,\cdots,n-1)$ 比较，如果 $a[i]==b[j]$，则 $c[k]=a[i]$，$k=k+1$，并终止内循环。

算法：

(1) 输入数组 a。

(2) 输入数组 b。

(3) $k=0$。

(4) 如果 $a[i]== b[j](i=0,1,\cdots,m-1;\ j=0,1,\cdots,n-1)$，则 $c[k++]=a[i]$。

(5) 输出数组 c。

该算法中(1)、(2)和(5)都可以用简单循环语句；(4)用二重循环语句。

程序：

```
#include < iostream.h >
const int m = 5;
const int n = 6;
void main()
{
    int i,j,k = 0,a[m],b[n],c[m];
    cout <<"输入集合 A 的 "<< m <<" 个不同的整数: "<< endl;
    for(i = 0;i < m;i++)
     cin >> a[i];
    cout <<"输入集合 B 的 "<< n <<" 个不同的整数: "<< endl;
    for(i = 0;i < n;i++)
     cin >> b[i];
    for(i = 0;i < m;i++)                         //计算两个集合的交集
     for(j = 0;j < n;j++)
     if(a[i] == b[j]) {c[k++] = a[i];break;}
    if(k > 0)
     {
        cout <<"交集是: ";
        for(i = 0;i < k;i++)
           cout << c[i]<<' ';                    //输出元素 c[i]和一个空格
     }
    else cout <<"交集是空集"<< endl;
    cout << endl;
}
```

例 6-7 用选择法对存放在数组中的 N 个数从小到大进行排序。

设数组 a 存放了 N 个数据，用选择法排序的基本思想：每次从待排序的数据中选出最小数，交换到待排序序列的最前面。具体如下：

(1) 从 $a[0]\sim a[N-1]$中查找最小数(数组 a 的最小数)所在的位置 min，若 $\min\neq0$，则 $a[\min]$与 $a[0]$交换。

(2) 从 $a[1]\sim a[N-1]$中查找最小数(数组 a 的次小数)所在的位置 min，若 $\min\neq1$，则

$a[\min]$与$a[1]$交换。

(3) 重复上述过程，这样经过第 $N-1$ 次查找和交换之后，数组元素就按从小到大的顺序排列了。

例如，设有 6 个数 7、5、9、3、1、6，每一趟排序的过程如下：

	$a[0]$	$a[1]$	$a[2]$	$a[3]$	$a[4]$	$a[5]$
初始状态：	7	5	9	3	1	6
第 1 趟排序：	1	5	9	3	7	6
第 2 趟排序：	1	3	9	5	7	6
第 3 趟排序：	1	3	5	9	7	6
第 4 趟排序：	1	3	5	6	7	9
第 5 趟排序：	1	3	5	6	7	9

显然，这 6 个数已按从小到大的顺序进行排列。

数学模型：从 $a[i]\sim a[N-1]$ 中查找最小数所在的位置 min，若 $i\neq\min$，则交换 $a[i]$与$a[\min]$值，其中，$i=0,1,\cdots,N-2$。

算法：

(1) 对数组 a 赋值。

(2) $i=0$。

(3) 如果 $i<N-1$，转(4)，否则转(8)。

(4) 从 $a[i]\sim a[N-1]$ 中查找最小数所在的位置 min。

(5) 如果 $i\neq\min$，则交换 $a[\min]$与$a[i]$。

(6) $i=i+1$。

(7) 转(3)。

(8) 输出数组元素 $a[i]$，其中，$i=0,1,\cdots,N-1$。

令 $\min=i$，则"从 $a[i]\sim a[N-1]$ 中查找最小数所在的位置 min"的数学模型是：如果 $a[j]<a[\min]$，则 $\min=j$，其中，$j=i+1,\cdots,N-1$。

细化——从 $a[i]\sim a[N-1]$ 中查找最小数所在的位置 min 的算法：

(4.1) 设 $\min=i$。

(4.2) $j=i+1$。

(4.3) 如果 $j<N$，转(4.4)，否则转(5)。

(4.4) 如果 $a[j]<a[\min]$，则 $\min=j$。

(4.5) $j=j+1$。

(4.6) 转(4.3)。

该例的流程图如图 6.3 所示。

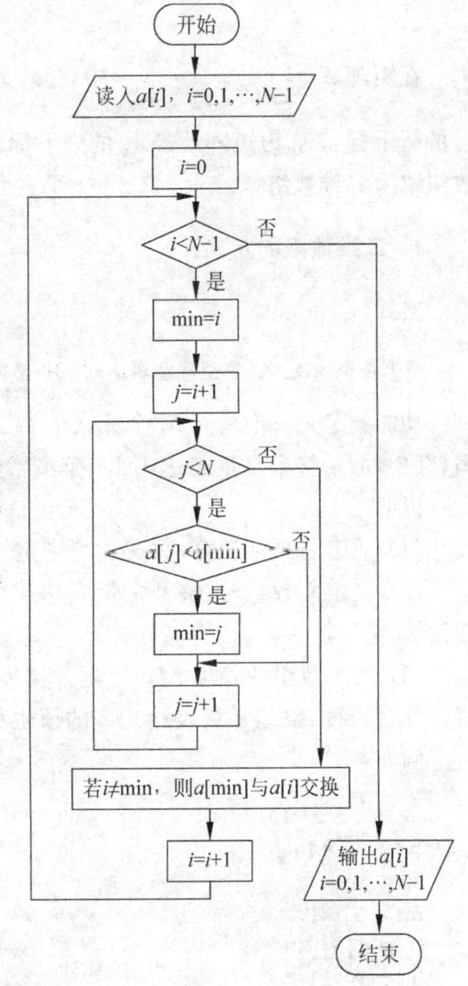

图 6.3 例 6-7 的流程图

程序：

```
#include < iostream.h >
```

```
#define N 6
void main()
{
  int a[N] = {7,5,9,3,1,6}; int i,j,min,t;
  for(i = 0;i < N - 1;i++)
    {
    //查找第 i + 1 个最小数所在的位置 min
    min = i;
    for(j = i + 1;j < N;j++)
    if(a[j]< a[min]) min = j;
      if(i!= min)                                  //判断 i 与 min 是否相等
      { t = a[i]; a[i] = a[min]; a[min] = t; }     //交换 a[min]与 a[i]的值
    }
  for(i = 0;i < N;i++)
    cout << a[i]<< " ";                            //输出元素 a[i]和一个空格
  cout << endl;
}
```

6.1.2 二维数组

在矩阵 $\boldsymbol{A}=\begin{bmatrix}a_{11} & a_{12} & a_{13}\\ a_{21} & a_{22} & a_{23}\end{bmatrix}$ 中，矩阵元素 a_{ij} 表示第 i 行第 j 列的元素，i 称为矩阵元素 a_{ij} 的行下标，j 称为矩阵元素 a_{ij} 的列下标。在 C++ 中用二维数组表示矩阵，具有两个下标的数组称为二维数组。

1. 二维数组的定义

格式：

数据类型 数组名[整型常量表达式 1][整型常量表达式 2];

功能：定义一个具有 M 个元素的数组，在内存中为数组元素开辟 M 个连续的存储空间，其中，M=整型常量表达式 1 * 整型常量表达式 2。

说明：

(1) 数组名是标识符，数据类型指定了数组中每一个数组元素的类型。

(2) 在定义数组时，整型常量表达式中可以包含常量、常变量和符号常量，但不能包含变量。

(3) 二维数组的长度 M=整型常量表达式 1 * 整型常量表达式 2，整型常量表达式 1 的值也称行长度，整型常量表达式 2 的值也称列长度。

例如：

```
const int S = 10;            //S 为常变量
#define M 10                 //M 为符号常量
int P = 10;                  //P 为常变量
int a[S][M];                 //正确
float f[5][M + 1];           //正确
int x[P][5];                 //错误，因为中括号[]中的 P 是变量
float t[3.4][7];             //错误，因为中括号[]中的 3.4 是实数
```

2. 二维数组元素

引用二维数组元素的格式：

数组名[表达式 1][表达式 2]

功能：用表达式 1 和表达式 2 标识数组中的一个数组元素。

说明：

(1) 数组元素相当于一个普通变量，表达式 1 称为行下标，表达式 2 称为列下标。

(2) 数组的行下标＜行长度，行下标的范围是：0～行长度－1。数组的列下标＜列长度，列下标的范围是 0～列长度－1。

(3) 数组名是标识符，表示数组在内存中的首地址。

例如：

```
float a[2][3];
```

其含义是定义一个二维数组 a，在内存中开辟 6 个连续的存储空间，分别用来存放元素 $a[0][0]$、$a[0][1]$、$a[0][2]$、$a[1][0]$、$a[1][1]$、$a[1][2]$。设数组 a 的首地址为 0x2000，则数组 a 在内存中的存储结构如图 6.4 所示。

地址	元素
0x2000	$a[0][0]$
0x2004	$a[0][1]$
0x2008	$a[0][2]$
0x200C	$a[1][0]$
0x2010	$a[1][1]$
0x2014	$a[1][2]$

图 6.4　a 的存储空间

注意：$a[0][3]$、$a[1][3]$、$a[2][3]$都不是数组 a 的元素。

例 6-8　分析程序的运行结果。

```
#include <iostream.h>                    //第 1 行
const int M = 2;                         //第 2 行
const int N = 3;                         //第 3 行
void main()                              //第 4 行
{ int k,p;                               //第 5 行
  int a[M][N];                           //第 6 行,定义二维数组 a
  for(k = 0;k < M;k++)                   //第 7 行,输入数组 a
    for(p = 0;p < N;p++)                 //第 8 行
      cin >> a[k][p];                    //第 9 行
    for(k = 0;k < M;k++)                 //第 10 行,输出数组 a
    {                                    //第 11 行
      for( p = 0;p < N;p++)              //第 12 行,内循环
        cout << a[k][p]<< " ";           //第 13 行,输出元素和一个空格
      cout << endl;                      //第 14 行
    }                                    //第 15 行
}                                        //第 16 行
```

运行情况如下：

```
5 3 7↵
8 9 2↵
5 3 7
8 9 2
```

程序分析：第 6 行定义 M 行 N 列的二维数组 a；第 7～9 行二重循环语句的功能是从

键盘输入数组 a 的元素，例如，从键盘输入 6 个数(如 5 3 7 ↵8 9 2 ↵)，各变量的取值情况如表 6.5 所示。第 10～15 行二重循环语句的功能是输出 a 的元素值，其中，内循环为第 12～13 行，表示输出第 k 行元素，并且元素之间用空格分开，第 14 行表示输出第 k 行元素后换行。

特别强调，第一个循环语句(第 7～9 行)要求输入 $M\times N$ 个数据，为了清楚地看出要输入的数据个数，在输入数据时每行输入 N 个数据后按回车键，共 M 行数据。

表 6.5 变量取值情况

外循环次数	k	表达式 $k<2$	内循环次数	p	表达式 $p<3$	$a[k][p]$
第 1 次	0	1	第 1 次	0	1	5
			第 2 次	1	1	3
			第 3 次	2	1	7
第 2 次	1	1	第 1 次	0	1	8
			第 2 次	1	1	9
			第 3 次	2	1	2

由该程序可以看出，通常可以用二重循环语句实现对二维数组元素的各类操作。

3. 二维数组的初始化

格式：

```
类型 数组名[行长度][列长度]={数据表};
```

功能：在定义数组时，对每个数组元素按数据表中的顺序一一对应进行赋值。

例如"int a[2][3]={1,2,3,4,5,6};"，则有：

$a[0][0]=1,a[0][1]=2,a[0][2]=3$,

$a[1][0]=4,a[1][1]=5,a[1][2]=6$。

说明：

(1) 数据表中的数据之间用逗号分开。

(2) 在对数组初始化时，数组元素先按行下标再按列下标由小到大排列，数据表按从左到右的顺序给元素赋值。

(3) 数据表中数据的个数≤行长度×列长度。

例如：

```
int a[2][2]={1,2,3,4,5,6};  //错误
```

(4) 数组初始化的方式。

① 给数组的所有元素赋初值。

当数据表的数据个数与行长度 * 列长度相等时，表示给数组的所有元素赋初值，在这种情况下，数组初始化定义格式中的行长度可以省略，此时行长度由一对大括号{}中数据的个数和列长度决定。

例如，"int a[][3]={1,2,3,4,5,6};"，则数组 a 的行长度为 2，列长度为 3，并且有：

$a[0][0]=1, a[0][1]=2, a[0][2]=3,$

$a[1][0]=4, a[1][1]=5, a[1][2]=6$。

② 分行赋初值。

格式：

```
类型 数组名[行长度][列长度] = {{数据表 0},{数据表 1}, …,{数据表 k}, …};
```

功能：把{数据表 k}中的数据依次赋给第 k 行的元素。

例如，"int a[2][3]={{1,2,3},{4,5,6}};"，则有：

$a[0][0]=1, a[0][1]=2, a[0][2]=3,$

$a[1][0]=4, a[1][1]=5, a[1][2]=6$。

③ 给数组的部分数组元素赋初值。

当数据表的数据个数小于行长度 * 列长度时，表示给数组某行的前面部分的元素赋初值，该行的后面部分的数组元素默认为 0。

例如，"int a[3][4]={{1,2},{0,3,4},{0,0,5}};"，则有：

$a[0][0]=1, a[0][1]=2, a[0][2]=0, a[0][3]=0,$

$a[1][0]=0, a[1][1]=3, a[1][2]=4, a[1][3]=0,$

$a[2][0]=0, a[2][1]=0, a[2][2]=5, a[2][3]=0$。

例如，"int a[ ][3]={{1},{ },{2}};"，则有：

$a[0][0]=1, a[0][1]=0, a[0][2]=0,$

$a[1][0]=0, a[1][1]=0, a[1][2]=0,$

$a[2][0]=2, a[2][1]=0, a[2][2]=0$。

(5) 不能给数组之外的元素赋值。

例如，若有"int a[2][3];"，则有：

语句 a[2][3]={1,3,5,7,9}; //错误，不能这样对元素 a[2][3]进行赋值

语句 a[1][3]=6; //错误，产生"越界"现象

4. 二维数组的应用

例 6-9　求矩阵 $\boldsymbol{a}$ 的转置矩阵 $\boldsymbol{b}$。

分析：如果数组 a 表示 M 行 N 列的矩阵，则数组 b 是 N 行 M 列的矩阵，矩阵 $\boldsymbol{a}$ 的第 i 行第 j 列的元素就是矩阵 $\boldsymbol{b}$ 的第 j 行第 i 列元素。其数学模型如下：

$$b_{ji} = a_{ij}, \quad i = 0,1,\cdots, \quad M-1, \quad j = 0,1,\cdots,N-1$$

算法：

(1) 输入数组 a。

(2) $i=0$。

(3) 如果 $i<M$，转(4)，否则转(11)。

(4) $j=0$。

(5) 如果 $j<N$，转(6)，否则转(9)。

(6) $b[j][i]=a[i][j]$。

(7) $j=j+1$。

(8) 转(5)。

(9) $i=i+1$。

(10) 转(3)。

(11) 输出数组 b。

其流程图如图 6.5 所示。

程序：

```
#include < iostream.h >
const int M = 2;
const int N = 3;
void main()
{
    int a[M][N],b[N][M],i,j;
    for(i = 0; i < M; i++)
     for(j = 0;j < N;j++)              //输入数组 a
       cin>> a[i][j];
    for (i = 0;i < M;i++)              //求数组 b
     for(j = 0;j < N;j++)
       b[j][i] = a[i][j];
    for(i = 0;i < N;i++)               //输出数组 b
    {
     for(j = 0;j < M;j++)
        cout << b[i][j]<<" ";
     cout << endl;                     //换行输出
    }
}
```

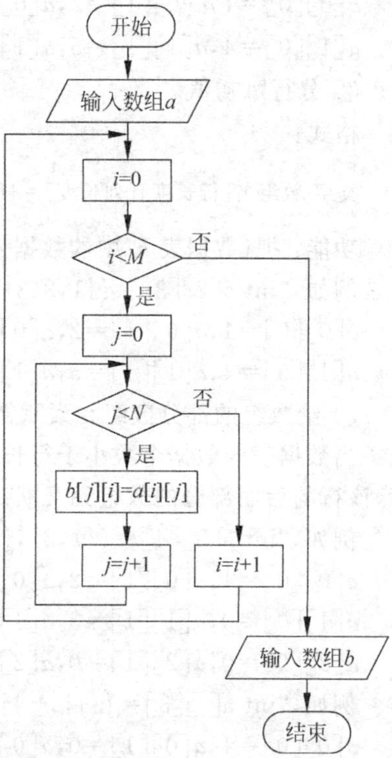

图 6.5 例 6-9 的流程图

例 6-10 求 3 行 4 列矩阵中最大的数以及它所在的行下标和列下标。

分析：用数组 a 表示 3×4 阶矩阵，数组 a 中的最大值 $a[r][c]$ 所在的行下标和列下标分别用变量 r 和 c 表示。求若干个数中的最大者常用“打擂台”算法，首先设数组元素 $a[0][0]$ 为当前最大值，则 $r=c=0$，然后把数组 a 的下一个元素与 $a[r][c]$ 比较，如果 $a[r][c]$ 较小，则更改 r 与 c 的值，继续把下一个元素与 $a[r][c]$ 比较，如果 $a[r][c]$ 较小，则更改 r 与 c 的值，直到最后一个元素与 $a[r][c]$ 比较完为止。最后，$a[r][c]$ 就是数组的所有元素中的最大者，其所在的行下标为 r、列下标为 c。

设 $r=0,c=0$，则有数学模型：如果 $a[i][j]> a[r][c]$，则 $r=i,c=j$，其中 $i=0,1,2$；$j=0,1,2,3$。

算法：

(1) 输入数组 a。

(2) $r=0,c=0$。

(3) 如果 $a[i][j]> a[r][c]$，则 $r=i,c=j$。其中，$i=0,1,2$；$j=0,1,2,3$。

(4) 输出 $a[r][c]$、r、c。

程序：

```
#include < iostream.h >
void main()
{
    int a[3][4],i,j,r,c;
```

```
    for (i = 0; i <= 2; i++)
    for( j = 0; j <= 3; j++)
      cin >> a[i][j];
    r = c = 0;                          //设当前最大值所在的位置为第 0 行第 0 列
    for ( i = 0; i <= 2; i++)
      for( j = 0; j <= 3; j++)
         if(a[i][j]> a[r][c]){r = i;c = j;}  //若 a[r][c]较小,则更改 r 与 c 的值
    cout <<"最大值: "<< a[r][c]<<",其值所在的位置: ("<< r <<","<< c <<")"<< endl;
}
```

例 6-11 计算两个矩阵的乘积。

分析：如果数组 a 表示 M 行 N 列的矩阵，数组 b 表示 N 行 P 列的矩阵，则矩阵 $c=a*b$，有 M 行 P 列，$c_{ij}=\sum_{k=0}^{N-1}a_{ik}b_{kj}$。对于任意 i、j，在计算 $c[i][j]$时，若令 $c[i][j]=0$，则有 $c[i][j]=c[i][j]+a[i][k]*b[k][j]$，$k=0,1,\cdots,N-1$。

算法：

(1) 给数组 a 赋值。

(2) 给数组 b 赋值。

(3) 计算 $c[i][j]$，其中，$i=0,1,\cdots,M-1$；$j=0,1,\cdots,P-1$。

(4) 输出数组 c。

细化——计算 $c[i][j]$的算法：

(3.1) $c[i][j]=0$。

(3.2) $c[i][j]=c[i][j]+a[i][k]*b[k][j]$，其中，$k=0,1,\cdots,N-1$。

程序：

```
#include < iostream.h >
#define M 2
#define N 3
#define P 4
void main()
{
    int a[M][N] = {{1,1,0},{0,2,3}};
    int b[N][P] = {{1,1,1,1},{1,0,0,1},{0,1,1,0}};
    int c[M][P],i, j, k, s;
    for(i = 0; i < M; i++)
     for(j = 0; j < P; j++)                     //求数组 c
     {
        c[i][j] = 0;
        for(k = 0; k < N; k++)
         c[i][j] += a[i][k] * b[k][j];
     }
    for(i = 0;i < M;i++)                        //输出数组 c
    {
     for(j = 0;j < P;j++)
        cout << c[i][j]<< " ";
     cout << endl;
    }
}
```

6.1.3 字符数组

存放字符数据的数组称为字符数组，字符数组的每个元素都是一个字符变量，在内存中占一个字节，字符数组元素只能存放一个字符。一维数组或二维数组的定义、赋值和初始化格式等都适用于字符数组。

1. 字符数组的定义

格式 1：

```
char 数组名[数组长度];
```

格式 2：

```
char 数组名[行长度][列长度];
```

例如：

```
char  s[5];
```

其含义是定义一维字符数组 s。设数组 s 的首地址为 0x2000，则数组 s 在内存中的存储结构如图 6.6 所示。

0x2000	$s[0]$
0x2001	$s[1]$
0x2002	$s[2]$
0x2003	$s[3]$
0x2004	$s[4]$

图 6.6　s 的存储空间

例如：

```
char  c[2][3]; //定义二维字符数组 c
```

2. 字符数组元素的输入/输出

采取逐个输入/输出元素的方法输入/输出字符数组元素。

例 6-12　分析程序的运行结果。

```
#include <iostream.h>                       //第 1 行
void main()                                 //第 2 行
{    int k;                                 //第 3 行
     char s[5];                             //第 4 行,定义一维字符数组 s
     for(k = 0;k < 5;k++)                   //第 5 行,给字符数组 s 赋值
      s[k] = k + 32 + 'A';                  //第 6 行
     for(k = 0;k < 5;k++)                   //第 7 行,输出数组 s
      cout << s[k]<<' ';                    //第 8 行
}                                           //第 9 行
```

运行结果：

```
a b c d e
```

程序分析：第 5～6 行对数组 s 赋值。第 6 行是先计算整型表达式 k＋32＋'A'，然后将其值自动转化为字符型再赋给 $s[k]$。例如 $k=0$ 时，表达式 32＋'A'的值为 97，该值对应字符型数据'a'，因此，$s[0]$的值为 'a'。由此可见，当程序执行完第一个循环语句(第 5～6 行)后，数组 s 的存储空间如图 6.7 所示。第 7～8 行循环语句用于输出数组。

例 6-13　分析程序的运行结果。

```
#include <iostream.h>                       //第 1 行
void main()                                 //第 2 行
{                                           //第 3 行
  int k,p;                                  //第 4 行
  char b[3][2];                             //第 5 行,定义二维字符数组 b
  for(k=0;k<3;k++)                          //第 6 行,输入二维字符数组 b
   for(p=0;p<2;p++)                         //第 7 行
     cin>>b[k][p];                          //第 8 行
  for(k=0;k<3;k++)                          //第 9 行,输出二维字符数组 b
    {                                       //第 10 行
      for(p=0;p<2;p++)                      //第 11 行
        cout<<b[k][p];                      //第 12 行
      cout<<endl;                           //第 13 行
    }                                       //第 14 行
}                                           //第 15 行
```

运行情况如下：

```
aa ↵
bb ↵
cc ↵
aa
bb
cc
```

程序分析:第 6～8 行循环语句的功能是从键盘输入二维字符数组 b 的元素。输入数据时,行与行之间可用回车键进行间隔,能更好地看清数据的逻辑结构。例如,输入：aa ↵bb ↵cc ↵,数组 b 的存储空间如图 6.8 所示。第 10～15 行循环语句用于输出二维字符数组 b。

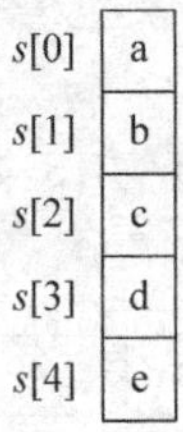

s[0]	a
s[1]	b
s[2]	c
s[3]	d
s[4]	e

图 6.7　s 的存储空间

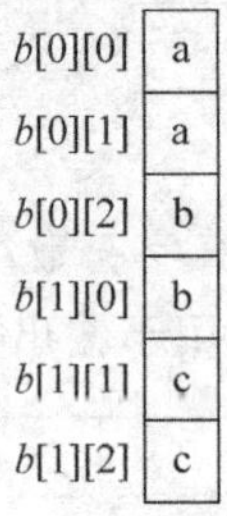

b[0][0]	a
b[0][1]	a
b[0][2]	b
b[1][0]	b
b[1][1]	c
b[1][2]	c

图 6.8　b 的存储空间

3. 字符数组的初始化

1）用字符型数据对数组初始化

格式 1：

```
char 数组名[数组长度]={字符数据表};
```

格式 2：

```
char 数组名[行长度][列长度]={字符数据表};
```

说明：字符数据表是用逗号分开的多个字符常量或字符串。

例 6-14 分析程序的运行结果。

```
#include < iostream.h >                     //第 1 行
void main()                                 //第 2 行
{   int k;                                  //第 3 行
    char a[5] = {'C','h','i','n','a'};      //第 4 行,数组 a 初始化
    for(k = 0;k < 5;k++)                    //第 5 行,输出数组 a
        cout << a[k];                       //第 6 行
}                                           //第 7 行
```

a[0]	C
a[1]	h
a[2]	i
a[3]	n
a[4]	a

图 6.9 a 的存储空间

运行结果：

```
China
```

程序分析：第 4 行定义字符数组 a 并初始化，数组长度为 5，其存储结构如图 6.9 所示。

注意：a={'C','h','i','n','a'}; //错误，因为数组名表示数组首地址，所以不能对数组直接赋值

例 6-15 分析程序的运行结果。

```
#include < iostream.h >                     //第 1 行
void main()                                 //第 2 行
{                                           //第 3 行
    int k,p;                                //第 4 行
    char b[3][5] = {{'a'},{'r','e','d'},{'a','p','p','l','e'}};      //第 5 行,数组 b 初始化
    for(k = 0;k < 3;k++)                    //第 6 行,输出数组 b
        for(p = 0;p < 5;p++)                //第 7 行
            cout << b[k][p];                //第 8 行
}                                           //第 9 行
```

运行结果：

```
a        red  apple
```

程序分析：第 4 行定义字符数组 b 并初始化，数组长度为 15，数组的存储结构如图 6.10 所示，第 6～8 行循环语句用于输出数组 b。

a	\0	\0	\0	\0	r	e	d	\0	\0	a	p	p	l	e
b[0][0]	b[0][1]	b[0][2]	b[0][3]	b[0][4]	b[1][0]	b[1][1]	b[1][2]	b[1][3]	b[1][4]	b[2][0]	b[2][1]	b[2][2]	b[2][3]	b[2][4]

图 6.10 b 的存储空间

注意：当字符数据的个数小于行长度或列长度时，没有赋值的字符数组元素的默认值为空字符'\0'。

2) 用字符串对数组初始化

(1) 一维字符数组的初始化

格式：

```
char  数组名[数组长度] = 字符串;
```

注意：数组长度=字符串长度+1。

例 6-16 分析程序的运行结果。

```
#include <iostream.h>                   //第 1 行
void main()                             //第 2 行
{                                       //第 3 行
    int k;                              //第 4 行
    char a[] = "China";                 //第 5 行
    for(k = 0;k < 5;k++)                //第 6 行
        cout << a[k];                   //第 7 行
}                                       //第 8 行
```

运行结果：

```
China
```

程序分析：第 5 行定义字符数组 a 并初始化，数组长度为 6，字符串"China"的长度为 5。a 的存储结构如图 6.11 所示，第 6～7 行循环语句用于输出数组 a。

$a[0]$	C
$a[1]$	h
$a[2]$	i
$a[3]$	n
$a[4]$	a
$a[5]$	\0

图 6.11 a 的存储空间

注意：char a[5]＝ "China"； //错误

因为字符串"China"的存储空间为 6 个字节，而数组 a 的长度为 5。

(2) 二维字符数组的初始化。

格式：

```
char  数组名[行长度][列长度] ={字符串 0,字符串 1,…};
```

注意：列长度至少为最长字符串的长度加 1。

例 6-17 分析程序的运行结果。

```
#include <iostream.h>                   //第 1 行
void main()                             //第 2 行
{                                       //第 3 行
    int k,p;                            //第 4 行
    char b[][6] = { "red","apple"};     //第 5 行,数组 b 初始化
    for(k = 0;k < 2;k++)                //第 6 行
     for(p = 0;p < 6;p++)               //第 7 行
        cout << b[k][p];                //第 8 行
}                                       //第 9 行
```

运行结果：

```
red  apple
```

程序分析：第 5 行定义字符数组 b 并初始化，数组 b 的行长度为 2、列长度为 6，b 的存储空间如图 6.12 所示，第 6～8 行循环语句用于输出数组 b。

r	e	d	\0	\0	\0	a	p	p	l	e	\0
$b[0][0]$	$b[0][1]$	$b[0][2]$	$b[0][3]$	$b[0][4]$	$b[0][5]$	$b[1][0]$	$b[1][1]$	$b[1][2]$	$b[1][3]$	$b[1][4]$	$b[1][5]$

图 6.12 b 的存储空间

由此可见，一维字符数组能够保存一个字符串，二维字符数组能够同时保存若干个字符串，最多能保存的字符串个数等于该数组的行长度。

4. 字符数组的输入/输出

当字符数组用于存放字符串时，一般将字符串作为一个整体输入，输出时可以将字符串作为一个整体输出，也可以采用循环语句实现输出。

1）输入字符数组

格式1：

```
cin>>字符数组名;
```

格式2：

```
gets(字符数组名);
```

功能：从键盘输入字符串赋给字符数组。

注意：

（1）函数 gets 包含在头文件 stdio.h 中。

（2）输入字符串的长度必须小于字符数组的长度。

（3）用 cin 输入字符串时，以回车键作为输入结束标志，并把输入的字符串赋给字符数组。

（4）在用 gets 输入时，以回车键作为输入结束标志，并把输入的字符串赋给字符数组。

例 6-18 分析程序的运行结果。

```
#include <iostream.h>                    //第1行
void main()                              //第2行
{                                        //第3行
  char a[7];                             //第4行,定义一维字符数组 a
  cin>>a;                                //第5行,输入数组 a
  for(int i=0; a[i]!='\0';i++)           //第6行,输出数组 a
   cout<<a[i];                           //第7行
}                                        //第8行
```

运行情况如下：

```
China↵
China
Ch ina↵
Ch
```

程序分析：第5行输入字符串，当程序执行该行时，如果输入 China↵，则 a 的存储空间如图 6.13(a)所示。第6～7行循环语句输出 China。当程序执行到第5行时，如果输入 ch ina↵，则 a 在内存中的存储空间如图 6.13(b)所示。第6～7行循环语句输出 Ch。

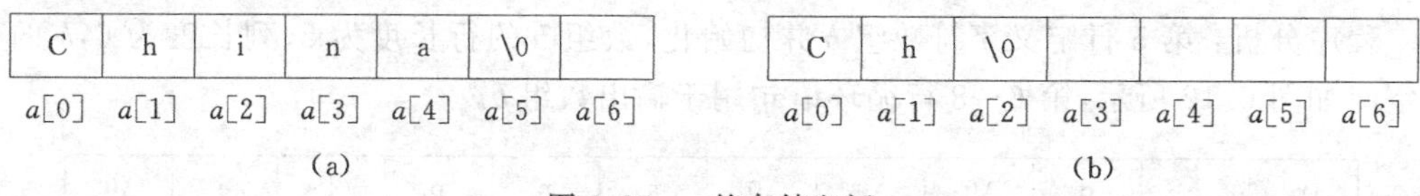

图 6.13 a 的存储空间

思考题：在该程序中，如果将第6～7行语句改为“for(int i=0;i<7;i++)　cout<<a[i];”，

输出结果是否相同？为什么？

2）输出字符数组

格式1：

```
cout <<字符数组名;
```

格式2：

```
puts(字符数组名);
```

注意：

(1) 函数 puts 包含在头文件 stdio.h 中。

(2) 遇到结束符'\0'终止输出。

例如：

```
char a[70] = "err\0jjj "; puts(a);
```

输出结果：err

例 6-19 分析程序的运行结果。

```
#include < stdio.h>                           //第 1 行
void main()                                   //第 2 行
{                                             //第 3 行
    char a[7];                                //第 4 行,定义字符数组 a
    gets(a);                                  //第 5 行,输入字符数组 a
    puts(a);                                  //第 6 行,输出字符数组 a
}                                             //第 7 行
```

运行情况如下：

```
China↵
China
Ch ina↵
Ch ina
```

程序分析：当程序执行到第5行输入字符串，例如输入 China↵，则 a 的存储空间如图6.14所示。第6行输出 China。当程序执行到第4行，如果输入 Ch ina↵，则 a 的存储空间如图6.15所示，第6行输出 Ch ina。

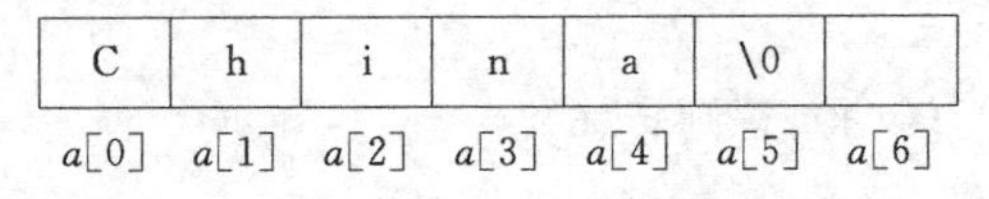

图 6.14　a 的存储空间

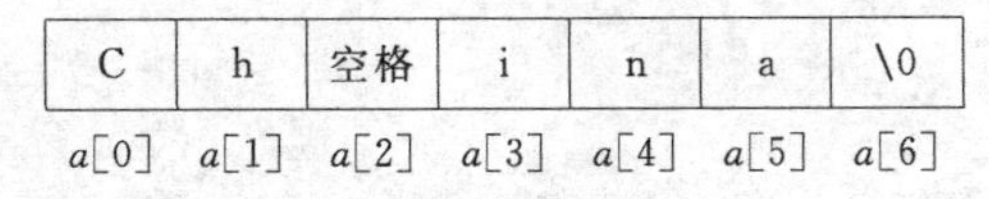

图 6.15　a 的存储空间

例 6-20 分析程序的运行结果。

```
#include < iostream.h>                        //第 1 行
```

```
#include < stdio.h >                        //第 2 行
void main()                                 //第 3 行
{                                           //第 4 行
  char a[3][10]; int i;                     //第 5 行,定义二维字符数组 a
  for(i = 0;i < 3;i++)                      //第 6 行
    gets(a[i]);                             //第 7 行,输入一个字符串赋给 a[i]
  for(i = 0;i < 3;i++)                      //第 8 行
    cout << a[i]<< endl;                    //第 9 行
}                                           //第 10 行
```

运行结果：

```
China↵
Japan↵
France↵
China
Japan
France
```

a[0]	China
a[1]	Japan
a[2]	France

图 6.16 a 的存储空间

程序分析：第 6～7 行循环语句输入 3 个字符串，例如 China↵Japan↵France↵，则 a 在内存中的存储空间如图 6.16 所示。第 8～9 行循环语句分别输出 3 个字符串并换行。

5. 字符数组的应用

例 6-21 输入一个以回车键结束的字符串(少于 80 个字符)，计算该字符串的长度。

分析：用一维字符数组 s 存放一个字符串。字符串长度就是字符串 s 中非结束符的字符个数，也就是字符串结束符'\0'在字符数组 s 中的下标值。如果用 c 表示数组 s 的下标，计算字符串长度的思路为：从 $c=0$ 开始，逐个判断 $s[c]$是否为'\0'，若不是，则继续对下一个元素 $s[c]$进行判断，直到 $s[c]$为'\0'，此时，c 值为字符串的长度。

设 $c=0$，则数学模型为当 $s[c]\neq$ '\0'时，重复操作 $c=c+1$。

该数学模型可以用循环结构完成，其结构为：初始值：$c=0$；循环条件：$s[c] \neq$'\0'；循环体：$c=c+1$。当 $s[c]=$'\0'时，c 就是字符串 s 的长度。

算法：

(1) 读入字符串 s。

(2) 设 $c=0$。

(3) 如果 $s[c]\neq$'\0'，转(4)，否则转(6)。

(4) $c=c+1$。

(5) 转(3)。

(6) 输出 c。

程序：

```
#include < iostream.h >
#include < stdio.h >
void main()
{
    char s[80];int c = 0;
```

```
    gets(s);                            //输入字符串赋给 s
    while(s[c]!= '\0')                  //判断当前元素 s1[c]是否为'\0'
      c++;                              //统计 s 中非结束符的字符个数,或求'\0'的下标
    cout <<"字符串\""<< s <<"\"的长度是"<< c << endl;
}
```

例 6-22　把一个字符串中的所有字母复制到另一个字符数组中。

分析：用一维字符数组 $s1$ 存放已知的字符串。把字符串 $s1$ 中的所有字母复制到字符数组 $s2$ 的思路为：如果 $s1[0]$为字母，则 $s2[0]=s1[0]$；如果 $s1[1]$为字母，则 $s2[1]=s1[1]$，…，如此继续下去，直到遇到字符数组 $s1$ 的结束符'\0'。

数组 $s1$ 的下标记为 c，数组 $s2$ 的下标记为 k，设 $c=0,k=0$，则数学模型为当 $s1[c]\neq$ '\0'时重复操作：(1)若 $s1[c]$是字母，$s2[k]=s1[c]$，$k=k+1$；(2)$c=c+1$。

该数学模型可以用循环结构完成，其结构为：初值：$c=0,k=0$；循环条件：$s1[c]\neq$'\0'；循环体：①若 $s1[c]$为字母，则 $s2[k]= s1[c]$，$k=k+1$。②$c=c+1$。

算法：

(1) 读入字符串 $s1$。

(2) $c=0,k=0$。

(3) 若 $s1[c]\neq$'\0'，转(4)，否则转(8)。

(4) 若 $s1[c]$是字母，转(5)，否则转(6)。

(5) $s2[k]=s1[c]$，$k=k+1$。

(6) $c=c+1$。

(7) 转(3)。

(8) $s2[k]=$ '\0'。

(9) 输出 $s2$。

程序：

```
#include < stdio.h >
void main()
{
    char s1[80],s2[80];int c = 0,k = 0;
    gets(s1);                           //输入字符数组 s1
    while(s1[c]!= '\0')                 //判断当前元素 s1[c]是否为'\0'
    {
     if((s1[c]> = 'a'&&s1[c]< = 'z')||(s1[c]> =  'A'&&s1[c]< = 'Z')) //判断 s1[c]是否为字母
        s2[k++] = s1[c];
     c = c + 1;
    }
    s2[k] = '\0';                       //将'\0'赋给 s1 的末尾
    puts(s2);
}
```

例 6-23　已知有 5 个学生，每个学生有 4 门功课的成绩，编程按其姓名输出每个学生 4 门功课的平均成绩。

分析：使用一个二维字符数组 name 存放 5 个学生的姓名，每个姓名的长度不超过 8，使用一个二维双精度型数组 score 存放 5 个学生的 4 门功课的成绩，并用一维双精度型数组 ave 存放各个学生的平均分，则第 i 个学生的平均成绩 $ave[i]=\frac{1}{4}\sum_{j=0}^{3}score[i][j], i=0,1,2,3,4$。

算法：

(1) 输入学生的姓名和成绩。

(2) 计算第 i 个学生的平均成绩，$i=0,1,\cdots,4$。

$ave[i]=0$；

$ave[i]= ave[i]+score[i][j]$，其中，$j=0,1,2,3$。

$ave[i]=ave[i]/4$。

(3) 按格式输出第 i 个 name[i]和 ave[i]，i=0,1,2,3,4。

程序：

```
#include < iostream.h >
void main()
{
    char name[][9] = { "王晓东","李一飞","钟萍","吴英","张宁"};
    double score[][4] = {{90,67,78,87},
                         {78,68,85,88},
                         {89,88,78,82},
                         {89,87,85,78},
                         {78,83,88,84}};
    double ave[5];
    int i,j;
    for(i = 0;i < 5;i++)
    {
      ave[i] = 0;
      for(j = 0;j < 4;j++)                    //计算每个学生的成绩和
        ave[i] = ave[i] + score[i][j];
      ave[i] = ave[i]/4;                      //计算每个学生的平均成绩
    }
    cout <<"姓名"<<'\t'<<"平均成绩"<< endl;
    for(i = 0;i < 5;i++)                      //输出每个学生的姓名和平均成绩
     cout << name[i]<<'\t'<< ave[i]<< endl;
}
```

6.1.4 数组与函数

参数是调用函数与被调函数之间交换数据的“通道”。形参可以是变量、变量的引用、数组、指针和对象，实参可以是表达式、变量的地址、数组名、指针名和对象名。

当函数定义中的形参是变量时，调用函数的实参只能是表达式，此时参数传递方式为值传递方式。

当函数定义中的形参是数组名时，调用函数的实参只能是地址，此时参数传递方式为地址传递方式。

1. 用数组元素作为函数参数

数组元素与一般变量一样,若调用函数的实参是数组元素,函数调用按值传递方式进行参数传递。

例 6-24 分析程序的运行结果。

```
#include <iostream.h>                          //第1行
int max(int x,int y)                           //第2行,定义函数max,形参是一般变量
{                                              //第3行
    if(x>y) return x;                          //第4行
    else return y;                             //第5行
}                                              //第6行
void main()                                    //第7行,主函数
{   int a[3][4]={{5,12,23,56},{19,34,-9,34},{10,67,45,33}};          //第8行
    int i,j,r=0,c=0,m=a[0][0];                 //第9行
    for(i=0;i<3;i++)                           //第10行,计算数组元素最大值所在的位置r与c
     for(j=0;j<4;j++)                          //第11行
     {  m=max(m,a[i][j]);                     //第12行,调用函数max,计算m与a[i][j]的最大值m
        if(m==a[i][j])                         //第13行,判断m与a[i][j]是否相等
          { r=i;c=j; }                         //第14行,如果m与a[i][j]相等,更改r与c的值
    }                                          //第15行
    cout<<"max= "<<m<<",row= "<<r<<",colum= "<<c<<endl;              //第16行
}                                              //第17行
```

运行结果:

```
max=67,row=2,colum=1
```

程序分析:函数 max 由第 2~6 行组成,功能是求 x 和 y 的最大值。第 12 行调用函数 max(m,a[i][j]),其实参是 m 和数组元素 $a[i][j]$。

第 9 行将 $a[0][0] \rightarrow m$,m 是开始的"擂主",并记下擂主所在位置的行下标 r 和列下标 c。第 10~15 行循环语句共执行 12 次,功能是将 m 与数组元素 $a[i][j]$ 比较,调用 max 函数求 m 与 $a[i][j]$ 的较大值,将其赋给 m,这就是新擂主;第 13~14 行条件语句判断是否更新擂主的行下标和列下标。

2. 用一维数组名作为函数参数

函数的形参可以是一维数组,其长度一般由实参数组长度确定。当形参是一维数组时,实参可以是数组名,在调用函数时,形参的首地址就是对应实参的地址,形参数组就是对应实参的数组,这种调用方式也是地址传递方式。

例 6-25 分析程序的运行结果。

```
#include <iostream.h>                          //第1行
void fun(char t[])                             //第2行,定义函数fun,形参是字符数组t
{   int i=0 ;                                  //第3行
    while(t[i]!='\0')                          //第4行
     t[i++]=t[i]-32;                           //第5行,将小写字母转换为大写字母
}                                              //第6行
```

```
void main()                          //第 7 行,主函数
{                                    //第 8 行
    char p[] = "abcd";               //第 9 行
    fun(p);                          //第 10 行,调用函数 fun,实参为数组 p
    cout << p << endl;               //第 11 行
}                                    //第 12 行
```

运行结果：

```
ABCD
```

程序分析：函数 fun 由第 2～6 行组成，功能是将小写字母转换为大写字母。

第 10 行调用函数 fun(p)，将实参 p 的首地址赋给形参 t，t 与 p 具有相同的存储空间，如图 6.17(a)所示。第 4～5 行循环语句将 $t[i]$ 值转换为大写字母，如图 6.17(b)所示。当执行到第 6 行时结束函数 fun 的调用，返回调用位置第 10 行，并且释放单元 t，但不释放 p 存储空间，如图 6.17(c)所示。第 11 行用于输出 p。

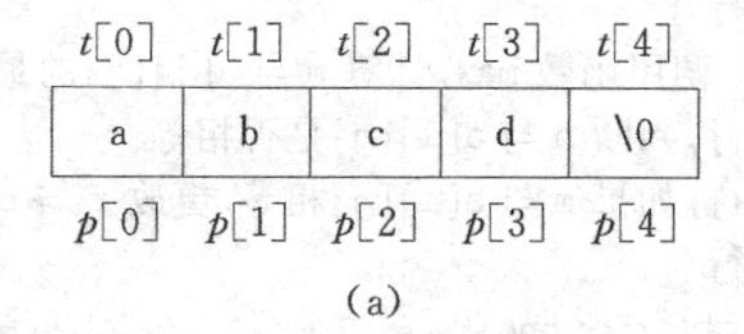

(a)

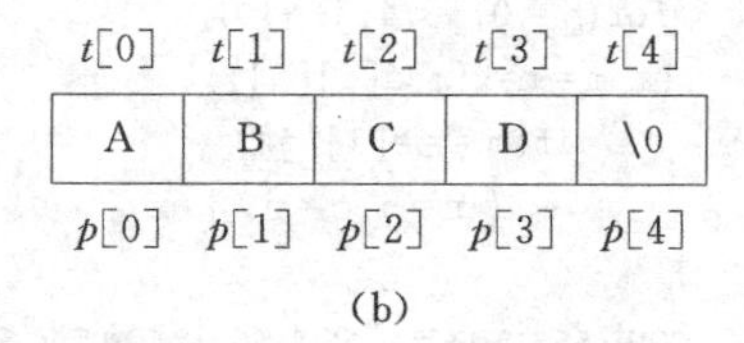

(b)

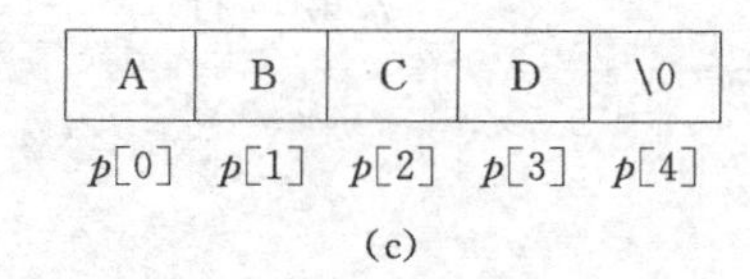

(c)

图 6.17 p、t 的存储空间

注意：

(1) 在被调函数 fun 中不能使用主函数中的数组 p，因为 p 是主函数 main 的局部变量。

(2) 本例中，用结束符'\0'控制循环次数。如果被调函数需要用数组长度控制循环次数，则需要设置一个形参存储数组长度。

例 6-26 设计一个函数 sort，用选择法对 n 个整数按从小到大的顺序进行排列，要求在主函数中输入若干个整数，调用 sort 函数后输出排序后的结果。

分析：在主函数中用数组 b 存放 N 个整数，输出已排序后数组 b 的值。

主函数的算法：

(1) 输入数组 b。

(2) 调用 sort(b,N)。

(3) 输出数组 b。

函数 sort(b,n)的算法：

(1) $i=0$。

(2) 若 $i<n-1$，转(3)，否则转(7)。

(3) 找出第 i 个最小数所在的位置 min。

(4) 若 $i \neq min$,则 $a[min]$与 $a[i]$交换。

(5) $i=i+1$。

(6) 转(3)。

(7) 返回主函数

细化——找出第 i 个最小数所在的位置 min 的算法：

(3.1) 设 $min=i$。

(3.2) $j=i+1$。

(3.3) 若 $j<n$,转(3.4),否则转(4)。

(3.4) 若 $a[j]<a[min]$,则 $min=j$。

(3.5) $j=j+1$。

(3.6) 转(3.3)。

程序：

```
#include < iostream.h >
#define N 10
void sort(int [],int );                              //声明函数 sort
void main()
{
    int b[N],i ;
    for(i = 0;i < N;i++)                             //输入数组 b
      cin>> b[i] ;
    sort(b,N);                    //调用函数 sort,第 1 个实参为一维数组 b,第 2 个实参为数组长度 N
    for(i = 0;i < N;i++)                             //输出数组 b
      cout << b[i]<< " ";
    cout << endl;
}
void sort(int a[],int n)                //定义函数 sort,第 1 个形参是一维数组 a,第 2 个形参为变量
{
    int i,j,min,t;
    for( i = 0;i < n - 1;i++)                   //对具有 n 个元素的数组 a 按从小到大的顺序进行排列
    {
        min = i;
        for(j = i + 1;j < n;j++)
         if(a[j]< a[min]) min = j;
        if(i!= min){ t = a[i]; a[i] = a[min]; a[min] = t; }        //交换 a[i]与 a[min]的值
    }
}
```

例 6-27　设计一个函数 strcat,将两个字符串进行连接,要求在主函数中输入两个字符串,并输出连接后的结果。例如,s="abcd",t="uvw",调用函数 strcat 后,s="abcduvw"。

分析：设两个字符串分别存放在字符数组 s 和 t 中,在定义数组 s 时其长度要足够大,以便能存储连接后的字符串。

主函数的算法：

(1) 输入 s 和 t。

(2) 调用 strcat(s,t)。

(3) 输出 s。

函数 strcat 的功能是将字符串 t 连接到字符串 s 的后面，其算法如下：

(1) 找出字符数组 s 结束符'\0'所在的位置 i。

设 $i=0$，当 $s[i]\neq$ '\0'时，重复操作 $i=i+1$。

(2) 将数组 t 中非'\0'字符逐个连接到数组 s 的末尾。

设 $j=0$，当 $t[j]\neq$ '\0'时，重复操作 $s[i]=t[j]$，$j=j+1$，$i=i+1$。

(3) 将'\0'赋给 s 的末尾。

(4) 返回主函数。

程序：

```
#include <iostream.h>
#include <stdio.h>
void strcat(char [],char []);              //函数 strcat 的声明,说明两个形参都是一维字符数组
void main()                                  //主函数
{   char s[80],t[40];
    gets(s);gets(t);
    strcat(s,t);
    cout << s << endl;
}
void strcat(char s[],char t[])               //函数 strcat 的定义,形参分别是字符数组 s 和 t
{   int i = 0,j;
    while(s[i]!= '\0')i++;                   //寻找数组 s 中'\0'的位置 i
    for(j = 0;t[j]!= '\0';j++,i++)           //将 t 中非'\0'字符逐个连接到数组 s 的末尾
     s[i] = t[j];
    s[i] = '\0';                             //将'\0'赋给 s 的末尾
}
```

3. 用二维数组名作为函数参数

函数的形参可以是二维数组，其行长度一般由实参数组的长度确定，但列长度必须给出。当形参是二维数组时，调用函数的实参可以是数组名，在调用函数时，形参的首地址就是对应实参的地址，形参值就是对应的实参值。

如果被调函数中需要用数组的行长度来控制循环次数，则在函数调用时，数组的行长度可由实参传递给形参。

例 6-28 分析程序的运行结果。

```
#include <iostream.h>                       //第 1 行
#include <iomanip.h>                        //第 2 行
void fun(int [][3],int ,int);               //第 3 行,函数 fun 的声明,第 1 个形参为二维数组
void main()                                 //第 4 行
{                                           //第 5 行
    int a[2][3] = {{1,2,3},{5,6,7}} ;       //第 6 行,数组 a 的初始化
    fun(a,2,3) ;                            //第 7 行,调用函数 fun,实参为数组 a 及行长度 2 和列长度 3
    for(int i = 0 ;i < 2 ;i++)              //第 8 行,输出数组 a
    {                                       //第 9 行
     for(int j = 0 ;j < 3 ;j++)             //第 10 行
```

```
        cout << setw(5)<< a[i][j] ;    //第 11 行,输出 a[i][j],宽度为 5
      cout << endl;                    //第 12 行
    }                                  //第 13 行
}                                      //第 14 行
void fun(int a[][3],int m,int n)       //第 15 行,定义 fun,形参是数组 a,m 为行长度,n 为列长度
{                                      //第 16 行
  for(int i = 0 ;i < m ;i++)           //第 17 行
  for(int j = 0 ;j < n ;j++)           //第 18 行
      a[i][j] = a[i][j] + 5;           //第 19 行
}                                      //第 20 行
```

运行结果：

```
 6   7   8
10  11  12
```

程序分析：函数 fun 由第 15～20 行组成，功能是将数组 a 的各个元素分别加 5；第 7 行调用函数 fun，把实参数组 a 的首地址传给形参数组 a，如图 6.18(a)所示，第 17～19 行的功能是将形参数组 a 的各个元素加 5，如图 6.18(b)所示。

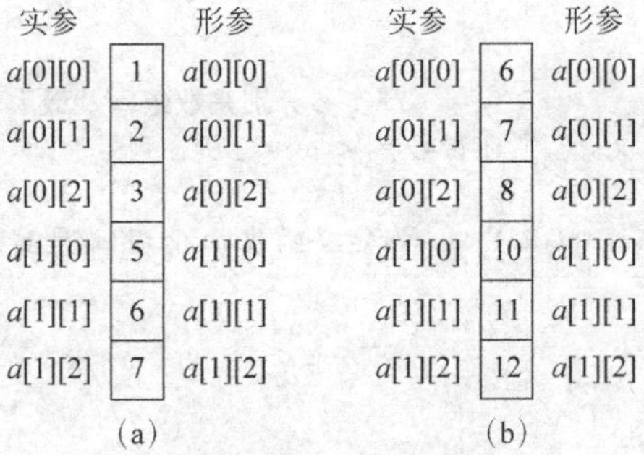

实参		形参	实参		形参
a[0][0]	1	a[0][0]	a[0][0]	6	a[0][0]
a[0][1]	2	a[0][1]	a[0][1]	7	a[0][1]
a[0][2]	3	a[0][2]	a[0][2]	8	a[0][2]
a[1][0]	5	a[1][0]	a[1][0]	10	a[1][0]
a[1][1]	6	a[1][1]	a[1][1]	11	a[1][1]
a[1][2]	7	a[1][2]	a[1][2]	12	a[1][2]
	(a)			(b)	

图 6.18　a 的存储空间

例 6-29　定义一个函数 max，求 3 行 4 列矩阵中所有元素的最大值以及它所在的行下标和列下标，要求在主函数中输入矩阵的各元素，调用该函数并输出结果。

因为主函数中要输出最大值所在的行下标和列下标，所以函数 max 除了要返回最大值之外，还要返回最大值所在的行下标和列下标。而函数 max 的返回值只能有一个，这里可将矩阵的最大元素设置为函数的返回值，而最大值所在的行下标和列下标的返回可以通过引用来完成传递。

主函数算法：

(1) 输入数组元素 $a[i][j]$，$i=0,1,2$；$j=0,1,2,3$。

(2) $r=0,c=0$。

(3) 计算 a 的最大值 $m=\max(a,r,c)$。

(4) 输出最大值及所在的行下标和列下标。

函数 max 的功能：返回数组 a 中的最大值 $a[r][c]$，其所在的行下标和列下标分别为 r 和 c。设计函数 max 的思路：求若干个数中最大者的方法，常用“打擂台”算法。首先设数组元素 $a[0][0]$为当前最大值，则 $r=c=0$，然后把数组 a 的下一个元素与 $a[r][c]$比较，如

果$a[r][c]$较小，则更改 r 与 c 的值，然后继续把下一元素与 $a[r][c]$比较，如果 $a[r][c]$较小，则更改 r 与 c 的值，直到最后一个元素与$a[r][c]$比较完为止。最后 $a[r][c]$就是数组所有元素中的最大者。

设 $m=a[0][0]$，$r=0$，$c=0$，则计算矩阵中所有元素的最大值以及它所在的行下标和列下标的数学模型为，若 $a[i][j]>m$，则 $m=a[i][j]$，$r=i$，$c=j$，其中，$i=0,1,2$；$j=0,1,2,3$。

函数 max(int a[][4],int &r,int &c)的算法：

(1) $m=a[0][0]$。

(2) 如果 $a[i][j]>m$，则 $m=a[i][j]$，$r=i$，$c=j$。其中，$i=0,1,2$；$j=0,1,2,3$。

(3) 返回 m 的值。

程序：

```
#include <iostream.h>
int max(int [][4],int &,int &) ;        //声明函数 max
void main()
{   int i,j,r,c,a[3][4];
    for(i = 0;i < 3;i++)
     for(j = 0;j < 4;j++)
     cin >> a[i][j];
    r = 0;c = 0;
    int m = max(a,r,c);                //实参分别是数组 a 及最大值所在行下标 r 和列下标 c
    cout <<"最大值 = "<< m <<",所在行号 = "<< r <<",所在列号 = "<< c << endl;
}
int max(int a[][4],int &r,int &c)      //定义函数 max,r 和 c 是实参的引用
{
    int i,j,m;
    m = a[0][0];
    for(i = 0;i < 3;i++)
     for(j = 0;j < 4;j++)
        if(m < a[i][j]) { m = a[i][j];r = i;c = j;}
    return m;
}
```

6.1.5 字符串处理函数

字符串在 C++中的使用十分广泛，为了方便使用，C++提供了一些字符串处理函数，这些字符串函数包含在头文件 string.h 中。

1. 常用字符串函数

1) 求字符串长度 strlen

函数原型：

```
int strlen(const char [] )
```

说明：

(1) 字符数组被指定为 const，保证了该数组在函数调用期间内容不会被修改。

(2) 字符串长度是指字符串中有效字符的个数，不包括结束标志'\0'。

调用格式：

```
strlen(字符串)
```

功能：返回字符串的长度。
例如：

```
char s[] = "apple",t[] = "\t\12\n\'34yu" ;
cout << strlen(s)<< ","<< strlen(t);
```

输出结果：

```
5,8
```

字符数组 t 的有效字符为'\t'、'\12'、'\n'、'\''、'3'、'4'、'y'和'u'。
2）字符串复制函数 strcpy
函数原型：

```
char * strcpy(char [],const char []);
```

调用格式：

```
strcpy(字符数组名,字符串或字符数组名)
```

功能：将第二个字符数组中的字符串复制到第一个字符数组中。
例如：

```
char str2[4] = {"aaa"},str1[10] = "1234";
strcpy(str1,str2);
cout << str1;
```

输出结果：

```
aaa
```

注意：
(1) 只能通过调用 strcpy 将一个字符串赋给一个字符数组。
例如，若“char str1[10];”，则赋值语句“str1={"bb"};”是错误的。
例如，若“char str1[10],str2[10]= "aaa";”，则赋值语句“str1=str2;”是错误的。
(2) 第一个字符数组的存储空间必须大于第二个字符数组中字符串的长度。
例如，若“char str2[5];”，则语句“strcpy(str2, "abcde");”是错误的。
3）字符串连接函数 strcat
函数原型：

```
char * strcat(char [],const char [])
```

说明：
(1) 函数值是第一个字符数组的首地址。
(2) 第一个字符数组要有足够大的空间。
调用格式：

```
strcat (字符数组名,字符串或字符数组名)
```

功能：将第二个字符数组的字符串连接到第一个字符数组的字符串后面。

例如：

```
char s1[20] = "abcd";
cout << strcat(s1, "kkk")<< endl;
```

输出结果：

```
abcdkkk
```

4）字符串比较函数 strcmp

函数原型：

```
int strcmp (const char [],const char [])
```

调用格式：

```
strcmp (字符串 1 或字符数组名 1,字符串 2 或字符数组名 2)
```

功能：比较两个字符串的大小。

说明：

(1) 函数值为：

$$\text{strcmp(第一个字符串,第二个字符串)} = \begin{cases} 1 & \text{第一个字符串} > \text{第二个字符串} \\ 0 & \text{第一个字符串} = \text{第二个字符串} \\ -1 & \text{第一个字符串} < \text{第二个字符串} \end{cases}$$

(2) 字符串比较的规则：对两个字符串从左到右逐个字符进行比较(按 ASCII 码大小比较),直到出现不相同的字符或遇到'\0'为止。如果全部字符相同,则认为相等；若出现不相同的字符,则以第一个不相同的字符的比较结果为准。

例如

```
cout << strcmp("ABCD","BD");
```

输出结果：

```
-1
```

2. 字符串函数的应用

例 6-30 分析程序的运行结果。

```
#include < stdio.h >                                          //第 1 行
#include < string.h >                                         //第 2 行
void main( )                                                  //第 3 行
{                                                             //第 4 行
    char name[][10] = { "我","爱","中国","人民","解放军"};    //第 5 行
    char s[80] = "";                                          //第 6 行
    for(int i = 0;i < 5;i++)                                  //第 7 行
        puts(strcat(s,name[i]));                    //第 8 行,将 name[i]连接到 s 并输出 s
```

```
}                                                   //第 9 行
```

运行结果：

```
我
我爱
我爱中国
我爱中国人民
我爱中国人民解放军
```

该程序中，第 5 行定义二维字符数组 name，可看成是 5 个一维字符数组 name[0]、name[1]、name[2]、name[3]和 name[4]，存储空间都为 10，分别存放字符串"我"，"爱"，"中国"，"人民"，"解放军"。程序通过循环语句(第 7～8 行)把字符数组 name[i]逐个连接到字符数组 s 中。字符数组 s 的值如 6.6 所示。

表 6.6 字符数组 *s* 的值

i	*i*<5	name[*i*]	*s*
0	1	我	我
1	1	爱	我爱
2	1	中国	我爱中国
3	1	人民	我爱中国人民
4	1	解放军	我爱中国人民解放军
5	0		

例 6-31 输入两个字符串，把一个字符串的大写字母连接到另一个字符串的尾部。

分析：设两个字符串分别存放在字符数组 s 和 t 中，需将 t 中的大写字母连接到 s 中的字符串的尾部。

基本思路：

(1) 在字符数组 s 中找出字符串结束符('\0')所在的位置 i，即 $i=\text{strlen}(s)$。

(2) 逐个判断字符数组 t 的字符是否是大写字母。

如果是，则将其连接到数组 s 的后面。即如果 $t[j]$($j=0,1,\cdots,\text{strlen}(t)-1$)为大写字母，则 $s[i]=t[j]$($i=\text{strlen}(s),i+1,\cdots$)。

(3) 在 s 的末尾添加结束符。

算法：

(1) 输入两个字符串。

(2) $i=\text{strlen}(s)$。

(3) $j=0$。

(4) 若 $j<\text{strlen}(t)$，转(5)，否则转(8)。

(5) 如果 $t[j]$是大写字母，则 $s[i]=t[j]$，$i=i+1$。

(6) $j=j+1$。

(7) 转(4)。

(8) $s[i]=$ '\0 '。

(9) 输出 s。

程序：

```
#include < stdio.h>
#include < string.h>
void main()
{
    char s[80],t[20]; int i,j;
    puts("输入第一个字符串：");gets(s);
    puts("输入第二个字符串：");gets(t);
    i = strlen(s);
    for(j = 0;j < strlen(t);j++)          //如果 t[j]为大写字母,则将其直接连接到 s 的末尾
     if(t[j]> = 'A'&&t[j]< = 'Z')
        s[i++] = t[j];
    s[i] = '\0';                          //将'\0 '赋给 s 的末尾
    puts("连接后的字符串：");puts(s);
}
```

例 6-32 找出若干个字符串中的最大者。

分析：设有 N 个字符串，每一个字符串的长度小于 20，则可用二维字符数组 $s[N][20]$ 存放这 N 个字符串。设最大字符串用一维字符数组 $t[20]$来存放。

基本思路：

(1) 设 $s[0]$为当前最大字符串，并存放在 t 中。

(2) 若第 i 个字符串 $s[i]>t$，则将 $s[i]$复制到 t 中($i=1,2,\cdots,N-1$)。

(3) 输出字符串 t。

算法：

(1) 输入 s。

(2) 设 $s[0]$为当前最大字符串，即 strcpy(t,$s[0]$)。

(3) $i=1$。

(4) 如果 $i<N$，转(5)，否则转(8)。

(5) 如果 $s[i]>t$，则 strcpy(t,$s[i]$)。

(6) $i=i+1$。

(7) 转(4)。

(8) 输出 t。

程序：

```
#include < iostream.h>
#include < stdio.h>
#include < string.h>
const int N = 3;
void main()
{   int i;
    char s[N][20],t[20];                    //定义二维字符数组 s 和一维字符数组 t
    cout <<"输入"<< N <<"个字符串："<< endl;
    for(i = 0;i < N;i++)                    //输入数组 s
    gets(s[i]);
    strcpy(t,s[0]);                         //t 存放当前最大字符串
```

```
    for(i = 1;i < N;i++)
     if(strcmp(s[i],t)> 0)strcpy(t,s[i]); //如果 s[i] > t,则将 t 更新为 s[i]
    puts(t);
}
```

6.2 结构体类型

数组提供了处理相同类型数据的方法,但在程序中经常需要同时处理不相同类型的数据。例如,对于学生信息的数据,它由学号、姓名和成绩等组成,学号是整型数据,姓名是字符串,成绩是实型数据。这些数据之间互相联系,是一个有机的整体,需要将它们组合起来进行统一管理。C++语言提供了结构体类型,将不同类型的数据组合成一个有机的整体。

6.2.1 结构体类型的定义

结构体类型的定义格式:

```
struct 结构体类型名{ 成员列表 };
```

说明:

(1) struct 是关键字,结构体类型名是标识符。

(2) 成员列表由若干个成员(也称为域)组成,成员可以是变量、数组、指针等。

成员的定义格式:

```
数据类型  成员名;
```

(3) 成员列表由一对大括号{}括起来,以分号结束结构体类型的定义。

(4) 结构体类型只是定义了一个数据类型,在内存中没有为其分配空间。

例如,定义一个日期的结构体类型 date。

```
struct date
{
  int day;
  int month;
  int year;
};
```

其含义是定义结构体类型 date,它由 3 个成员组成,即 int 型成员 day、int 型成员 month 和 int 型成员 year。

又如,设计一个出生日期的结构体类型。

```
struct man
{ char name[15];
  char sex;
  date birthday;
};
```

其含义是定义结构体类型 man,它由 3 个成员组成,即字符数组成员 name、char 型成员

sex 和 date 型成员 birthday。

由此可见，成员的类型可以是另一个已定义过的结构体类型。

6.2.2 结构体变量的定义

属于结构体类型的变量简称为结构体变量。只有定义了结构体变量，系统才在内存中为该变量开辟存储空间，存储空间的大小等于各成员的存储空间之和。

1. 先定义结构体类型，后定义结构体变量

格式 1：

```
结构体类型名  结构体变量列表;
```

格式 2：

```
struct 结构体类型名  结构体变量列表;
```

例如：

```
date x;
```

定义 date 结构体类型变量 x，其存储空间为 3 * 4＝12 个字节，如图 6.19 所示。

又如：

```
man a;
```

定义 man 结构体类型变量 a，其存储空间为 15＋1＋12＝28 个字节，如图 6.20 所示。

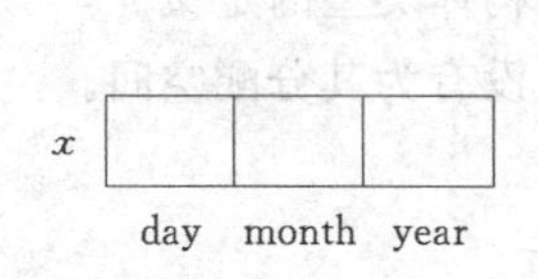

图 6.19 变量 x 的存储空

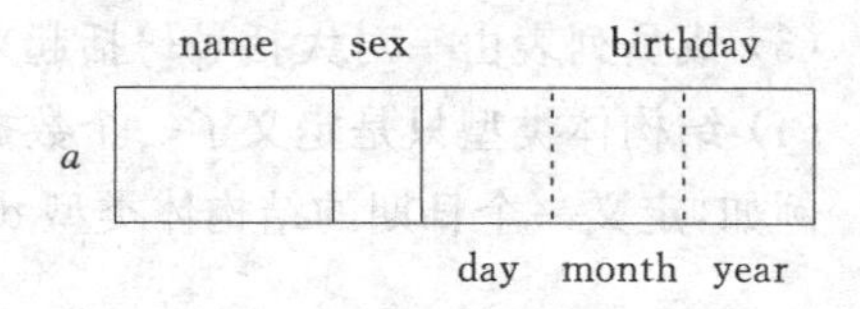

图 6.20 a 的存储空间

2. 在定义结构体类型的同时定义结构体变量

格式 1：

```
struct 结构体类型名{ 成员列表 }  结构体变量列表;
```

格式 2：

```
struct { 成员列表 }  结构体变量列表;
```

例如：

```
struct date
{
  int  day;
```

```
  int  month;
  int  year;
} t;
```

其含义是在定义 date 结构体类型的同时定义了 date 类型的变量 t，该变量的存储空间为 3×4＝12 个字节。

6.2.3　结构体变量的使用

对结构体变量进行操作实际上是对它的各个成员进行存取操作。

1. 结构成员

访问结构成员的格式：

```
结构体变量.成员名;
```

功能：访问结构体变量的成员。
说明："."称为成员运算符。
例如：

```
x.day = 23; x.month = 3; x.year = 1999;
```

x 的值如图 6.21 所示。

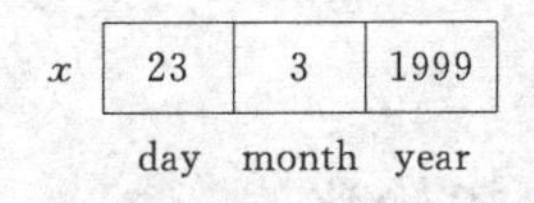

图 6.21　变量 x 的存储空间

例如：

```
man t;
strcpy(t.name,"Lin Pin");
t.sex = 'F';t.birthday.day = 23;
t.birthday.month = 3;
t.birthday.year = 1999;
```

2. 结构体变量的赋值运算

格式：

```
结构体变量 2 = 结构体变量 1;
```

功能：将结构体变量 1 的各成员值赋给结构体变量 2 对应的各成员。
说明：要求两个变量属于同一结构体类型。
例如：

```
date x,y;
```

则语句"y=x;"相当于以下 3 个语句：

```
y.day = x.day; y.month = x.month; y.year = x.year;
```

3. 结构体变量不能作为一个整体输入/输出

结构体变量不能作为一个整体进行输入/输出操作，只能通过对每一个成员分别进行输入/输出操作，而每一个成员能否直接进行输入/输出，取决于成员的类型。

例如：

```
struct student
{   int num;
    char name[20];
    float score[4];
} a;
```

则

```
cin >> a.num;                              //正确
cin >> a.name;                             //正确，因为成员 name 是字符数组
cin >> a;                                  //错误，因为结果体变量不能作为一个整体输入/输出
cin >> a.score;                            //错误，因为成员 score 是 float 数组
```

对结构体变量 *a* 的 score 成员，只能通过循环语句逐个输入其元素值，例如：

```
for(int i = 0;i < 4;i ++ )
    cin >> a.score[i];
```

6.2.4 结构体变量的初始化

对结构体变量进行初始化，需要将所有成员的值按顺序逐一列出，并用一对大括号将其括起来。

1. 定义结构体类型后对结构体变量进行初始化

格式 1：

```
结构体类型名  结构体变量 = {数据列表};
```

格式 2：

```
struct 结构体类型名  结构体变量 = {数据列表};
```

例如：

```
date b = {32,11,2010};
```

表示 b.day=32，b.month=11，b.year=2010。

2. 在定义结构体类型的同时对结构体变量进行初始化

格式 1：

```
struct 结构体类型名{ 成员列表 }  结构体变量 = {数据列表};
```

格式 2:

```
struct { 成员列表 }  结构体变量 = {数据列表};
```

例如:

```
struct person
{   char name[15];
    char sex;
    int age;
} m = {"Fang Min",'F',24};
```

定义了结构体类型 person 和结构体变量 m,该变量有 3 个成员,即字符数组成员 name、char 型成员 sex 和 int 型成员 age,其存储空间如图 6.22 所示。

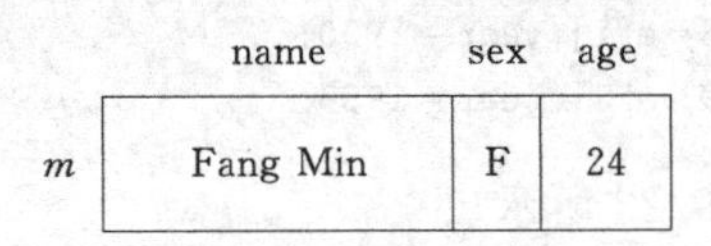

图 6.22 m 的存储空间

6.2.5 结构体数组

若数组的类型是结构体类型,则称该数组为结构体数组。

1. 结构体数组的定义

格式 1:

```
结构体类型 数组名[常量表达式];
```

格式 2:

```
struct 结构体类型{ 成员列表 } 数组名[常量表达式];
```

例如,

```
struct student
{   char  name[15];
    char  sex;
    date  birthday;
} ;
student t[3];
```

定义了结构体数组 t,它具有 3 个数组元素,即 $t[0]$、$t[1]$和 $t[2]$。另外,每一个元素都有 3 个成员,即字符数组成员 name、char 型成员 sex 和结构体类型 date 成员 birthday。每一个数组元素在内存中的存储空间为 15+1+12=28 个字节。

2. 访问结构体数组元素

格式：

结构体数组名[下标].结构成员名

例如：

```
struct date
{    int   day;
     int   month;
     int   year;
} m[3];
```

执行语句

```
m[0].day = 12;m[0].month = 4; m[1].year = 1992;
m[1].day = 23;m[1].month = 3; m[1].year = 1990;
m[2].day = 20;m[2].month = 9; m[2].year = 1989;
```

数组 m 的存储空间如图 6.23 所示。

	day	month	year
$m[0]$	12	4	1992
$m[1]$	23	3	1990
$m[2]$	20	9	1989

图 6.23 数组 m 的存储空间

3. 结构体数组的初始化

格式 1：

结构体类型名　结构体数组名[常量表达式] = {数据列表};

格式 2：

struct 结构体类型名{ 成员列表 }结构体数组名[常量表达式] = {数据列表};

例如：

```
struct person
{    char   name[15];
     char   sex;
     int   age;
}p[3]  = { {"Fang Min",'F',24}, {"Li Lin",'M',23}, {"Wu Bing",'M',23} };
```

在定义结构体类型 person 的同时初始化结构体数组 p，该数组具有 3 个数组元素，即 $p[0]$、$p[1]$和 $p[2]$。另外，每一个元素都有 3 个成员，即字符数组成员 name、char 型成员 sex 和 int 型成员 age。数组 p 的存储空间如图 6.24 所示。

	name	sex	age
$p[0]$	Fang Min	F	24
$p[1]$	Li Lin	M	23
$p[2]$	Wu Bing	M	23

图 6.24 数组 p 的存储空间

例 6-33 分析程序的运行结果。

```
#include < iostream.h >                          //第 1 行
struct aa                                        //第 2 行
{    int a;                                      //第 3 行
     int d;                                      //第 4 行
};                                               //第 5 行
void main()                                      //第 6 行
{    aa c[2] = {10,15,12,5};                     //第 7 行
     cout << c[0].a + c[1].d << endl;            //第 8 行
}                                                //第 9 行
```

运行结果：

```
15
```

程序分析：第 2～5 行定义了结构体类型 aa。第 7 行，定义结构体数组 c 并赋值，数组 c 的存储空间如图 6.25 所示。第 8 行，输出表达式 $c[0].a+c[1].d$ 的值 15。

	a	b
$c[0]$	10	15
$c[1]$	12	5

图 6.25 数组 c 的存储空间

6.2.6 结构体类型的应用

例 6-34 设计一个程序，记录学生的学号、姓名和 3 门课程的成绩。从键盘输入 10 个学生的数据，要求打印出每个学生的姓名和 3 门课程的平均成绩。

分析：定义学生信息的结构体类型 student，成员包括 int 型学号(num)、字符数组姓名(name)和 3 个 float 型的成绩(s1、s2、s3)。

student 类型数组 $c[10]$存放 10 个学生的信息，float 型数组 $v[10]$存放每个学生的平均成绩。

程序：

```
#include < iostream.h >
#define N 10
struct student                                   //定义结构体类型 student
{    int num;
```

```
    char name[10];
    float s1,s2,s3;
}c[N];                                          //定义 student 类型数组 c
void main()
{   float v[N]; int i;
    for(i = 0;i < N;i++)
    {   cout <<"输入第 "<< i + 1 <<"个学生的信息: ";
        cin >> c[i].num >> c[i].name;            //输入第 i 个学生的学号和姓名
        cin >> c[i].s1 >> c[i].s2 >> c[i].s3;    //输入第 i 个学生的 3 门课程的成绩
        v[i] = c[i].s1 + c[i].s2 + c[i].s3;      //计算第 i 个学生的 3 门课程成绩的和
    }
    cout <<"姓名"<<'\t'<<"平均成绩"<< endl;
    for(i = 0;i < N;i++)
    cout << c[i].name <<'\t'<< v[i]/3 << endl;   //输出第 i 个学生的姓名和平均成绩
}
```

例 6-35 某学校决定由全校学生选举自己的学生会主席，有 3 个候选人，姓名分别为 Li pin、Wang fang 和 Wu huo。每个学生只有一张选票，一张选票只能填写一个候选人的姓名。请编程完成统计选票工作。

分析：每个候选人的信息只需姓名和票数，因此设计结构体类型 man，成员包括姓名 name 和得票数 num。定义 man 类型的结构体数组 *p*[3]，存放 3 个候选人的信息。

用字符数组 ch 表示选票上的姓名，当 ch 与某个候选人姓名相同时，该候选人的得票数 num 加 1。

另外，虽然选票发放的数量一般已知，但收回的数量通常是无法预知的，因此程序可以采用随机循环，约定当输入回车键时，统计选票工作结束，即当 ch 的长度为 0 时终止循环。

算法：

(1) 输入 ch。

(2) 若 ch 的长度不为 0 ，转(3)，否则转(6)。

(3) 若 ch 与某个候选人的姓名相同，则该候选人的得票数 num 加 1。

(4) 输入 ch。

(5) 转(2)。

(6) 输出每一个候选人的票数。

程序：

```
#include < iostream.h >
#include < string.h >
#include < stdio.h >
#define N 3
struct man                                       //定义结构体类型 man
{
    char name[20];
    int num;
}p[N] = {{" Li pin",0},{"Wang fang",0},{" Wu huo ",0}};   //定义 man 类型数组 p 并初始化
void main()
{   int i;
    char ch[20];
```

```
    gets(ch);                                              //输入 ch
    while(strlen(ch)!= 0)                                  //判断统计是否结束
    {
        for(i = 0;i < N;i++)
         if(strcmp(ch,p[i].name) == 0)p[i].num++;          //统计 p[i]的得票数 num
        gets(ch);                                          //输入 ch
    }
    cout <<"姓名\t"<<"票数"<< endl;
    for(i = 0;i < N;i++)
        cout << p[i].name <<'\t'<< p[i].num << endl;       //输出第 i 个候选人的姓名和票数
}
```

6.2.7 结构体与函数

1. 结构体变量作为函数参数

若函数的形参是结构体变量,则调用函数时实参必须是与形参具有相同结构体类型的变量,这时参数的传递属于值传递方式,系统将实参的每个成员逐个赋给对应的形参成员。

例 6-36 分析程序的运行结果。

```
#include < iostream.h >                                  //第 1 行
struct aa                                                //第 2 行,定义结构体类型 aa
{   int a;                                               //第 3 行
    int b;                                               //第 4 行
};                                                       //第 5 行,结构体类型定义结束
int ff(aa x)                                             //第 6 行,形参 x 为 aa 类型
{                                                        //第 7 行
    x.a = x.a + 3; x.b = x.b * 2;                        //第 8 行
    return x.a + x.b;                                    //第 9 行
}                                                        //第 10 行
void main()                                              //第 11 行,主函数
{   aa y = {10,15};                                      //第 12 行,定义 aa 类型 y 并初始化
    cout << ff(y)<< endl;                                //第 13 行,实参 y 为 aa 类型
}                                                        //第 14 行
```

运行结果:

```
43
```

程序分析:第 2～5 行定义了结构体类型 aa,第 6～10 行定义了函数 ff,它的形参类型是结构体类型 aa。

第 13 行调用函数 ff 开辟 x 的存储空间,10→$x.a$,15→$x.b$。第 8 行,得到 $x.a=13$,$x.b=30$。第 9 行,返回表达式 $x.a+x.b$ 的值 43 到调用位置第 13 行,并释放 x 的存储空间,即函数 ff(y)的值是 43,输出 43。

2. 结构体数组作为函数参数

在函数中,如果形参和实参都是结构体数组,在调用时参数传递是按地址传递方式。

例 6-37 分析程序的运行结果。

```
#include <iostream.h>                           //第1行
struct stu                                      //第2行,定义结构体类型 stu
{   int num;                                    //第3行
    char name[10];                              //第4行
    char sex;                                   //第5行
    float score;                                //第6行
};                                              //第7行
float ave(stu ps[],int n)                       //第8行,形参 ps 是结构体数组
{   int i; float s = 0;                         //第9行
    for(i = 0;i < n;i++)                        //第10行
     s += ps[i].score;                          //第11行
    return(s/n);                                //第12行,返回平均成绩
}                                               //第13行
int nopass( stu ps[],int n)                     //第14行,形参 ps 是结构体数组
{   int c = 0,i;                                //第15行
    for(i = 0;i < n;i++)                        //第16行
     if(ps[i].score < 60) c++;                  //第17行
    return c;                                   //第18行,返回不及格人数
}                                               //第19行
void main()                                     //第20行
{                                               //第21行
    stu ps[5] = {                               //第22行,定义结构体数组 ps 并初始化
      {101,"Li ping",'M',45},                   //第23行
      {102,"zhang ping",'M',62.5},              //第24行
      {103,"he fang",'F',92.5},                 //第25行
      {104,"cheng ling",'F',87},                //第26行
      {105,"wang ming",'M',58}                  //第27行
            };                                  //第28行
    cout <<"average = "<< ave(ps,5)<< endl;     //第29行,调用函数 ave 求平均成绩
    cout <<"nopass = "<< nopass(ps,5)<< endl;   //第30行,调用函数 nopass 求不及格人数
}                                               //第31行
```

运行结果：

```
average = 69
nopass = 2
```

程序分析：第2～7行定义了结构体类型 stu，包括4个成员，即学号、姓名、性别和年龄。第8～13行定义了函数 ave，形参数组是结构体类型 stu，功能是求学生的平均成绩。第14～19行定义了函数 nopass，功能是求不及格人数。

第22～28定义了结构体数组 ps 并初始化。第29行调用 ave 函数，实参中有结构体数组 ps，将实参数组的首地址传递给形参数组 ps，求出5个学生的平均成绩后返回主函数，并将结果输出。第30行与第29行类似。

3. 结构体类型作为函数的返回值

函数的数据类型可以是结构体类型。

例 6-38 分析程序的运行结果。

```
#include <iostream.h>                           //第1行
```

```
struct ff                                    //第 2 行,定义结构类型 ff,其成员分别是分子 num 和分母 den
{    int num,den; } ;                        //第 3 行
int gcd ( int m,int n)                       //第 4 行,求 m 和 n 的最大公约数
{    int t;                                  //第 5 行
     while(t = m % n) { m = n;n = t;}        //第 6 行
     return n ;                              //第 7 行
}                                            //第 8 行
ff add(ff x,ff y)                            //第 9 行,求分数 x 和 y 的和
{    ff z;                                   //第 10 行
     z.num = x.num * y.den + y.num * x.den;  //第 11 行,计算 x + y 的分子 z.num
     z.den = x.den * y.den;                  //第 12 行,计算 x + y 的分母 z.den
     int a = gcd(z.num,z.den);               //第 13 行,求 z.num 和 z.den 的最大公约数
     z.num/ = a;                             //第 14 行,约简分子
     z.den/ = a;                             //第 15 行,约简分母
     return z;                               //第 16 行
}                                            //第 17 行
void main()                                  //第 18 行
{    ff x = {1,8},y = {5,24};                //第 19 行
     ff z = add(x,y);                        //第 20 行,调用函数 add
     cout <<" x + y = " << z.num <<'/' << z.den << endl;  //第 21 行
}                                            //第 22 行
```

运行结果:

```
x + y = 1/3
```

程序分析:第 2~3 行定义了结构体类型 ff,成员 num 和 den 分别表示有理分数的分子和分母。第 4~8 行定义了函数 gcd,其功能是求整数 m 和 n 的最大公约数。第 9~17 行定义了函数 add,其函数值是结构体类型 ff,形参是结构体类型 ff,其功能是求两个有理分数的和。

在执行第 19 行时,定义结构体变量 x、y 并初始化。第 20 行,在调用函数 add 时,将实参 x 和 y 的值传递给对应的形参 x 和 y(如图 6.26 所示),并执行 add 函数体。第 10~12 行,定义结构体变量 z 并计算其值,此处 z.num=64,z.den=192。第 13 行求 z.num 与 z.den 的最大公约数,第 14~15 行对分数 z 进行约简,得 z.num=1,z.den=3,如图 6.27 所示。第 16 行,将 z 值返回调用位置(第 20 行),如图 6.28 所示。

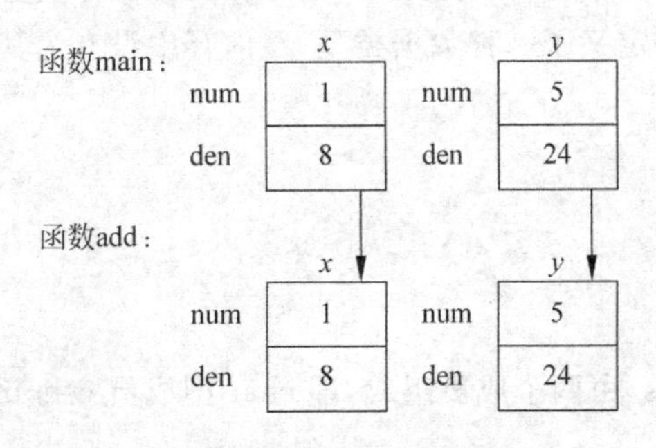

图 6.26 调用时,实参与形参的结合过程

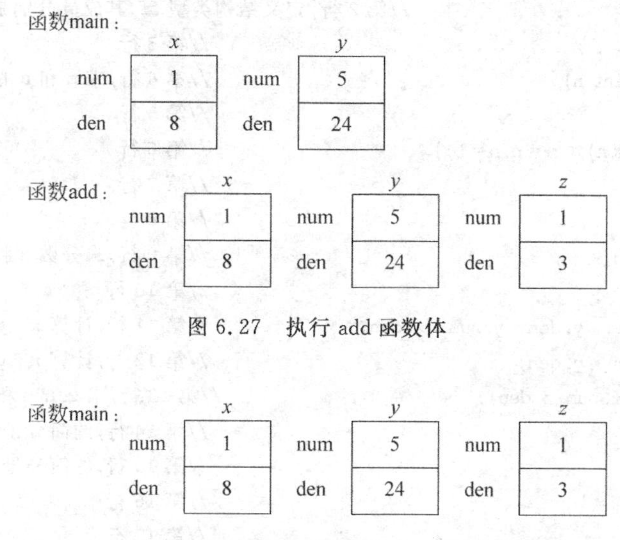

图 6.27 执行 add 函数体

图 6.28 结束调用后的 main 函数

6.3 联合体类型

联合体类型是用户自定义的一种类型，它由多个成员组成，成员的类型可以不同，但这些成员共享同一内存单元。

6.3.1 联合体类型的定义

格式：

union 联合体类型名{成员列表;};

说明：

(1) union 是关键字，联合体类型名是标识符。

(2) 成员列表由若干个成员(也称为域)组成。成员可以是变量、数组、指针等。

成员的定义格式：数据类型　成员名；

(3) 成员列表由一对大括号{}括起来，以分号作为联合体类型定义的结束。

(4) 联合体类型只是定义了一种数据类型，在内存中没有为其分配空间。

例如：

```
union ss
{    char  c;
     int i;
};
```

定义了联合体类型 ss，由两个成员组成，即 char 型成员 c 和 int 型成员 i。

6.3.2 联合体变量的定义

属于联合体类型的变量简称为联合体变量。在内存中给联合体变量开辟了存储空间，联合体变量的存储空间是该联合体类型中各成员存储空间的最大值。

1. 先定义联合体类型，后定义联合体变量

格式 1：

```
联合体类型名  变量名;
```

格式 2：

```
union 联合体类型名  变量名;
```

例如：

```
ss x;
```

定义 ss 类型变量 x，其存储空间如图 6.29 所示，存储空间为 4 个字节。

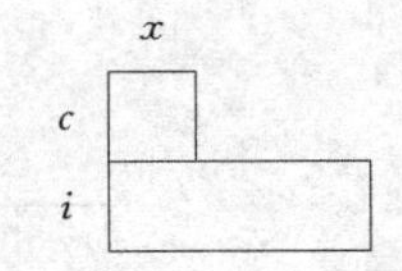

图 6.29 x 的存储空间

联合体变量与结构体变量最大的区别如下：

(1) 结构体变量的存储空间为各成员所占存储空间之和，各成员占用自己的内存单元。

(2) 联合体变量的存储空间为各成员存储空间的最大值，各个成员共享这一段存储空间。

2. 在定义联合体类型的同时定义联合体变量

格式 1：

```
union 联合体类型名{ 成员列表 }  联合体变量列表;
```

格式 2：

```
union { 成员列表 }  联合体变量列表;
```

例如：

```
union
{
  char  c;
  int i;
} x;
```

在定义联合体类型的同时定义该类型变量 x。

6.3.3 联合体类型数据的使用

对联合体变量进行存取操作实际上是对它的某个成员进行存取操作。

1. 联合体成员的访问

格式：

```
联合体变量.成员名;
```

功能：通过联合体变量访问成员。
说明：“.”称为成员运算符。
例如，

```
x.c = 'e';  x.i = 65;  cout << x.c <<' '<< x.i;
```

输出的结果：

```
A 65
```

执行语句“x.c='e';”后，x 的存储空间如图 6.30(a)所示。执行语句“x.i=65;”后，x 的存储空间如图 6.30(b)所示。

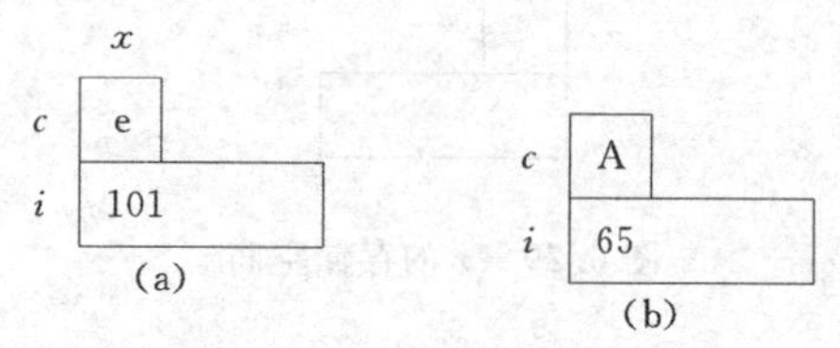

图 6.30 x 的存储空间

2. 联合体变量不能作为一个整体输入/输出

联合体变量的每一个成员能否直接进行输入/输出取决于其成员的类型。
例如：

```
union student
{ int num;
  char name[20];
  float score[4];
} a;
```

则

```
cin >> a.num;                                   //正确
cin >> a.name;                                  //正确
cin >> a;                                       //错误
cin >> a.score;                                 //错误
```

例 6-39 分析程序的运行结果。

```
#include < iostream.h>
```

```
void main()
{
    union
    {   int g[3];
        char s[12];
    }t;
    t.g[0] = 0x20494542;          //t.g[0]对应的字符为B、E、I和空格
    t.g[1] = 0x474e494a;          //t.g[1]对应的字符为J、I、N和G
    t.g[2] = 0x00000a21;          //t.g[2]对应的字符为!和控制符(LF表示结束符)
    cout << t.s;
}
```

运行结果：

```
BEI  JING!
```

程序分析：t 的存储空间如图 6.31 所示。十六进制数 0x20494542 的二进制数是 100000 01001001 01000101 01000010，从右(低位)向左(高位)，每八位二进制数分别对应的十进制数为 66、69、73、32，对应的字符为 B、E、I 和空格；十六进制数 0x474e494a 的二进制数是 1000111 01001110 01001001 01001010，从右(低位)向左(高位)，每八位二进制数分别对应的十进制数为 74、73、78、71，对应的字符为 J、I、N 和 G；十六进制数 0x00000a21 的二进制数是 1010 00100001，从右(低位)向左(高位)，每八位二进制数分别对应的十进制数为 33、10，对应的字符为！和控制符(LF 表示结束符)。

t

g	0x20494542				0x474e494a				0x00000a21			
s	66	69	73	32	74	73	78	71	33	10		

图 6.31　t 的存储空间

6.3.4　联合体类型数据的应用

在实际应用中，联合体类型经常与结构体类型一起使用。

例 6-40　设有若干个人员的数据，其中有学生和教师。学生的数据包括姓名、编号、性别、职业和年级，教师的数据包括姓名、编号、性别、职业和职务。

分析：学生和教师的数据只有年级和职务不同，因此姓名、编号、性别、年级、职业都可以作为结构的成员，而年级和职务要根据职业(学生 student、教师 teacher)进行选择，由联合体类型完成。

程序：

```
#include < iostream.h >
#include < string.h >
#include < iomanip.h >
struct
{   int num;
    char name[10];
```

```
    char sex;
    char job[10];
    union
    {   int grade;
        char po[10];
    } cc;                                        //定义联合体类型的变量cc,作为结构体成员
}men[2];                                         //定义结构体类型的结构数组 men
void main()
{   int i;
    for(i = 0;i < 2;i++)
    {
        cin >> men[i].num >> men[i].name >> men[i].sex >> men[i].job;
        if(!strcmp(men[i].job, "teacher")) cin >> men[i].cc.po;
        if(!strcmp(men[i].job, "student")) cin >> men[i].cc.grade;
    }
    cout <<"编号"<<'\t'<<"姓名"<<'\t'<<"性别"<<'\t'<<"职业";
    cout <<"\t\t"<<"年级/职务"<< endl;
    for(i = 0;i < 2;i++)
    {   cout << men[i].num <<'\t'<< men[i].name <<'\t';
        cout << men[i].sex <<'\t'<< men[i].job <<"\t\t";
        if(!strcmp(men[i].job, "teacher")) cout << men[i].cc.po << endl;
        if(!strcmp(men[i].job, "student")) cout << men[i].cc.grade << endl;
    }
}
```

运行情况如下：

```
101 Li f teacher prof ↲
102 Wang m student 3 ↲
编号    姓名   性别    职业        年级/职务
101     LI     f       teacher     prof
102     Wang   m       student     3
```

结构体数组 men 的存储空间如图 6.32 所示。

	num	name	sex	job	cc.pro
men[0]	101	Li	f	teacher	prof
men[1]	102	Wang	m	student	3
					cc.grade

图 6.32 men 的存储空间

习题 6

一、选择题

1. ________不是 C++语言的基本数据类型。

(A) 逻辑类型　　(B) 枚举类型　　(C) 整数类型　　(D) 字符类型

2. 下面程序的输出结果是________。

```
#include < stdio.h >
#define PR(x) printf(x)
void main()
{
    char s[] = "p";
    PR(s); PR("s");
}
```

(A) "p"s　　(B) ps　　(C) s"s"　　(D) "p""s"

3. 下面说法错误的是________。

(A) 当数组名作为参数传递给某个函数时,原数组中元素的值不会被修改

(B) 初始化数组时,若给定元素个数少于数组大小,多余数组元素会自动初始化为零

(C) 数组各元素的数据类型相同

(D) 数组名是数组在内存中的首地址

4. 以下对二维数组 m 的定义正确的是________。

(A) double m[3][4];(B) float m(3)(4); (C) float m[ ][4]; (D) int m[3][ ];

5. 以下是对二维数组 x 的定义,错误的是________。

(A) double x[3][4];

(B) float x[ ][4]={1,2,3,4,5,6,7,8};

(C) int x[3][ ]={1,2,3};

(D) int x[ ][4]={1,2,3,4};

6. 下面程序片段的输出结果是________。

```
cout << strlen("NET\t012\3\\")<< endl;
```

(A) 8　　(B) 10　　(C) 11　　(D) 9

7. 设有以下说明语句:

```
struct student
{   int x;   float y;   }stu;
```

则下面的叙述不正确的是________。

(A) x 和 y 都是结构体成员名　　(B) struct 是定义结构体类型的关键字

(C) stu 是结构体类型　　(D) student 是结构体类型

8. 设有如下数组声明 int num[10]; 则下列引用错误的是________。

A. num[10]　　B. num[5]　　C. num[3]　　D. num[0]

9. 下列________不是结构体类型变量的定义方法。

(A) 在定义结构体类型的同时定义变量

(B) 先定义结构体类型再定义变量

(C) 直接定义结构体类型变量

(D) 在定义结构体类型的同时定义变量,可以不用写关键字 struct

10. 下面定义的联合体变量 a 在内存中占用________个字节。

```
union MyData
{    long x;    char ch;    bool flag;    float y;  }a;
```

(A) 6　　　(B) 4　　　(C) 8　　　(D) 2

二、填空题

在程序中的下划线上或星条线之间填写相应的代码,以保证完成程序的功能(注意:不要改动其他的代码,不得增行或删行,也不得更改程序的结构)。

1. 该程序的功能是将一串字符逆序存放后输出。

```
#include <stdio.h>
#include <string.h>
void main()
{ char a[8],b[8];
  gets(a);
  int i,n=________;
  for(i=0;i<n;i++)
      b[i]=________;
  b[i]='\0';
puts(b);
}
```

2. 该程序实现以下功能:输入一个字符串,要求统计出其中有多少大写字母、小写字母、数字和其他符号,并输出结果。

```
#include <iostream.h>
void main()
{
    int cap_num=0,min_num=0,in_num=0,oth_num=0;
    char ch[100];int i=0;
    cout<<"Please input a string: ";
    cin>>ch;
    while(________)                         //判断当前字符是否在末尾
     {
      if ((ch[i]>='A') && (ch[i]<='Z'))
      {
          cap_num++;i++;continue;
      }
      if ((ch[i]>='a') && (ch[i]<='z'))
      {
         min_num++;i++;continue;
      }
      if (________)                         //判断字符是否为0~9之间的代码
      {
         in_num++;i++;continue;
      }
```

```
        oth_num++;
        i++;
        }
       cout <<"The number of captital is : "<< cap_num << endl;
       cout <<"The number of miniscule is : "<< min_num << endl;
       cout <<"The number of integer is : "<< in_num << endl;
       cout <<"The number of others is : "<< oth_num << endl;
}
```

3. 该程序的功能是检查字符串 s 中是否包含字符串 t。若包含,则返回 t 在 s 中的开始位置(下标值),否则返回−1。例如,s= "abcde ",t= "bcd ",则 t 在 s 中的开始位置为 1;s= "abcde ",t= "bd ",则 t 在 s 中的开始位置为−1。

```
#include < iostream.h >
int index(char s[ ],char t[ ])
{
//*************** 在星条线之间补充代码 **********************





//*********************************************************
}
main()
{
    char s [100],t[100];
    int m;
    cout <<"Input s:";
    cin >> s;
    cout <<"Input t:";
    cin >> t;
    m = index(s,t);
    cout <<"The location is :"<< m << endl;
}
```

4. 该程序的功能是检查字符串 s 与字符串 t 的大小。

```
#include < iostream.h >
int comp(char s[ ],char t[ ])
{
//*************** 在星条线之间补充代码 **********************



//*********************************************************
}
main()
{
```

```
    char s [100],t[100];
    int m;
    cout<<"Input s:";
    cin>>s;
    cout<<"Input t:";
    cin>>t;
    m=comp(s,t);
    if(m==0) cout<<"这两个字符串相等"<<endl;
    else if(m==1) cout<<s<<" 大于 "<<t<<endl;
      else if(m==-1) cout<<s<<" 小于 "<<t<<endl;
}
```

三、分析程序的输出结果

1.

```
#include <iostream.h>
void main()
{
  int b[]={5,-3,4,1,-8,9,0,10};
  int i,j=0;
  for(i=0;i<8;i++)
    if(b[j]>b[i]) j=i;
  cout<<j<<','<<b[j]<<endl;
}
```

2.

```
#include <iostream.h>
void main()
{
  int b[]={5,-3,4,1,-8,9,0,10};
  int i,s=0,c=0;
  for(i=0;i<8;i++)
    if(b[i]) {s+=b[i];c++;}
    else break;
  cout<<c<<','<<s<<endl;
}
```

3.

```
#include <iostream.h>
void main()
{
  int a[][3]={1,2,3,4,5,6,7,8,9};
  int s1(0),s2(0);
  for(int i=0;i<3;i++)
    for(int j=0;j<3;j++)
      {
        if(i!=j) s1+=a[i][j];
        if(i+j==1) s2+=a[i][j];
      }
  cout<<"s1= "<<s1<<', '<<"s2= "<<s2<<endl;
}
```

4.

```
#include <iostream.h>
void main()
{
  int a[][3] = {{1,2,3},{4,5,6},{7,8,9}};
  int i,j,t;
  for(i = 0;i < 3;i++)
    for(j = i + 1;j < 3;j++)
      { t = a[i][j];a[i][j] = a[j][i];a[j][i] = t;}
  for(i = 0;i < 3;i++)
   {
    for(j = 0;j < 3;j++)
     cout << a[i][j]<<' ';
    cout << endl;
  }
}
```

5.

```
#include <iostream.h>
void main()
{
  char s[] = "bhy543kpm345";
  for(int i = 0;s[i]!= '\0';i++)
  {
    if(s[i]>= 'a'&&s[i]<= 'z') continue;
    cout << s[i];
  }
}
```

6.

```
#include <iostream.h>
int sum(int a[],int n)
{
   int i,s = 0;
  for(i = 0;i < n;i++)
    if(a[i] % 2 == 0) s += a[i];
  return s;
}
  void main()
  {
    int x[] = {2,4,6,8,12,10,0,1,3,15};
    cout << sum(x,10)<< endl;
  }
```

7.

```
#include <iostream.h>
int sum(int a[],int n)                          //形参 a 是一维数组的定义
{
```

```
    int s = 0;
    for(int i = 0;i < n;i++)s += a[i];              //计算 n 个元素 a[i]的和
    return s;
}
void main()
{
    int d[][3] = {{1,2,3},{4,5,6},{7,8,9}};
    int i,j,s[3];
    for(i = 0;i < 3;i++)
{
        for(j = 0;j < 3;j++)
            cout << d[i][j]<<' ';
        cout << endl;
}
for(i = 0;i < 3;i++)                                //计算矩阵中每一行的和
    s[i] = sum(d[i],3);                             //d[i]是第 i 行的数组名
for(i = 0;i < 3;i++)
    cout << s[i]<< endl;
}
```

8.

```
#include < iostream.h >
#include < string.h >
void main()
{
    char s[] = "bhy543kpm345",ch[15];
    int i = 0,k = 0;
    while(i < = strlen(s))
{
    if(s[i]> = 'a'&&s[i]< = 'z') ch[k++] = s[i];
    i++;
}
ch[k] = '\0';
cout << ch << endl;
}
```

9. 当输入的两个字符串分别是 I am a student 和 teacher 时,分析程序运行的结果。

```
#include < stdio.h >
#include < string.h >
void dd(char s[],char b[],int n)
{
    int i = 0;
    while(s[i]&&i < n) b[i++] = s[i];
    b[i] = '\0';
}
void main()
{
    char s[80],t[80],b[80];
    gets(s);gets(t);
    dd(s,b,7);
```

```
  strcat(b,t);
  puts(b);
}
```

10. 当输入的字符串分别是 Apple、Orange、Banana 和 Orange 时，分析程序运行的结果。

```
#include < iostream.h >
#include < string.h >
void del(char s[][15],char t[])
{
  int i,k;
  for(i = 0;i < 3;i++)
  if(strcmp(s[i],t) == 0)
   {
    for(k = i;k < 2;k++)
     strcpy(s[k],s[k + 1]);
    strcpy(s[k],"\0");
   }
}
void main()
{
char s[3][15],t[15];int i;
for(i = 0;i < 3;i++) cin >> s[i];
cin >> t;
del(s,t);
cout <<"输出: "<< endl;
for(i = 0;i < 2;i++)
cout << s[i]<< endl;
}
```

11.

```
#include < iostream.h >
#include < string.h >
struct tt
{
   int x;
   char s[30];
}t;
int func(struct tt p)
{   p.x = 10;
    strcpy(p.s,"computer");
    return 0;
}
void main()
{
    t.x = 1;
    strcpy(t.s,"minicomputer");
    func(t);
```

```
    cout << t.x <<' '<< t.s << endl;
}
```

四、改错题

改正下列程序中 err 处的错误，使得程序能得到正确的结果。

注意：不要改动 main 函数，不得增行或删行，也不得更改程序的结构。

1.已知一个由小到大排序的数组，今输入一个数，要求按原来顺序的规律将它插入到数组中。

```
#include < iostream.h>
const int n = 5;
void main()
{
  int a[n],x,i,k;
  for(i = 0;i < n;i++)                              //err1
    cin >> a[i];
  cin >> x;
  for(i = 0;i < n;i++)
  if(x < a[i])
    {k = i,break;}                                  //err2
  for(i = n - 1;i > k;i -- )
    a[i + 1] = a[i];                                //err3
  a[k] = x;
  for(i = 0;i < n;i++)
    cout << a[i]<<' ';
}
```

2.找出一个二维数组中的鞍点，即该位置上的元素在该行上最大，在该列上最小(也可能没有鞍点)。

```
#include < iostream.h>
const int m = 3,n = 4;
void main()
{
    int a[m][n],i,j,c,k,max;bool flag;
    for(i = 0;i < m;i++)
     for(j = 0;j < n;j++)
     cin >> a[i][j];
    for(i = 0;i < m;i++)
     {
      max = a[0][0];c = 0;                          //err1
      for(j = 0;j < n;j++)
        if(max < a[i][j]){ max = a[i][j];c = j;}
      flag = true;
      for(k = 0;k < m;k++)
        if(max > a[k][j]){ flag = false;break;} //err2
        if(flag){
            cout <<"鞍点:("<< i <<","<< c <<"),其值: "<< max << endl;
```

```
            break;
              }
      }
   if(flag) cout <<"没有鞍点"<< endl;              //err3
}
```

3.计算两个矩阵的乘积。

```
#include < iostream.h >
#define M 2
#define N 3
#define P 4
void Prod(int a[][],int b[][],int c[][]) //err1
{
    int i,j,k;
    for(i = 0; i < M; i++)
     for(j = 0; j < P; j++)
        for(k = 0; k < N; k++)
         c[i][j] += a[i][k] * b[k][j];
}
void main()
{
    int a[M][N] = {{1,1,0},{0,2,3}};
    int b[N][P] = {{1,1,1,1},{1,0,0,1},{0,1,1,0}};
    int c[M][N];                                   //err2
    int i, j, k, s;
    Prod(a[M][N],b[N][P],c[M][P]);                 //err3
    for(i = 0;i < M;i++)
    {
     for(j = 0;j < P;j++)
        cout << c[i][j]<< " ";
     cout << endl;
    }
}
```

4. 编写程序,从一个给定的字符串中删除一个特定字母,最后以删除字符的个数为函数值。

```
#include < iostream.h >
int count(char s[100])                             //err1
{
    int i = 0,n = 0,k;
    while(s[i] = '\0')                             //err2
    {
        if(s[i] = ch)                              //err3
        {
          n++;
          for(k = i;s[k];k++) s[k - 1] = s[k]; //err4
```

```
            i++;                                //err5
        }
        i++;
    }
     return n;
}
void main()
{
    char s[100],ch;
    gets(s); cin>> ch;                        //err6
    if(ch>='a'&&ch<='z'||ch>='A'&&ch<'Z')
      count(s,ch);                              //err7
    cout << s << endl;
}
```

五、编程题

1. 输入某班的某一单科成绩，统计该单科成绩各分数段的人数。

2. 将一个十进制整数按十六进制形式输出，用字符数组实现。

3. 从键盘上输入10个数，然后计算这10个数的均方差。均方差的计算公式是：

$$\bar{x}=\left(\sum_{i=0}^{n-1}x_i\right)/n, D=\sum_{i=0}^{n-1}(x_i-\bar{x})^2$$

4. 用筛选法求100之内的素数。筛选法的基本思想是要找出 $2\sim m$ 之间的全部素数，首先在 $2\sim m$ 中划去2的倍数(不包括2)，后划去3的倍数(不包括3)，由于4已被划去，再划去5的倍数(不包括5)，直到划去不超过 m 的平方根的数的倍数，剩余的数都是素数。

5. 一个数如果恰好等于它的因子之和(包括1，但不包括这个数本身)，这个数就称为"完数"。编写程序找出1000之内的所有完数，并按格式"28 it's factors are 1,2,4,7,14"输出其因子。

6. 求一个 n 阶矩阵对角线上的元素之和。

7. 把矩阵中最大元素与左上角元素交换，最小元素与右下角元素交换，使得最大元素在矩阵左上角，最小元素在右上角。

8. 应用二维数组打印如下图所示的杨辉三角形，要求打印10行。

```
1
1 1
1 2 1
1 3 3 1
1 4 6 4 1
```

9. 设计一个函数，求3个字符串的最大者。

10. 输入 n 个字符串，将它们按由小到大的顺序输出。

11. 输入 n 个字符串，把其中以字母A开头的字符串输出。

12. 设计函数 copy(char s[],char t[],int n)，将字符串 s 前的 n 个字符复制到字符串 t 中。

13. 设计函数 dele(char s[],char t[])，在字符串 s 中删去在字符串 t 中出现的所有字符。

14. 输入 5 个学生的 4 门课程的成绩，然后求每个学生的总分，并输出总分最高的学生的姓名及其成绩。

提示：

(1) 定义结构体类型 student，成员包括姓名和 4 门课的成绩。

(2) 定义结构体数组 stu，用来存放 5 个学生的成绩。

(3) 定义一个函数求学生的总分。

第7章 指针

本章学习目标

- 掌握指针的定义及其使用方法
- 了解指针与数组的关系
- 掌握指针在函数中的使用方法
- 掌握用指针访问结构体变量的方法

本章首先介绍指针的基本知识，然后介绍指针与数组的关系，最后介绍指针在函数和结构体中的使用方法。

7.1 指针的基本知识

指针是C++语言的特色之一，它是一种特殊的变量，表现在其类型和取值上。正确地使用指针会使程序设计变得灵活，会使代码清晰简练、紧凑有效。

7.1.1 指针的概念

1. 地址与指针

计算机的内存储器（简称为内存）被划分为一个个字节，每一个字节都有一个编号，称为"地址"。计算机就是通过这种地址编号的方式来管理内存数据读/写定位的。程序的代码和数据都存储在计算机内存单元中，通常用它们所占用的存储单元中的第一个存储单元的地址来表示该程序或数据的地址。例如，在程序中定义了一个变量，在编译时系统会根据变量类型给这个变量分配一定长度的空间，这个存储空间第一个字节的地址称为变量的首地址，简称变量地址。在程序中从变量取值，实际上是通过变量名找到相应的内存单元，并从其存储单元中读取数据。

例如图7.1，表示变量 a 和 p 在程序运行时分配的存储空间和数据，从该图中可以看出变量 a 与 p 的关系。

(1) 变量 a 的地址为0x2000，这个对应关系是在编译时确定的。

(2) 语句"cout<<a;"的执行是这样的：首先根据变量名与地址的对应关系找到变量 a 的地址0x2000，然后从由0x2000开始的4个字节中取出数据370，把它输出。这种通过变量名对变量所占的存储单元进行访问（存取变量值）的方式称为直接存取方式，或称为直接访问方式。

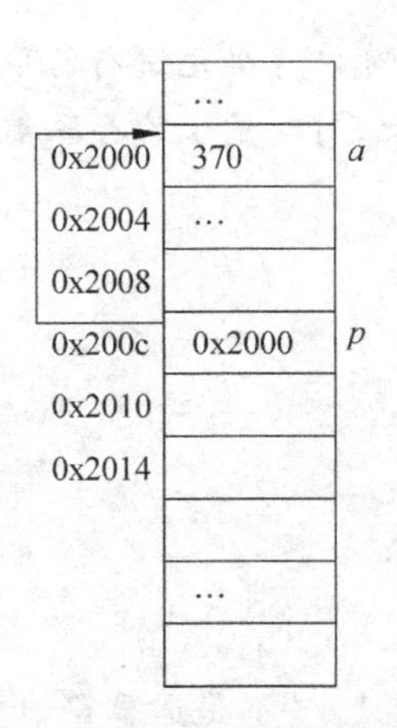

图 7.1 变量 a 和 p 在程序运行时分配的存储空间和数据

(3) 变量 p 存放变量 a 的地址，p 变量的地址为 0x200c。可以这样说，变量 p 指向变量 a。

显然，变量 p 是一个特殊的变量，其值是另一个变量的地址，这个地址称为指针，p 被称为指针变量。也就是说，指针变量用来存放另一个变量的地址。

1) 取地址运算符 &

格式：

```
&变量
```

含义：取变量的地址。

例如，语句"cout<<&a;"的执行是这样的：根据变量名与地址的对应关系找到变量 a 的地址 0x2000，把它输出。

注意：计算机内存的地址用十六进制数表示，变量的地址是系统在程序编译时随机给出的。

2) 指针运算符 *

格式：

```
*指针变量
```

含义：取指针变量指向单元的值。

例如，语句"cout<<*p;"的执行是这样的：根据变量名与地址的对应关系先找到变量 p，取出其值(0x2000)，然后从由 0x2000 开始的 4 个字节中取出 a 的值(370)，把它输出。这种通过指针对变量所占的存储单元进行访问的方式称为间接存取方式，或称为间接访问方式。

打个比方，要取出抽屉 A 中的物品，可能有两种情形：一种情形是 A 钥匙带在身上，此时直接用该钥匙打开抽屉 A，取出其中之物，这是直接访问；另一种情形是：为安全起见，将 A 钥匙放在另一抽屉 B 中锁起来，此时若要打开抽屉 A，则需先找出 B 钥匙，打开抽屉 B 后取出 A 钥匙，再打开抽屉 A 取出其中之物，这就是间接访问。

注意：

(1) *&a 的含义是先进行 &a(即取变量 a 的地址)的运算，再进行 * 运算。

(2) *&a 与 a 等价。

(3) 在程序中一般通过变量名对内存单元进行存取操作。其实,程序经过编译以后已经将变量名转换为变量的地址,因此,对变量值的存取都是通过地址进行的。

2. 指针变量

1) 指针变量的定义

格式:

```
数据类型  *指针变量;
```

功能:定义一个指针变量。

说明:

(1) 指针变量是标识符,这里的“*”不是运算符,也不是指针变量名的一部分,主要用于标识指针变量的定义。

(2) 数据类型是指针变量所指向变量的类型,而不是自身的类型。

例如:

```
int *p;
```

表示指针变量 p 只能指向整型变量,或者说,p 只能存放整型数据的地址。

2) 指针变量的初始化

格式:

```
数据类型 *指针变量=&变量;
```

功能:定义一个指针变量,并将其指向已定义的变量。

7.1.2 指针的基本运算

指针是一个地址,在程序中地址不能参加操作,对指针变量的操作只能是对它指向的变量进行操作。指针变量的基本运算主要有赋值运算、加法运算、减法运算和关系运算等。

1. 赋值运算

格式1:

```
指针变量=&变量;
```

功能:将指针变量指向已定义的变量。

注意:指针变量的值是它指向的变量在内存中的地址。

例如:

```
int a, *p;
```

则语句“p=&a;”表示指针变量 p 指向变量 a,p 的值为 $\&a$(a 的地址),如图 7.2 所示。

格式2:

```
*指针变量=表达式;
```

功能:将表达式的值赋给指针变量所指的变量。

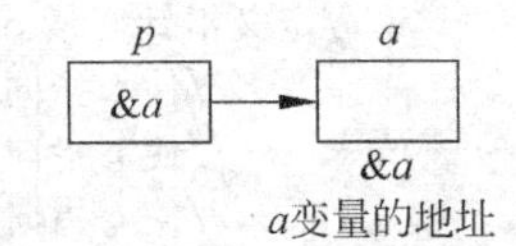

图 7.2 指针变量 p 及其值

例 7-1 分析程序的运行结果。

```
#include < iostream.h >
void main()
{    int x = 3, * p = &x ;                       //定义指针变量 p 并使其指向 x,如图 7.3 所示
     cout <<"x = " << x << endl;
     * p = 10;                                   //将 10 赋给 p 所指向的变量 x,如图 7.4 所示
     cout <<" * p = "<< * p << endl;             //输出 * p 的值
}
```

运行结果:

```
x = 3
* p = 10
```

注意:指针变量 p 的值是变量 x 的地址,* p 与 x 是等价的。

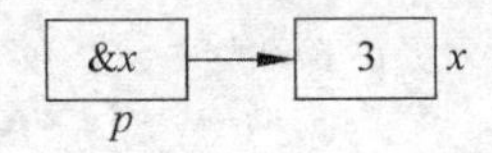

图 7.3 定义指针变量 p 并指向 x

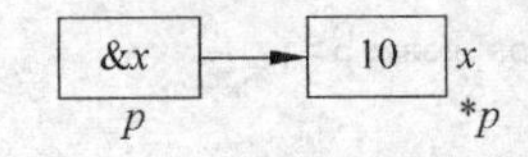

图 7.4 将 10 赋给 p 指向的变量 x

格式 3:

```
指针 2 = 指针 1;
```

功能:使指针 2 指向指针 1 所指向的变量。

格式 4:

```
指针变量 = NULL
```

功能:将符号常量 NULL 赋给指针变量,表示指针变量不指向任何变量。

例如,执行"p=NULL;"后,p 的存储空间如图 7.5 所示。

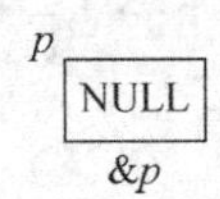

图 7.5 p 的存储空间

注意:符号常量 NULL 被定义为 0。

例 7-2 分析程序的运行结果。

```
#include < iostream.h >
void main()
  { int a = 5,b = 6 ;
    int * t;
```

```
    int *p=&a, *q=&b;           //定义指针变量p和q,分别指向a和b,如图7.6(a)所示
    t=p;                        //使t指向p所指向的a,如图7.6(b)所示
    p=q;                        //使p指向q所指向的b
    q=t;                        //使q指向t所指向的a,如图7.6(c)所示
    cout<<"a="<<a<<",b="<<b<<endl;   //输出a,b
  }
```

运行结果：

```
a=5,b=6
```

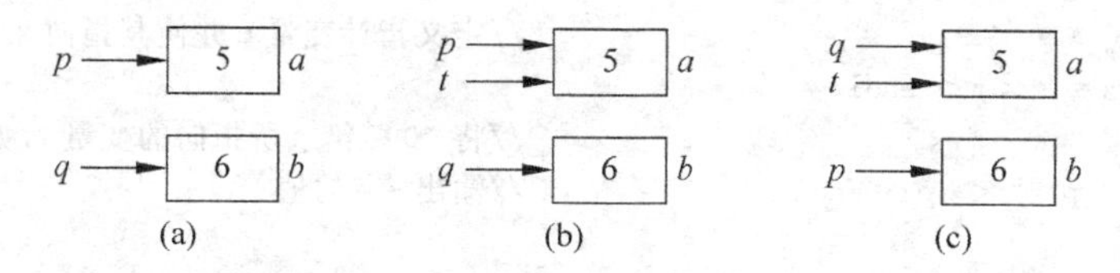

图7.6　例7-2中变量的变化情况

显然，程序中的语句“t=p;p=q;q=t;”交换了 p 的值和 q 的值，即将 p 的指向与 q 的指向交换，但不能交换 a 与 b 的值。

例7-3　分析程序的运行结果。

```
#include<iostream.h>
void main()
  { int a=5,b=6;
    int t;
    int *p=&a, *q=&b;           //定义指针变量p和q,分别指向a和b,如图7.7(a)所示
    t=*p;                       //将p所指向的a赋给t
    *p=*q;                      //将q所指向的b赋给p所指向的a
    *q=t;                       //将t赋给q所指向的b,如图7.7(b)所示
    cout<<"a="<<a<<",b="<<b<<endl;
  }
```

运行结果：

```
a=6,b=5
```

显然，程序中的语句“t=*p; *p=*q; *q=t;”将 $*p$ 的值与 $*q$ 的值交换，即将 a 与 b 的值交换。

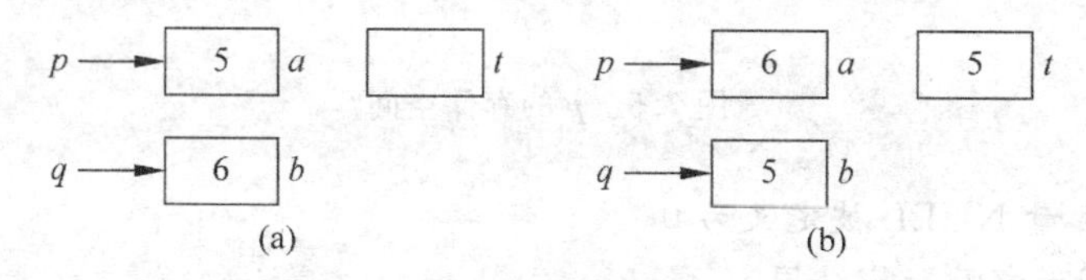

图7.7　例7-3中变量的变化情况

2. 加法运算

格式：

```
指针 p + 整数 n
```

功能：表达式的值为当前指针位置后面的第 n 个元素的地址。

说明：地址＝p＋n * sizeof(指针变量的类型)。

3. 减法运算

格式 1：

```
指针 - 整数 n
```

功能：表达式的值为当前指针位置前面的第 n 个元素的地址。

说明：地址＝$p-n$ * sizeof(指针变量的类型)。

格式 2：

```
指针 1 - 指针 2
```

功能：从指针 2 开始，到指针 1 之前的数据个数。

说明：

(1) 数据个数＝(指针 1－指针 2)/sizeof(指针变量的类型)。

(2) 指针 1 指向的单元必须在指针 2 指向的单元之后，否则会得到一个负数。

(3) 两个指针不能相加，即表达式"指针 1＋指针 2"是错误的。

例 7-4 分析程序的运行结果。

```
#include < iostream.h >
void main()
  { int a[5] = {5,6,4,7,9};
    int * p = a + 3;              //将 a[3]的地址作为 p 的初值,如图 7.8(a)所示
    p = p - 3;                    //将 p 指向 p - 3 所指向的 a[0],如图 7.8(b)所示
    cout << * p << endl;          //输出 p 所指向的 a[0]
    int * t = a + 4;              //将 a[4]的地址作为 t 的初值,如图 7.8(c)所示
    cout << t - p << endl;        //输出 t - p
  }
```

运行结果：

```
5
4
```

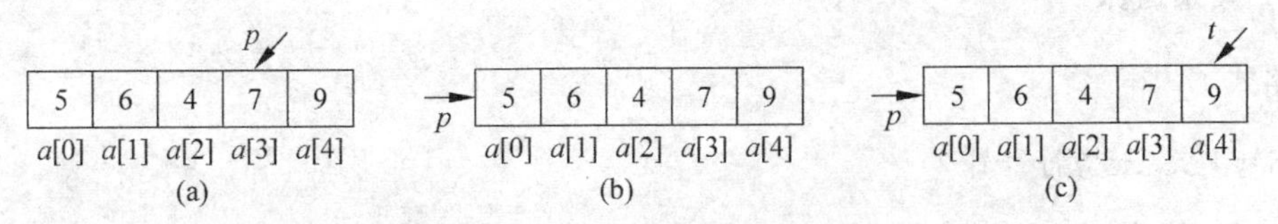

图 7.8 例 7-4 中指针的变化情况

4. 自增运算

假设指针 p 指向数组 a 的元素 $a[i]$，则有以下关系。

(1) p++（或 p+=1）：使指针向后移动一个单元，即 p 指向元素 $a[i+1]$。

(2) *p++：先取 p 指向的元素 $a[i]$的值（即 *p）作为表达式的值，然后使 p 向后移动一个单元，即 p 指向元素 $a[i+1]$。

因为后置增“++”优先“*”，因此它等价于 *(p++)。

(3) *(++p)：先使 p 向后移动一个单元，即 p 指向元素 $a[i+1]$，再取 *p 的值 $a[i+1]$作为表达式的值。

(4) (*p)++：等价于(*p)=(*p)+1，p 指向的元素的值加 1，即 $a[i]=a[i]+1$。

5. 自减运算

假设指针 p 指向数组 a 的元素 $a[i]$，则有以下关系。

(1) p--：使指针向前移动一个单元，即 p 指向元素 $a[i-1]$。

(2) *p--：先取 p 指向的元素 $a[i]$的值（即 *p）作为表达式的值，然后使 p 向前移动一个单元，即 p 指向元素 $a[i-1]$。

(3) *(--p)：先使 p 向前移动一个单元，即 p 指向 $a[i-1]$，再取 *p 的值 $a[i-1]$ 作为表达式的值。

(4) (*p)--：等价于(*p)=(*p)-1，p 指向的元素的值减 1，即 $a[i]=a[i]-1$。

例 7-5 分析程序的运行结果。

```
#include <iostream.h>
void main()
{
  int a[5] = {5,6,4,7,9};
  int *p = a + 3;                 //将 a[3]的地址作为 p 的初值,即 p 指向 a[3]
  cout << *p++<<',';              //先输出 *p(即 a[3]),再使 p 指向 a[4]
  cout <<(*p)++<<',';             //先输出 a[4]的值 9,再使 a[4]加 1,即 a[4]变为 10
  p++;                            //使 p 向后移动一个单元,即 p 指向 a[5]
  cout << *(--p)<<',';            //先使 p 指向 a[4],再输出 *p(即 a[4])
  cout << -- *p << endl;          //先 *p(即 a[4])减 1,即 a[4]变为 9,再输出 9
}
```

运行结果：

```
7,9,10,9
```

6. 关系运算

格式：

```
指针 1 关系运算符 指针 2
```

功能：同类型的指针 1 与指针 2 进行关系运算，结果是布尔类型。

注意：只有当两个指针指向同一个数组时才能进行关系运算，否则运算没有任何实际意义。

例如，当指针 p 和 q 指向同一个数组元素时有以下关系。

(1) $p>q$：当 p 所指元素在 q 所指元素之后时，表达式为真，否则为假。

(2) $p<q$：当 p 所指元素在 q 所指元素之前时，表达式为真，否则为假。

(3) $p==q$：当 p 和 q 指向同一个元素时，表达式为真，否则为假。

(4) $p!=q$：当 p 和 q 指向不同元素时，表达式为真，否则为假。

(5) $p==\text{NULL}$：当 p 没有指向任何元素时，表达式为真，否则为假。

(6) $p!=\text{NULL}$：当指针 p 不为空，表达式为真，否则为假。

例 7-6 分析程序的运行结果。

```
#include <iostream.h>
void main()
  { char a[7] = "abcdef";
    char *p, *t;
    p = a;                                    //将 a[0]的地址赋给 p
    t = a + 5;                                //将 a[5]的地址赋给 t
    if(p < t) cout << t - p << endl;          //表达式 p < t 为真,输出 t - p
    else cout << p - t << endl;               //否则,输出 p - t
    if(t!= NULL) cout << *t << endl;          //表达式 t!= NULL 为真,输出 *t
  }
```

运行结果：

```
5
f
```

7. new 和 delete 运算

1) new 运算

格式 1：

```
指针 = new 数据类型;
```

功能：开辟动态存储空间，并把首地址作为运算结果赋给指针，空间的大小是 sizeof(数据类型)。

格式 2：

```
指针 = new 数据类型[表达式];
```

功能：开辟数组空间，并把首地址作为运算结果赋给指针。空间的大小＝数组的长度 * sizeof(数据类型)。数组的长度由表达式的值确定，每一个元素的空间大小是 sizeof(数据类型)。

2) delete 运算

格式 1：

```
delete 指针;
```

功能：删除指针所指向的空间。

格式 2：

```
delete  [ ]指针;
```

功能：删除指针所指向的数组空间。

说明：delete 只能释放由 new 开辟的存储空间。

例 7-7 分析程序的运行结果。

```
#include <iostream.h>
void main()
{
    int i, *p, *t;
    p = new int[5];              //开辟具有 5 个元素的数组空间,p 指向首元素,如图 7.9(a)所示
    t = p;                       //使 t 和 p 指向同一空间,即数组的首元素
    for(i = 0;i < 5;i++,p++)     //通过移动指针 p 对数组元素逐个赋值,如图 7.9(b)所示
      *p = i;
    p = t;                       //使 p 指向数组的首元素
    for(i = 0;i < 5;i++,p++)     //输出数组元素,如图 7.9(c)所示
      cout << *p <<' ';
    delete []t;                  //删除 t 所指向的存储空间
}
```

运行结果：

```
0 1 2 3 4
```

注意：在执行 p++ 之前，必须保留当前指针 p 的值，否则由于指针 p 的移动会使存储空间的首地址丢失。

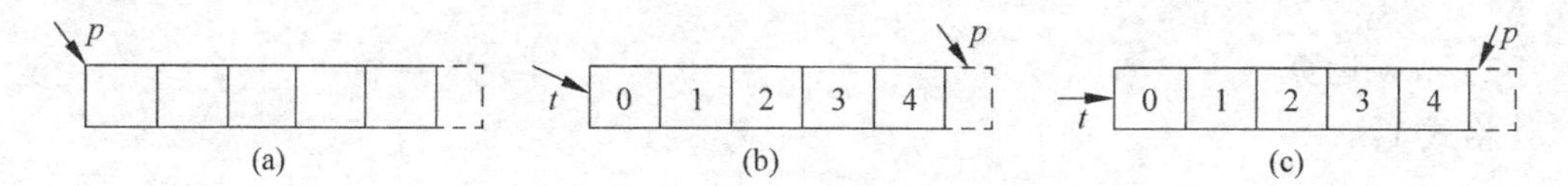

图 7.9 例 7-7 中变量的变化情况

在 C++语言中，“*”和“&”的使用方式如表 7.1 所示。

表 7.1 符号“*”和符号“&”的使用方式

符号	含义	格式	例子
*	乘法运算	操作数 1 * 操作数 2	cout<<2 * 3
	定义指针	数据类型 * 指针;	int * p;
	指针运算符	* 指针	int a=3, * x=&a;cout<< * x;
&	按位与运算	操作数 1& 操作数 2	cout<<(2&3);
	引用	数据类型 & 变量 1=变量 2	char a, &b=a;
	取地址	& 变量	char a, * p=&a;

7.2 指针与数组

因为数组的存储空间是连续的,所以可以用指针指向数组,通过指针来访问数组。在C++中,对数组元素的操作完全可以通过指针来实现。

7.2.1 指针与一维数组

1. 指针与一维数组的关系

建立指针与一维数组的关系有两种格式。

格式1:

```
数据类型 *指针变量=数组元素地址;
```

功能:在定义指针变量时将指针变量指向数组元素。

格式2:

```
指针变量=数组元素地址;
```

功能:将已定义的指针变量指向数组元素。

例如:

```
int a[6]={10,20,30,40,50,60},*p=a;
```

将 a 的首地址赋给 p,即 p 指向 $a[0]$,则数组 a 与指针 p 的关系如图7.10所示。

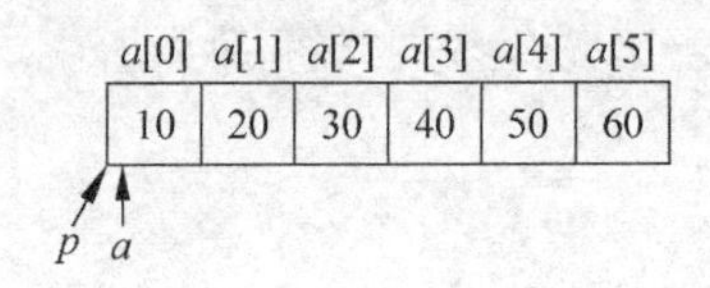

图7.10 数组 a 与指针 p 的关系

2. 引用数组元素的方式

设指针变量指向数组的首地址,则访问数组的第 i 个元素的方式如下。

1) 下标方式

```
数组名[下标 i]
```

2) 地址方式

```
*(数组名+i)
```

3) 指针方式

```
*(指针变量+i)
```

或

指针变量[下标 i]

例如,设有“float a[10], * p = a;”,则指针与一维数组的关系如表 7.2 所示。

表 7.2 指针与一维数组的关系

含义	指针方式	地址方式	下标方式
数组首地址	p	a	$\&a[0]$
第 i 个元素的地址	$p+i$	$a+i$	$\&a[i]$
第 i 个元素	$*(p+i)$或 $p[i]$	$*(a+i)$	$a[i]$

例 7-8 分析程序的运行结果。

```
#include < iostream.h >                              //第 1 行
void main()                                           //第 2 行
  {                                                   //第 3 行
    int a[6] = {10,20,30,40,50,60},i, * p;            //第 4 行
    for(i = 0;i < 6;i++)                              //第 5 行,用下标方式输出数组元素
      cout << a[i]<< ' ';                             //第 6 行
    cout << endl;                                     //第 7 行
    for(i = 0;i < 6;i++)                              //第 8 行,用地址方式输出数组元素
      cout << * (a + i)<< ' ';                        //第 9 行,输出 * (a + i)(即 a[i])
    cout << endl;                                     //第 10 行
    for(p = a;p < a + 6;p++)                          //第 11 行,用指针方式输出数组元素
      cout << * p <<' ';                              //第 12 行
    cout << endl;                                     //第 13 行
    for(p = a, i = 0;i < 6;i++)                       //第 14 行,用指针方式输出数组元素
      cout << p[i]<< ' ';                             //第 15 行,输出 p[i](即 a[i])
  }                                                   //第 16 行
```

运行结果:

```
10 20 30 40 50 60
10 20 30 40 50 60
10 20 30 40 50 60
10 20 30 40 50 60
```

程序分析:第 5~6 行,通过下标方式输出数组 $a[i]$;第 8~9 行,通过地址方式输出 $*(a+i)$的值($a[i]$);第 11~12 行,通过指针 p 控制循环输出 $*p$ 的值($a[i]$);第 14~15 行,通过指针方式输出 $p[i]$的值($a[i]$)。

例 7-9 输入 n 个整数存放在数组 a 中,然后把这 n 个数组元素按逆序存放。

分析:把数组 a 的 n 个元素按逆序存放,就是交换 $a[i]$与 $a[n-1-i]$($i=0,1,\cdots,n/2-1$)的值。设指针 p 指向 $a[i]$,指针 t 指向 $a[n-1-i]$,则交换 $a[i]$与元素 $a[n-1-i]$ ($i=0,1,\cdots,n/2-1$)的值就是交换指针 p 和 t 所指元素的值,直到指针 $p\geqslant t$ 为止。

算法:

(1) 输入数组 a。

(2) 设指针 $p=\&a[0]$,指针 $t=\&a[n-1]$。

(3) 若 $p<t$,转(4),否则转(7)。

(4) 交换 p 与 t 所指元素的值。

(5) $p=p+1,t=t-1$。

(6) 转(3)。

(7) 输出数组 a。

程序:

```
#include < iostream.h >
const int n = 5;
void main()
{
    int a[n], * t, * p,x;
    p = &a[0];t = &a[n - 1];                    //p 指向 a[0],t 指向 a[n - 1]
    for(x = 0;x < n;x++) cin >> a[x];
    while(p < t)                                //判断 p 是否在 t 之前
      {  x = * p; * p = * t; * t = x;           //交换 * p 与 * t 的值
         p++;                                   //p 后移
         t -- ;                                 //t 前移
      }
    cout <<"逆序后的数组:"<< endl;
    for(x = 0;x < n;x++) cout << a[x]<<' ';
    cout << endl;
}
```

7.2.2 指针与二维数组

1. 一级指针与二级指针

(1) 一级指针

一级指针是指向数组元素或普通变量的指针。

例如,设 b 为一维数组,int * p=b; 则 p,p+1 都是一级指针。

(2) 二级指针

二级指针是指向一级指针的指针。

例如,设有定义"int a[3][4]={{11,13,15,16},{12,14,16,23},{22,13,25,20}};",我们把二维数组看作是一种特殊的一维数组:它的元素又是一个一维数组,即把数组 a 看作是一个一维数组,它有 3 个元素:a[0]、a[1]和 a[2],每个元素又是一个包含 4 个元素的一维数组。也就是说,a={ a[0],a[1],a[2]},其中,

```
a[0] = {a[0][0],a[0][1],a[0][2],a[0][3]},
a[1] = {a[1][0],a[1][1],a[1][2],a[1][3]},
a[2] = {a[2][0],a[2][1],a[2][2],a[2][3]}.
```

说明:

① 数组名 a 代表数组首元素的地址,即 a 和 &a[0]等价。因此

② a[0]、a[1]和 a[2]既可以看成是二维数组 a 的元素,也可以看成是一维数组名。a[0]可以看成是数组{a[0][0],a[0][1],a[0][2],a[0][3]}的数组名,因此 a[0]代表 &a[0][0],同理,a[1]代表 &a[1][0],a[2]代表 &a[2][0]。如图 7.11 所示。

显然 a 为二级指针,而 a[0]、a[1]和 a[2]都是一级指针。

2. 一级指针与二维数组的关系

建立一级指针与二维数组的关系有两种格式。

格式 1：

```
数据类型 *指针变量=二维数组元素的地址;
```

功能：定义指针变量时，使该指针变量指向该二维数组元素。

格式 2：

```
指针变量=二维数组元素的地址;
```

功能：使已定义的指针变量指向二维数组元素。

例如，设有定义"int a[3][4]={{11,13,15,16},{12,14,16,23},{22,13,25,20}}，*p=a[0];"，则将 a[0]赋给 p，使 p 指向 a[0][0]。二维数组 a 与指针变量 p 的关系，如图 7.11 所示。

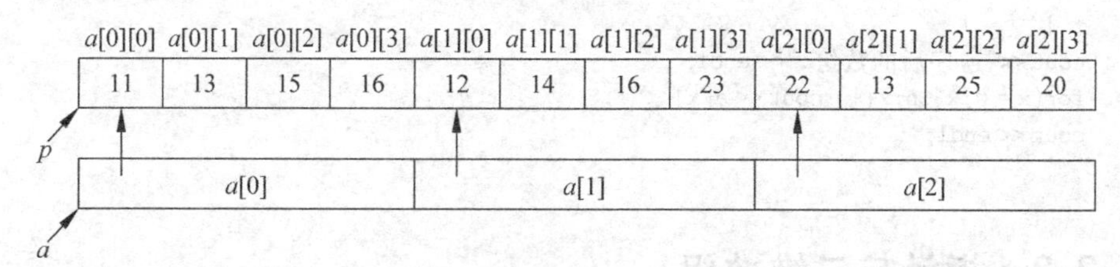

图 7.11 数组 a 与指针变量 p 的关系

3. 访问二维数组元素

设指针指向二维数组元素，则访问第 i 行第 j 列数组元素的方式如下。

1）下标方式

```
数组名[行下标 i][列下标 j]
```

2）地址方式

```
*(*(数组名+行下标 i)+列下标 j)
```

或

```
*(数组名[行下标 i]+列下标 j)
```

3）指针方式

```
*(指针+行下标 i*列长度+列下标 j)
```

例 7-10 分析程序的运行结果。

```
#include <iostream.h>                              //第 1 行
void main()                                        //第 2 行
{   int a[3][4]={{11,13,15,16},{12,14,16,23},{22,13,25,20}},i,j;     //第 3 行
    int *p=a[0];                                   //第 4 行,将 a[0]赋给 p,使其指向 a[0][0]
    for(i=0;i<3;i++)                               //第 5 行,用下标方式输出数组
```

```
      for(j = 0;j < 4;j++)                          //第 6 行
        cout << a[i][j]<<' ';                       //第 7 行
          cout << endl;                             //第 8 行
    for(i = 0;i < 3;i++)                            //第 9 行,用地址方式输出数组
      for(j = 0;j < 4;j++)                          //第 10 行
        cout << *(a[i] + j)<<' ';                   //第 11 行, *(a[i] + j)←→ a[i][j]
    cout << endl;                                   //第 12 行
      for(i = 0;i < 3;i++)                          //第 13 行,用指针方式输出数组
      for(j = 0;j < 4;j++)                          //第 14 行
        cout << *(p + i * 4 + j)<<' ';              //第 15 行, *(p + i * 4 + j)←→ a[i][j]
}
```

运行结果：

```
11 13 15 16 12 14 16 23 22 13 25 20
11 13 15 16 12 14 16 23 22 13 25 20
11 13 15 16 12 14 16 23 22 13 25 20
```

程序分析：第 5～7 行，通过下标方式输出数组元素 $a[i][j]$；第 9～11 行，通过地址方式输出数组元素 $*(a[i]+j)$；第 13～15 行，通过指针方式输出数组 $*(p+i*4+j)$。

例如，设 M 和 N 是常量，有定义“int a[M][N], *p = a[0];”，则指针与二维数组的关系如表 7.3 所示。

表 7.3 指针与二维数组的关系

含义	指针方式	地址方式	下标方式
数组首地址	p	$a[0]$	$\&a[0][0]$
第 i 行首地址	$p+i*N$	$a[i]$	$\&a[i][0]$
第 i 行第 j 列数组元素的地址	$p+i*N+j$	$a[i]+j$ 或 $*(a+i)+j$	$\&a[i][j]$
第 i 行第 j 列数组元素	$*(p+i*N+j)$	$*(a[i]+j)$或 $*(*(a+i)+j)$	$a[i][j]$

从表 7.3 可知，在用指针方式表示第 i 行首地址时要考虑数组的列长度，所以用二维数组设计程序时最好不用一级指针方式操作，用地址方式表示数组元素比较直观。

例 7-11 求 $m\times n$ 阶矩阵每一行元素的和。

分析：设 $m\times n$ 阶矩阵用数组 a 表示，$s[i]$表示数组 a 的第 i 行($i=0,1,\cdots,m-1$)各元素之和，则计算数组 a 第 i 行各元素的和的数学模型为 $s[i]=s[i]+a[i][j]$($j=0,1,\cdots,n-1$)。

设指针 p 指向元素 $a[i][0]$(即 $p=a[i]$)，则计算数组 a 的第 i 行($i=0,1,\cdots,m-1$)各元素之和的数学模型为 $s[i]=s[i]+*p$，其中，$p=a[i],a[i]+1,\cdots,a[i]+n-1$。

算法：

(1) 输入数组 a。

(2) $i=0$。

(3) 若 $i<m$，转(4)，否则转(6)。

(4) 求第 i 行各元素之和 $s[i]$。

(5) $i=i+1$，转(3)。

(6) 输出数组 s。

细化——求第 i 行各元素之和的算法：

(4.1) $s[i]=0$。

(4.2) 设指针 $p=a[i]$。

(4.3) 若 $p<a[i]+n$,转(4.4),否则转(5)。

(4.4) $s[i]=s[i]+*p$。

(4.5) $p=p+1$。

(4.6) 转(4.3)。

程序:

```
#include <iostream.h>
const int m = 4;
const int n = 2;
void main()
  {
    int a[m][n], *p,i,j,s[m];
    for(i = 0;i < m;i++)                          //输入数组 a
      for(j = 0;j < n;j++)
          cin>> a[i][j];
    for(i = 0;i < m;i++)
      {   s[i] = 0;
          for(p = a[i];p < a[i] + n;p++)      //初始时 p 指向 a[i][0],移动 p,求第 i 行各元素之和
          s[i] = s[i] + *p;
      }
    cout <<"矩阵每一行的和:"<< endl;
    for(i = 0;i < m;i++)
      cout << "第"<< i << " 行的和: "<< s[i]<< endl;
  }
```

4. 指向由 m 个元素组成的一维数组的指针变量

在图 7.12 中,一级指针 $a[i]$ $(i=0,1,2)$ 指向一个包含 4 个元素的一维数组,该一维数组的元素为 $a[i][0]$、$a[i][1]$、$a[i][2]$、$a[i][3]$。如果定义一个指针 p 指向一维数组元素 $a[0]$,则指针 p 是指向由 4 个元素组成的一维数组的指针变量。

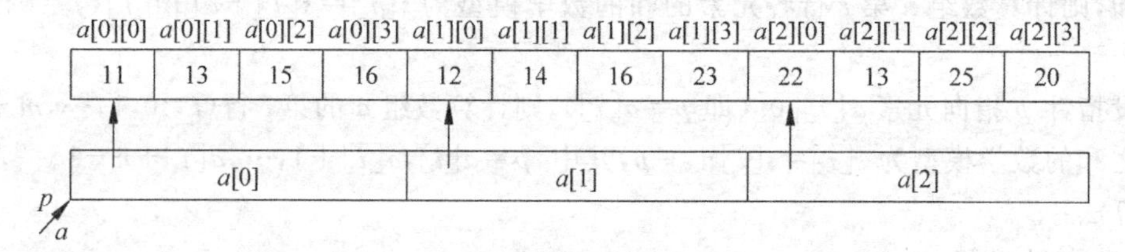

图 7.12　数组 a 的存储空间

格式:

```
数据类型 (*指针变量)[m];
```

功能:定义一个指向由 m 个元素组成的一维数组的指针变量。

注意: 格式中定义的指针变量是二级指针。格式中圆括号不能省略。

例 7-12 分析程序的运行结果。

```
#include <iostream.h>                                    //第 1 行
void main()                                              //第 2 行
{                                                        //第 3 行
    int a[3][4] = {{11,13,15,16},{12,14,16,23},{22,13,25,20}},i,j;   //第 4 行
    int (*p)[4];                                         //第 5 行,定义二级指针 p
    p = a;                                               //第 6 行,p 指向 a[0]
    for(i = 0;i < 3;i++)                                 //第 7 行
      {                                                  //第 8 行
         for(j = 0;j < 4;j++)                            //第 9 行
           cout << *(*(p + i) + j)<<' ';                 //第 10 行, 输出 *(*(p+i)+j),即 a[i][j]
         cout << endl;                                   //第 11 行
      }                                                  //第 12 行
}                                                        //第 13 行
```

运行结果:

```
11 13 15 16
12 14 16 23
22 13 25 20
```

程序分析:第 5 行,定义一个指向由 4 个元素组成的一维数组的指针 p; 第 6 行,使指针 p 指向元素 $a[0]$; 第 7~12 行,输出数组 a,其中,第 8~12 行是循环体,第 9~10 行输出数组 a 的第 i 行元素,第 10 行输出 $a[i][j]$,因为 $*(p+i) \longleftrightarrow a[i]$, $*(p+i)+j \longleftrightarrow a[i]+j$, $a[i]+j=\&a[i][j]$,所以, $*(*(p+i)+j) \longleftrightarrow *(\&(a[i]+j)) \longleftrightarrow a[i][j]$。

7.2.3 指针数组

1. 指针数组的定义

如果数组中的每一个元素都是指针类型,则称该数组为指针数组。也就是说,指针数组中的每一个元素相当于一个指针变量,它的值都是地址。

格式:

```
数据类型  *数组名[整型常量表达式];
```

例如,设有定义

```
int a[3][4] = {{11,13,15,16},{12,14,16,23},{22,13,25,20}}, *p[3] = {a[0],a[1],a[2]};
```

则数组 a 与指针数组 p 的关系如图 7.13 所示。

说明:

(1) 因为[]比 * 的优先级高,所以 p 先与[3]结合,形成 $p[3]$,这是数组的形成,它有 3 个元素。然后再与 * 结合,表示该数组是指针类型,也就是指针数组 p 的元素 $p[i]$ 是指针变量,而且 $p[i]=a[i]$。

(2) p 是二级指针。

(3) 二维数组的元素 $a[i][j]$ 可以用 $*(p[i]+j)$ 表示。

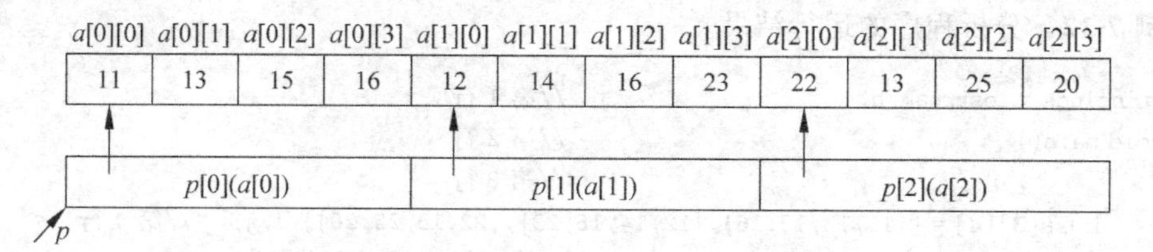

图 7.13 数组 a 与指针数组 p 的关系

2. 通过指针数组访问二维数组元素

如果指针数组指向二维数组元素，则访问第 i 行第 j 列数组元素有以下 3 种方式。

1）下标方式

二维数组名[行下标 i][列下标 j]

2）地址方式

((二维数组名+行下标 i)+列下标 j)

或

*(二维数组名[行下标 i]+列下标 j)

3）指针数组方式

((指针数组名+行下标 i)+列下标 j)

或

*(指针数组名[行下标 i]+列下标 j)

或

指针数组名[行下标 i][列下标 j]

例 7-13 分析程序的运行结果。

```
#include <iostream.h>                                 //第 1 行
void main()                                           //第 2 行
{   int a[3][4] = {{11,13,15,16},{12,14,16,23},{22,13,25,20}},i,j;   //第 3 行
    int *p[] = {a[0],a[1],a[2]};                      //第 4 行,定义指针数组 p
    for(i = 0;i < 3;i++)                              //第 5 行,用下标方式输出数组
      for(j = 0;j < 4;j++)                            //第 6 行
        cout << a[i][j]<<' ';                         //第 7 行
     cout << endl;                                    //第 8 行
    for(i = 0;i < 3;i++)                              //第 9 行,用地址方式输出数组
     for(j = 0;j < 4;j++)                             //第 10 行
        cout << *(a[i] + j)<<' ';                     //第 11 行
    cout << endl;                                     //第 12 行
    for(i = 0;i < 3;i++)                              //第 13 行,用指针方式输出数组
      for(j = 0;j < 4;j++)                            //第 14 行
        cout << *(*(p + i) + j)<<' ';                 //第 15 行
}                                                     //第 16 行
```

运行结果：

```
11 13 15 16 12 14 16 23 22 13 25 20
11 13 15 16 12 14 16 23 22 13 25 20
11 13 15 16 12 14 16 23 22 13 25 20
```

程序分析：第5～7行，通过下标方式输出数组元素 $a[i][j]$；第9～11行，通过地址方式输出数组元素 $*(a[i]+j)$；第13～15行，通过指针方式输出数组元素 $*(*(p+i)+j)$。

例如，设 M 和 N 是常量，有定义“int a[M][N], *p[] ={ a[0],a[1],…,a[M−1]};”，则指针数组与二维数组的关系如表7.4所示。

表7.4 指针数组与二维数组的关系

含义	指针数组方式	地址方式	下标方式
数组首地址		$a[0]$	$\&a[0][0]$
第 i 行首地址	$p[i]$	$a[i]$	$\&a[i][0]$
第 i 行第 j 列数组元素的地址	$p[i]+j$ 或 $*(p+i)+j$	$a[i]+j$ 或 $*(a+i)+j$	$\&a[i][j]$
第 i 行第 j 列数组元素	$*(p[i]+j)$ 或 $*(*(p+i)+j)$ 或 $p[i][j]$	$*(a[i]+j)$ 或 $*(*(a+i)+j)$	$a[i][j]$

从表7.4可知，在确定了指针数组与二维数组的关系后，用指针方式和地址方式表示数组元素都比较直观。指针数组 p 与二维数组 a 都是二级指针的概念，但要注意，$a[i]$的地址值是定义数组 a 时由计算机随机开辟的，其地址值不能改变，$p[i]$是变量，其值可以改变。

例 7-14 分析程序的运行结果。

```
#include < iostream.h >                                  //第 1 行
void main()                                              //第 2 行
{   int a[3][4] = {{11,13,15,16},{12,14,16,23},{22,13,25,20}},i,j; //第 3 行
    int *p[] = {a[0],a[1],a[2]};                         //第 4 行,定义指针数组 p
    for(i = 0;i < 3;i++)                                 //第 5 行,用指针方式输出数组
     for(j = 0;j < 4;j++)                                //第 6 行
       cout << p[i][j]<<' ';                             //第 7 行
    cout << endl;                                        //第 8 行
    p[0] = a[1];                                         //第 9 行
    p[1] = a[0];                                         //第 10 行
    for(i = 0;i < 3;i++)                                 //第 11 行
      for(j = 0;j < 4;j++)                               //第 12 行
       cout << p[i][j]<<' ';                             //第 13 行
    cout << endl;                                        //第 14 行
    for(i = 0;i < 3;i++)                                 //第 15 行,用下标方式输出数组
     for(j = 0;j < 4;j++)                                //第 16 行
      cout << a[i][j]<<' ';                              //第 17 行
cout << endl;                                            //第 18 行
}                                                        //第 19 行
```

运行结果：

```
11 13 15 16 12 14 16 23 22 13 25 20
```

```
12 14 16 23 11 13 15 16 22 13 25 20
11 13 15 16 12 14 16 23 22 13 25 20
```

程序分析：第 4 行，定义指针数组 p 并使 $p[i]=a[i]$，如图 7.14 所示；第 5～7 行，通过指针数组方式输出数组元素 $a[i][j]$；第 9 行，使指针 $p[0]$ 的值改为 $a[1]$；第 10 行，使指针 $p[1]$ 的值改为 $a[0]$，但没有改变数组 a 的值，如图 7.15 所示；第 11～13 行，通过指针方式分别输出指针 $p[0]$ 和 $p[1]$ 所指向元素的值；第 15～17 行，通过下标方式输出数组元素。

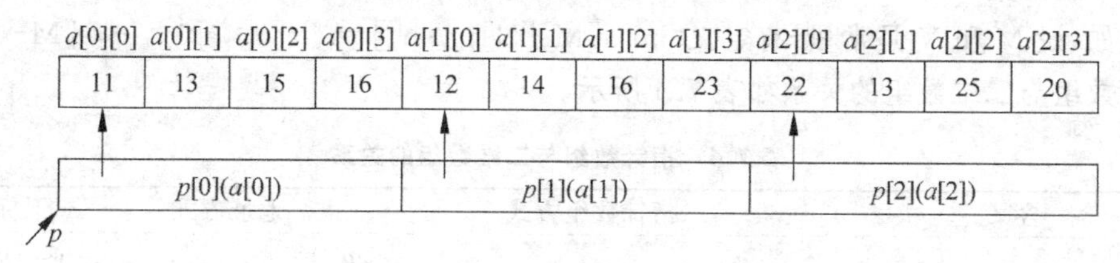

图 7.14　数组 a 与指针数组 p 的关系

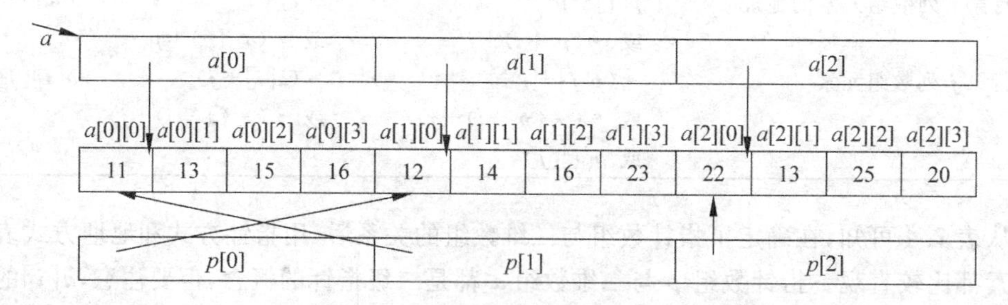

图 7.15　数组 a 与指针数组 p 的关系

例 7-15　求 $m\times n$ 阶矩阵每一行元素之和。

分析：设 $s[i]$ 表示第 i 行（$i=0,1,\cdots,m-1$）各元素之和，则计算第 i 行各元素之和的数学模型为 $s[i]=s[i]+a[i][j]$（$j=0,1,\cdots,n-1$）。

若指针 $p[i]$ 等于元素 $a[i]$，则计算第 i 行各元素之和的数学模型为 $s[i]=s[i]+p[i][j]$（$j=0,1,\cdots,n-1$）。

算法：

(1) 输入数组 a。

(2) 置指针 $p[i]=a[i]$，$i=0,1,\cdots,m-1$。

(3) $i=0$。

(4) 若 $i<m$，转(5)，否则转(7)。

(5) 求第 i 行各元素之和。

　(5.1) $s[i]=0$。

　(5.2) $j=0$。

　(5.3) 若 $j<n$，转(5.4)，否则转(6)。

　(5.4) $s[i]=s[i]+p[i][j]$。

　(5.5) $j=j+1$。

　(5.6) 转(5.3)。

(6) $i=i+1$。

(7) 输出数组 s。

程序：

```
#include < iostream.h >
const int m = 4;
const int n = 2;
void main()
{
    int a[m][n], * p[m],i,j,s[m];
    for(i = 0;i < m;i++)                    //输入数组 a
      for(j = 0;j < n;j++)
      cin>> a[i][j];
      for(i = 0;i < m;i++)
        p[i] = a[i];
      for(i = 0;i < m;i++)
        { s[i] = 0;
          for(j = 0;j < n;j++)              //计算每行各元素之和
            s[i] = s[i] + p[i][j];
        }
      cout <<"矩阵每一行的和:"<< endl;
      for(i = 0;i < m;i++)
        cout <<"第"<< i <<" 行的和: "<< s[i]<< endl;
      cout << endl;
}
```

7.2.4 指针与字符串

由以上几节可知,在通过指针对数组元素进行存储时不需要计算数组元素的地址而直接存取,因此通过指针对数组元素进行存取的速度更快。对字符类型的指针也可以指向字符串,使用指针对字符串进行处理要比使用字符数组更加方便。

1. 字符指针

字符指针常用于处理字符串。

1）定义字符指针

格式：

```
char  * 指针;
```

例如，

```
char * p;
```

其含义是定义字符指针 p。

2）字符指针的初始化

格式：

```
char  * 指针 = 字符串;
```

例如，

```
char * p = "abcd";
```

其含义是定义字符指针 p 并且指向字符串"abcd"的首元素'a'的地址。

3）字符指针的赋值

格式：

```
指针 = 字符串;
```

例 7-16 分析下列程序的输出结果。

```
#include <iostream.h>                           //第 1 行
void main()                                     //第 2 行
  { char s[80] = "abcdefg", * p;                //第 3 行
    p = s;                                      //第 4 行,p 指向 s[0]
    while( * p!= '\0')                          //第 5 行,判断 p 指向的单元是否为'\0'
     cout << * p++;                             //第 6 行,输出 p 指向单元的值后,p 向后移
    cout << p - s << endl;                      //第 7 行,输出字符串 s 的长度
  }                                             //第 8 行
```

输出结果：

```
abcdefg7
```

程序分析：第 3 行，定义字符数组 s 和字符指针 p，并对数组 s 赋初值；第 4 行，p 指向 $s[0]$，即 p 指向字符串中的首字符 'a'。第 5～6 行是 while 语句，循环结束条件是 p 指向字符串的结束符'\0'，其中，第 6 行用于输出字符数组元素 $*p$ 的值($s[i]$)，然后 p 加 1，即 p 向后移动一个单元；第 7 行，输出 $p-s$ 的值，其值表示从 s 起到 p 之前的数据个数 7。如图 7-16 所示。由此可见，程序的功能是输出字符串，并计算该字符串的长度。注意：p 的值是不断在变化的。

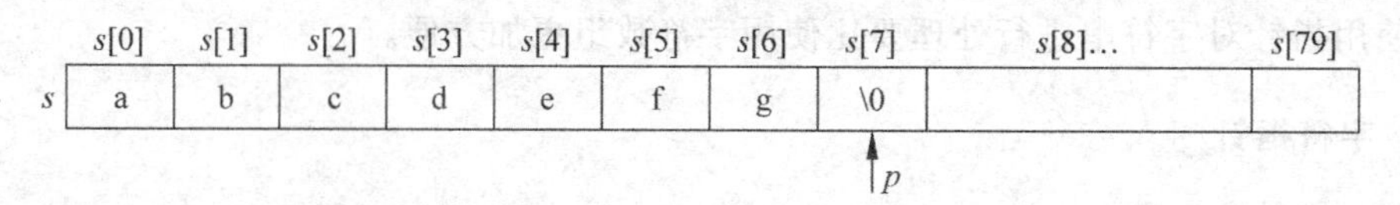

图 7.16 数组 s 与指针 p 的关系

例 7-17 分析下列程序的输出结果。

```
#include <iostream.h>                           //第 1 行
void main()                                     //第 2 行
{                                               //第 3 行
    char * p1, * p2, * p;                       //第 4 行
    p1 = new char [60];       //第 5 行,开辟 60 个存储空间,并使 p1 指向该存储空间的第 1 个单元
    p2 = new char [60];                         //第 6 行
    p = p2;                                     //第 7 行
    p1 = "ab567cABGHF1234";                     //第 8 行,将字符串赋给 p1
    for( ; * p1!= '\0';p1++)                    //第 9 行
      if( * p1 >= '0'&& * p1 <= '9')  * p2++ = * p1;
                                      //第 10 行,把 p1 中的数字字符赋给 p2,p2 向后移
    * p2 = '\0';                                //第 11 行, 将结束字符'\0'赋给 p2 指向的单元
    cout << p << endl;                          //第 12 行
}                                               //第 13 行
```

输出结果：

```
5671234
```

程序分析：第5行，开辟60个存储空间，并使 $p1$ 指向该存储空间的第1个单元；第6行，开辟60个存储空间，并使 $p2$ 指向该存储空间的第1个单元；第9～10行，把 $p1$ 中的数字字符复制到 $p2$ 中；第11行，将结束字符'\0'赋给 $p2$ 指向的单元；第12行，输出 p 的值（"5671234"）。

思考题：程序中的第5～7行和第11行是否可以删除？

字符指针与字符数组虽然都可以对字符串进行处理，但字符指针与字符数组在操作上既有相同之处，也有不同之处，如表7.5所示。

表7.5 字符指针与字符数组使用的比较

操作	字符指针	字符数组
定义	char *指针；	char 数组[长度]；
分配空间	指针=new char[长度]；	数组在定义时分配空间
初始化	char *指针=字符串；	char 数组[长度]=字符串；
赋值	指针=字符串；	strcpy(数组名,字符串)；
输入	cin>>指针； 或 gets(指针)；	cin>>数组名； 或 gets(数组名)；
输出	cout<<指针； 或 puts(指针)；	cout<<数组名； 或 puts(数组名)；

例7-18 将输入的一个字符串按逆序存放并输出。

分析：设字符串 s 长度为 n，则将长度为 n 的字符串按逆序存放，就是交换 $s[i]$ 与 $s[n-1-i]$（$i=0,1,\cdots,n/2-1$）的值。若用指针 p 指向 $s[i]$，指针 t 指向 $s[n-1-i]$，则交换 $s[i]$ 与 $s[n-1-i]$（$i=0,1,\cdots,n/2-1$）的值，就是交换 $*p$ 与 $*t$ 的值，直到指针 $p \geq t$。

算法：

(1) 输入 s，并计算 s 长度 n。

(2) 置指针 $t=\&s[n-1]$，$p=s$。

(3) 若 $p<t$，转(4)，否则转(7)。

(4) 交换 $*p$ 与 $*t$ 的值。

(5) $p=p+1$，$t=t-1$。

(6) 转(3)。

(7) 输出 s。

算法中(2)～(6)构成循环结构，其结构为：

初值：$t=\&s[n-1]$，$p=s$。循环条件：$p<t$。循环体：$*p \leftrightarrow *t$，$p=p+1$，$t=t-1$。

程序：

```
#include < iostream.h >
#include < string.h >
#include < stdio.h >
void main()
{
```

```
    char s[80], *p, *t; int n;char c;
    gets(s);                                    //输入 s
    n = strlen(s);                              //将 s 的长度赋给 n
    p = s;t = &s[n-1];                          //p 指向 s[0],t 指向 s[n-1]
    while(p<t)                                  //判断 p 所指元素是否在 t 所指元素之前
      {  c= *p; *p= *t; *t=c;                   //交换 *p 与 *t 的值
         p++;                                   //p 后移
         t--;                                   //t 前移
      }
    cout << s << endl;
}
```

2. 字符指针数组

字符指针数组常用于处理若干个字符串。

1) 字符指针数组的定义

格式:

```
char  *数组名[整型常量表达式];
```

功能:定义字符指针数组。

例如:

```
char * p[3];
```

2) 字符指针数组的初始化

格式:

```
char  *数组名[整型常量表达式]={若干个字符串};
```

功能:定义字符指针数组,将各字符串的首地址赋给对应的元素。

例 7-19 分析程序的运行结果。

```
#include <iostream.h>                           //第 1 行
#include <string.h>                             //第 2 行
void main()                                     //第 3 行
{                                               //第 4 行
    char *b[] = {"Fortran","C/C++","Pascal","Basic"};
    //定义字符指针数组 b 并初始化,如图 7.17 所示
    int i,j,k;char *p;                          //第 6 行
    for(i = 0;i < 3;i++)                        //第 7 行
      { k = i;              //第 8 行,设 b[k]指向的当前字符串(b[i]所指向的字符串)是最大的
        for(j = i + 1;j < 4;j++)                //第 9 行
          if(strcmp(b[k], b[j])> 0) k = j;      //第 10 行,判断 b[k]与 b[j]所指向字符串的大小
        if( i!= k)                              //第 11 行
          { p= b[i]; b[i]= b[k]; b[k] = p;}     //第 12 行,交换两个指针指向的字符串
      }                                         //第 13 行
    for(i = 0;i < 4;i++)cout << b[i]<< endl;    //第 14 行,输出指针 b[i]所指的字符串
}                                               //第 15 行
```

运行结果：

```
Basic
C/C++
Fortran
Pascal
```

程序分析：第 5 行，定义字符指针数组 *b*，每一个元素的值是对应字符串的首地址，如图 7.17 所示；第 7～13 行，二重循环语句，该语句用选择排序算法对字符串排序，在排序过程中不用改动字符串的位置，只需改动指针数组中各元素的指向（即改变各元素的值，这些值是各字符串的首地址），如图 7.18 所示；第 14 行，输出 *b* 的值。

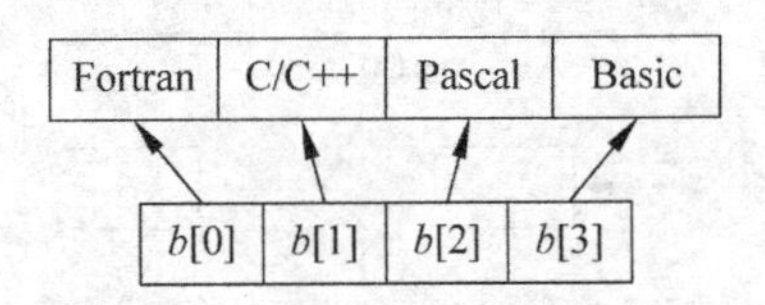

图 7.17　字符指针数组 *b* 的值

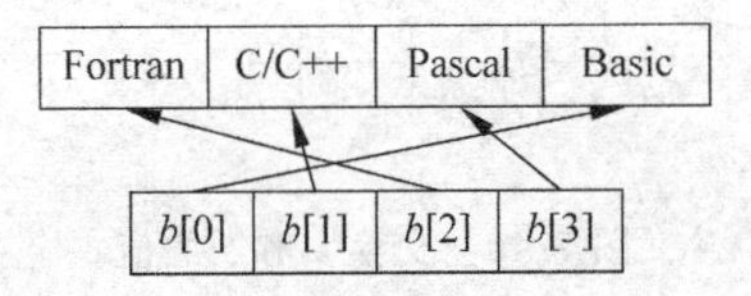

图 7.18　字符指针数组 *b* 的值

7.3 指针与函数

函数的形参除了可以是变量、数组等以外，还可以是指针变量，此时对应的实参可以是指针、数组名等，当实参与形参结合时，传递的是地址。

例 7-20　分析下列程序的运行结果。

```
#include < iostream.h >                //第 1 行
void swap(int * ,int * );              //第 2 行，声明函数 swap，形参是两个整型指针
void main()                            //第 3 行
  {   int a = 3,b = 6;                 //第 4 行
      swap(&a,&b);                     //第 5 行，调用函数 swap，实参是整型变量地址
      cout << a << b << endl;          //第 6 行
  }                                    //第 7 行
  void swap(int *x,int *y)             //第 8 行，定义函数 swap，形参是两个整型指针
  {                                    //第 9 行
      int t = *x;                      //第 10 行，将 x 指向单元的值赋给 t
      *x = *y;                         //第 11 行，将 y 指向单元的值赋给 x 指向的单元
      *y = t;                          //第 12 行，将 t 的值赋给 y 指向的单元
  }                                    //第 13 行
```

运行结果：

```
63
```

函数 swap 的功能：交换两个指针指向单元的值。

程序分析：第 2 行，在形参表中只写了数据类型(int *)，省略了形参名，这是将形参声明为整型的指针变量；第 4 行，定义变量 a、b 并初始化，如图 7.19(a)所示；第 5 行，在调用函数 swap 时，$\&a\to x$，$\&b\to y$，使 x 指向变量 a，y 指向变量 b，如图 7.19(b)所示；执行 swap 函数的函数体(第 9～13 行)，交换 $*x$ 和 $*y$ 的值，如图 7.19(c)所示。调用结束后，释放 x、y 和 t，如图 7.19(d)所示。第 13 行，输出 a 和 b 的值。

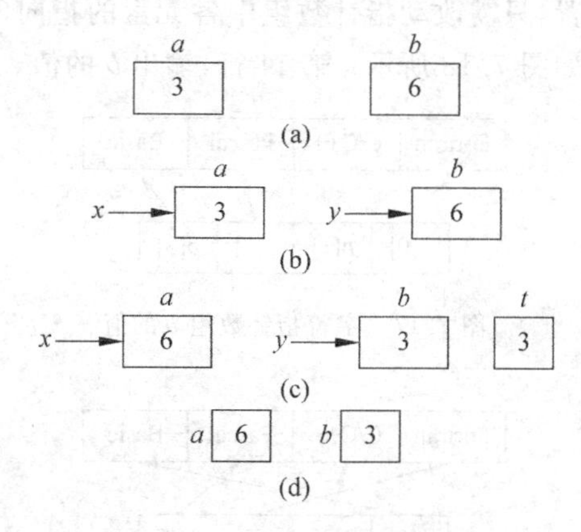

图 7.19　交换 a 和 b 的值

例 7-21　分析下列程序的运行结果。

```
#include <iostream.h>                     //第 1 行
void copy (char *t , char *f)             //第 2 行,定义函数 copy,形参是两个字符型指针
  { while( *f!= '\0')                     //第 3 行
      *t++ = *f++;       //第 4 行,将 f 指向单元的值赋给 t 指向的单元并移动指针,直至 *f = '\0'
      *t = '\0';                          //第 5 行,'\0'→ *t
  }                                       //第 6 行
void main()                               //第 7 行,定义主函数
  { char a[20] = "Hi! ";                  //第 8 行,定义字符数组 a 并赋初值
    char b[20] = "Hello! ";               //第 9 行
    copy(a,b);                            //第 10 行,调用函数 copy,实参为数组名
    cout << a << endl;                    //第 11 行,输出 a
    cout << b << endl;                    //第 12 行
  }                                       //第 13 行
```

运行结果：

```
Hello!
Hello!
```

函数 copy 的功能：将字符串 b 复制到字符数组 a 中。

程序分析：执行第 8～9 行，定义两个字符数组 a 和 b。第 10 行，在调用函数 copy 时，$\&a[0]\to t$，$\&b[0]\to f$，使 t、f 分别指向 $b[0]$ 和 $a[0]$，如图 7.20(a)所示。执行 copy 函数体(第 3～6 行)，此时 $*f$ 的值为'H'，赋值语句“ *t++ = *f++;”的作用是将 $*f$(即 $b[0]$)

的值赋给 $*t$(即 $a[0]$),然后 f 和 t 分别加 1,各自指向其下面的一个元素,再将 $b[1]$的值赋给 $a[1]$,…,如此进行直到 $*f$ 的值等于'\0'。第 5 行,将'\0'赋给 $*t$,如图 7.20(b)所示。在调用结束时,释放指针 f 和 t,返回到主函数的调用处。第 11~12 行,输出 a 和 b。

思考题:是否可以删除第 5 行?

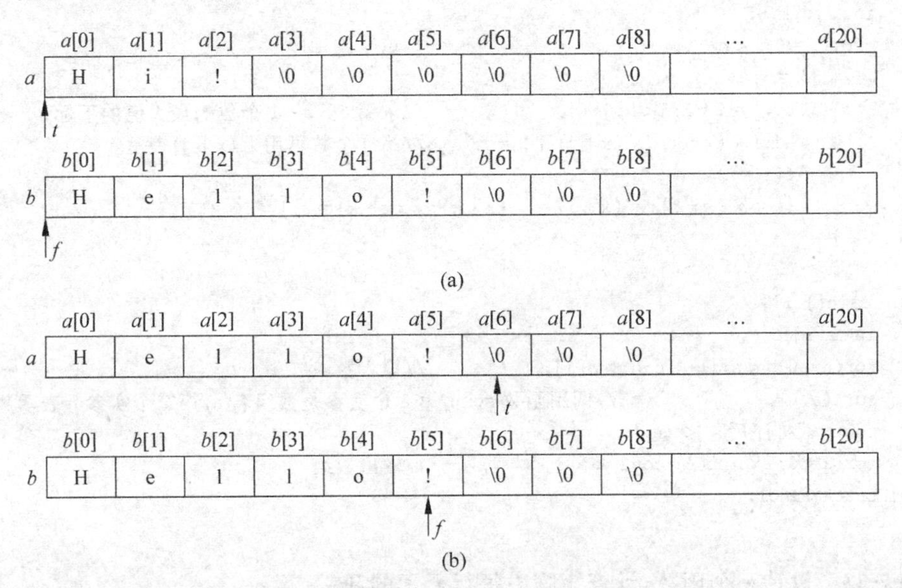

图 7.20 将字符串 b 复制到字符数组 a 中

注意:字符数组 b 的长度必须小于或等于字符数组 a 的长度。

例 7-22 定义一个函数,利用选择排序法实现数组由大到小的排序。

分析:函数 sort(int $*x$,int n)的功能是对以 x 为起始地址的 n 个数进行排序。

主函数算法:

(1) 输入数组 a。

(2) 调用函数 sort(a,n)。

(3) 输出数组 a。

函数 sort(int $*x$,int n)的算法:

(1) $i=0$。

(2) 若 $i<n-1$,转(3),否则函数调用结束,回到主函数。

(3) 求第 $i \sim n-1$ 个数的最大值的下标 k。

(4) 若 i 不等于 k,则第 i 个数(即 $*(x+k)$)与第 k 个数(即 $*(x+i)$)交换。

(5) $i=i+1$,转(2)。

细化——求第 $i \sim n-1$ 个数的最大值的下标 k 的算法:

(3.1) $k=i$。

(3.2) $j=i+1$。

(3.3) 若 $j>n$,转(4)。

(3.4) 若 $*(x+k)$小于 $*(x+j)$,则 $k=j$。

(3.5) $j=j+1$,转(3.3)。

程序：

```
#include <iostream.h>
const int n = 10;
void sort(int *x, int n)          //定义函数 sort,第 1 个形参是整型指针,第 2 个形参是整型变量
{   int i,j,k,w;
    for(i = 0;i < n - 1;i++)                 //第 i 趟排序
      { k = i;
        for(j = i + 1;j < n;j++)             //求第 i～n - 1 个数的最大值的下标 k
          if( *(x + k)< *(x + j) ) k = j;    //第 j 个数可用 *(x + j)表示
        if(i!= k)
          {w = *(x + i); *(x + i) = *(x + k); *(x + k) = w;}
      }
}
void main()
{   int a[n],i;
    for(i = 0;i < n;i++) cin >> a[i];        //输入数组
    sort(a,n);                //调用函数 sort,第 1 个实参是数组名 a,第 2 个实参 n 表示数组长度
    cout <<"排序后: "<< endl;
    for(i = 0;i < n;i++) cout << a[i]<<" ";  //输出数组
    cout << endl;
}
```

例 7-23 设计一个函数,计算矩阵中每行元素的和。

用二维数组 a 表示 M 行 N 列矩阵。

方法一：用一级指针实现。

分析：函数 sum(int $*x$)的功能是求以 x 为起始地址的 N 个数之和。

主函数算法：

(1) 输入数组 a。

(2) 输出 sum($a[i]$),其中,$i=0,1,\cdots,M-1$。

函数 sum(int $*x$)的算法：

(1) $s=0$。

(2) $s=s+*(x+i)$,其中,$i=0,1,\cdots,N-1$。

(3) 返回 s。

程序：

```
#include <iostream.h>
const int M = 3;
const int N = 4;
int sum(int *x)                              //定义函数 sum,形参为指针
  { int i,s = 0;
    for(i = 0;i < N;i++)                     //计算 N 个元素之和
      s = s + *(x + i);                      //第 i 个数可用 *(x + i)表示
    return s;
  }
  void main()
    { int a[M][N] = {{11,2,3, - 4},{5,6,7,8},{0,20,21,1}};
    for(int i = 0;i < M;i++)
```

```
    {
    cout<<"第"<<i<<" 行的和: ";
    cout<<sum(a[i])<<endl;                //调用函数 sum,实参为第 i 行的首地址,即 &a[i][0]
    }
  }
```

方法二：用指向由 N 个元素组成的一维数组的指针(二级指针)实现。

分析：可定义一个指向由 N 个元素组成的一维数组的指针 x，使其指向数组 a 的第一行，即设 int $(*x)[N]=a$，则元素 $a[i][j]$ 可用 $*(*(x+i)+j)$ 表示。

用数组 s 存放数组 a 的每一行元素之和，可设函数 sum(int $(*x)[N]$,int $s[]$)，其功能是计算 M 行 N 列矩阵的每一行元素之和，将其值存放在数组 s 中。

主函数的算法：

(1) 输入数组 a。

(2) $s[i]=0, i=0,1,\cdots,M-1$。

(3) 调用函数 sum(a,s)。

(4) 输出 $s[i], i=0,1,\cdots,M-1$。

函数 sum(int $(*x)[N]$,int $s[]$)的算法：

(1) $i=0$。

(2) 若 $i<M$，转(3)，否则返回主函数。

(3) 计算 x 中的第 i 行元素之和，即 $s[i]=s[i]+*(*(x+i)+j)$，其中，$j=0,1,\cdots,N-1$。

(4) $i=i+1$。

(5) 转(2)。

程序：

```
#include<iostream.h>
const int M=3;
const int N=4;
void sum(int (*x)[N],int s[])
  { int i,j;
    for(i=0;i<M;i++)                     //计算矩阵的每一行元素之和
     for(j=0;j<N;j++)
       s[i]=s[i]+ *(*(x+i)+j);
  }
  void main()
  { int a[M][N]={{11,2,3,-4},{5,6,7,8},{0,20,21,1}};
    int s[M]={0};                        //赋初值
    sum(a,s);                            //调用函数 sum
    for(int i=0;i<M;i++)                 //求矩阵 a 的每一行元素之和
      cout<<"第"<<i<<" 行的和: "<<s[i]<<endl;  //输出 s
  }
```

方法三：用指针数组实现。

分析：可定义一个指针数组 x，即设 int $*x[N]$，使 $x[i]=a[i]$，其中，$i=0,1,\cdots,M-1$，则元素 $a[i][j]$ 可用 $x[i][j]$ 表示。

用一维数组 s 存放数组 a 的每一行元素之和，设计 sum(int *x[],int s[])函数，其功能为计算 M 行 N 列矩阵的每一行元素之和，将其值存放在数组 s 中。

主函数的算法：

(1) 输入数组 a。

(2) $s[i]=0$，其中，$i=0,1,\cdots,M-1$。

(3) $x[i]=a[i]$，其中，$i=0,1,\cdots,M-1$。

(4) 调用函数 sum(a,s)。

(5) 输出 $s[i]$，$i=0,1,\cdots,M-1$。

函数 sum(int *x[],int s[])的算法：

(1) $i=0$。

(2) 若 $i<M$，转(3)，否则返回主函数。

(3) 计算矩阵中的第 i 行元素之和，即 $s[i]=s[i]+x[i][j]$，其中，$j=0,1,\cdots,N-1$。

(4) $i=i+1$。

(5) 转(2)。

程序：

```
#include <iostream.h>
const int M = 3;
const int N = 4;
void sum(int * x[],int s[])
//定义函数 sum,第 1 个形参是指针数组 x,第 2 个形参是一维数组 s
{    int i,j;
     for(i = 0;i < M;i++)                          //计算矩阵中的每一行元素之和
     for(j = 0;j < N;j++)
        s[i] = s[i] + x[i][j];
}
void main()
{    int i,a[M][N] = {{11,2,3, - 4},{5,6,7,8},{0,20,21,1}};
        int * x[M];                                //指针数组 x
        int s[M] = {0};                            //赋初值
     for(i = 0;i < M;i++)                          //指针数组 x 指向每一行的首地址
        x[i] = a[i];
     sum(x,s);                                     //调用函数 sum
     for(i = 0;i < M;i++)
        cout <<"第"<< i <<" 行的和: "<< s[i]<< endl;    //输出 s 的值
}
```

例 7-24 定义一个函数，把某班学生的名册按姓名由小到大的顺序排列。

分析：把学生的名册按姓名排列实际上是对若干个字符串按由小到大的顺序排列，可以采用选择法。

程序：

```
#include < iostream.h>
#include < string.h>
#include < stdio.h>
const int m = 5;
void sort(char * name[]) //定义函数 sort,形参为字符型指针数组 name
{  int i,j,k;char * p;
```

```
    for(i = 0;i < m - 1;i++)
    {   k = i;                                      //假设 name [k]所指字符串是当前最大者
        for(j = i + 1;j < m;j++)            //求 name[i]～ name[m - 1]所指字符串中的最大者的下标 k
        if(strcmp(name[k], name[j])> 0) k = j;
        if( i!= k)
        { p=  name[i]; name[i] = name[k]; name[k] = p;} //交换 name[k]与 name[i]的指向
    }
}
void main()
{ char * name[m]; int i;                            //定义字符型指针数组 name
  cout <<"输入该班的学生姓名: "<< endl;
  for(i = 0;i < m;i++)                              //输入 m 个字符串
  { name[i] = new char[10];          //动态开辟长度为 10 的字符数组空间,name[i]指向其首地址
    gets(name[i]);                               //将输入的字符串存放在 name[i]指向的字符数组中
  }
  sort(name);                                       //调用函数 sort,其实参是指针数组名 name
  cout <<"排序后的学生名册: "<< endl;
  for(i = 0;i < m;i++)
    cout << name[i]<< endl;                         //输出 name[i]指向的字符串
}
```

7.4　指针与结构体

一个结构体变量的指针就是该变量所占据的内存段的首地址。

1. 指向结构体变量的指针

通过指针访问结构体成员的格式：

```
(* 指向结构体的指针).成员名
```

或

```
指向结构体的指针 ->成员名
```

功能：通过指向结构体变量的指针引用结构体变量的成员。
说明：->称为指向成员运算符。

例 7-25　分析下列程序的输出结果。

```
#include < iostream.h>                              //第 1 行
#include < string.h>                                //第 2 行
#include < iomanip.h>                               //第 3 行
struct date                                         //第 4 行,定义结构体类型 date
  {   int year;                                     //第 5 行
      int month;                                    //第 6 行
      int day;                                      //第 7 行
  };                                                //第 8 行
  struct man                                        //第 9 行,定义结构体类型 man
  {   char name[15];                                //第 10 行
      char sex;                                     //第 11 行
      date birthday;                                //第 12 行
```

```
  } m;                                              //第 13 行,定义属于结构体类型 man 的变量 m
void main()                                         //第 14 行
  {  man * p = &m;             //第 15 行,定义属于结构体类型 man 的指针变量 p 并指向变量 m
     strcpy (p -> name,"Fang Min");                 //第 16 行,将"Fang Min"赋给 m 的成员 name
     p -> sex = 'F';                                //第 17 行,将'F'赋给 m 的成员 sex
     p -> birthday. month = 8;                      //第 18 行,将 8 赋给 p -> brithday. month
     p -> birthday. day = 8; p -> birthday. year = 1988;                         //第 19 行
     cout <<" 姓名 "<<'\t'<<"性别"<<'\t'<<"出生年月日"<< endl;                      //第 20 行
     cout << p -> name <<'\t'<< p -> sex <<'\t'<< p -> birthday. year;           //第 21 行
     cout <<'. '<< p -> birthday. month <<'. '<< p -> birthday. day << endl;     //第 22 行
  }                                                 //第 23 行
```

输出结果：

```
姓名        性别      出生年月日
Fang Min     F        1988.8.8
```

程序分析：第 4～8 行定义结构体类型 date；第 9～13 行定义结构体类型 man 和该类型的变量 m；第 15 行定义指针 p，使 p 指向 m；第 16～19 行通过引用指针 p 对结构体变量 m 的各成员赋值，如图 7.21 所示；第 20～22 行，输出 m 的各个成员的值。

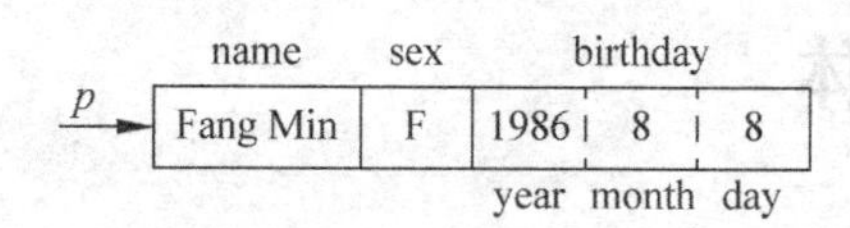

图 7.21 p 的存储空间

2. 指向结构体数组的指针

例 7-26 分析下列程序的输出结果。

```
#include < iostream. h >                            //第 1 行
#include < iomanip. h >                             //第 2 行
struct person                                       //第 3 行,定义结构体类型 person
{      char name[15];                               //第 4 行
       char sex;                                    //第 5 行
       int age;                                     //第 6 行
  }m[3] = {{"FangMin",'F',24},{"LiLin",'M',23},{"Wu Bing",'M',23}};             //第 7 行
  //定义结构体数组 m 并初始化
  void main()                                       //第 8 行
  {   person * p = m;                               //第 9 行,定义指针变量 p 并指向数组元素 m[0]
      cout <<" 姓名 "<<'\t'<<"性别"<<'\t'<<"年龄"<< endl;                          //第 10 行
      for(;p < m + 3;p++)                           //第 11 行
      cout <<( * p). name <<'\t'<<( * p). sex <<'\t'<<( * p). age << endl;      //第 12 行
}                                                   //第 13 行
```

输出结果：

```
姓名          性别   年龄
FangMin         F      24
LiLin           M      23
```

```
Wu Bing          M       23
```

程序分析：第 3～7 行定义 person 类型和一个结构体数组 m，并对数组 m 进行初始化；第 9 行定义一个指针 p 并使指针 p 指向 $m[0]$，如图 7.22 所示；第 11～12 行，用 for 语句逐个输出数组元素的各个成员值，用 p 作为循环变量控制循环次数。

	name	sex	age
p → $m[0]$	Fang Min	F	24
$m[1]$	Li Lin	M	23
$m[2]$	Wu Bing	M	23

图 7.22　数组 m 的存储空间

7.5　指向指针的指针

指向指针数据的指针变量简称为指向指针的指针。

在图 7.23 中，数组 b 是一个指针数组，每一个元素都是指针，指针 p 指向指针数组元素 $b[0]$，则这个指针 p 就是指向指针的指针。

注意：指针 p 是二级指针。

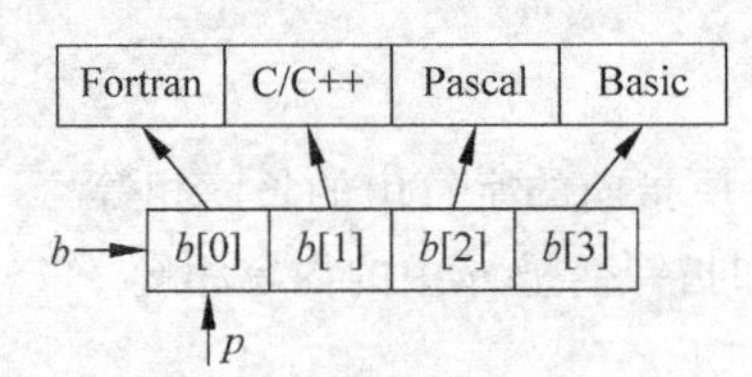

图 7.23　指向指针的指针

定义指向指针的指针的格式：类型 ** 指针；

功能：定义一个指向指针的指针。

例 7-27　分析下列程序的输出结果。

```
#include < iostream.h >                                     //第 1 行
void main()                                                 //第 2 行
{    char ** p;                                             //第 3 行,定义指向指针的指针 p
     char * b[ ] = {"Fortran","C/C++","Pascal","Basic"};   //第 4 行,定义指针数组 b 并初始化
     p = b;                                                 //第 5 行,将指针 p 指向 b[0]
     cout << * p << endl;                                   //第 6 行,输出 p 指向单元的值"Fortran"
     cout << ** p << endl;                                 //第 7 行,输出指针 b[0]指向的数组元素 b[0][0]
     p = b + 2;                                             //第 8 行,将 p 指向 b[2]
     cout << * p << endl;                                   //第 9 行,输出 p 指向单元的值"Pascal"
     cout << * ( * p + 2)<< endl;                          //第 10 行,输出 b[2] + 2 指向的数组元素 b[2][2]
}                                                           //第 11 行
```

输出结果：

```
Fortran
```

```
F
Pascal
s
```

程序分析：第 4 行，定义指针数组 b 并初始化；第 5 行，使 p 指向数组 $b[0]$，如图 7.23 所示；在第 6 行中，$*p$ 等价于 $b[0]$，因此输出字符串“Fortran”；第 7 行，$**p$ 表示 $*(b[0])$，而 $b[0]$ 指向元素 $b[0][0]$，因此输出“F”；第 8 行，表示当前指针 p 指向 $b[2]$，即 $*p$ 等价于 $b[2]$；第 9 行，输出字符串“Pascal”；第 10 行，$*(*p+2)$ 表示 $*(b[2]+2)$，指针 $b[2]+2$ 指向元素 $b[2][2]$，因此输出“s”。

注意：* 运算符的结合性是从右到左，因此 $**p$ 相当于 $*(*p)$，$*p$ 是指针，由此可知，二级指针是一级指针的指针。

习题 7

一、选择题

1. 若有定义“int x[5];”，则 x 数组中首元素的地址可以表示为________。
   (A) $x[0]$　　(B) $\&x[1]$　　(C) $x+1$　　(D) x
2. 设有程序段“char s[]="Hello" ;char *p;p=s;”，则下列叙述正确的是________。
   (A) s 和 p 完全相同
   (B) $*p$ 与 $s[0]$ 相等
   (C) s 数组的长度和 p 所指向的字符串的长度相等
   (D) 数组 s 中的内容和指针变量 p 中的内容相等
3. 设有变量和函数说明如下。

```
char d = '*';int a = 3;double b = 5, *c;
void sub(int a,int b, double *c, char d)
  {
    switch(d)
      {
        case '+': *c = a + b;break;
        case '-': *c = a-b;break;
        case '*': *c = a * b;break;
        case '/': *c = a/b;break;
      }
  }
```

下面函数调用语句合法的是________。
   (A) sub(sub(1,2,'+',&b),sub(3,4,'+',&a),&b,'-');
   (B) sub(10,20,&b,d);
   (C) sub(1.2+3.2,&c,'+');
   (D) sub(a,b,d,&a);

4. 下面函数的功能是________。

```
int fun(char *s )
```

```
{
    char *p=s;
    while(*p++);
    return p-s-1;
}
```

(A) 求字符串的长度　　(B) 比较两个字符串的大小

(C) 将字符串 s 连接到字符串 p 后面　　(D) 求字符串存放的位置

5. 在“int x=20, *p=&x;”语句中,p 的值是________。

(A) 20　　(B) 变量 p 的地址值

(C) 变量 x 的地址值　　(D) 无确定值

6. 设有声明“int i=25, *p=&i;”,并设变量 i 存放在起始地址为 0x2000 的存储单元中,则 p 的值是(1)________, $*p$ 的值是(2)________。

(1) (A) 0x2000　　(B) 0x2004　　(C) 4　　(D) 不确定

(2) (A) 0x2000　　(B) 25　　(C) 0x2004　　(D) 不确定

7. 函数调用 strcat(strcpy(str1,str2),str3)的功能是________。

(A) 将字符串 str1 复制到字符串 str2 中,再连接到 str3 之后

(B) 将字符串 str1 复制到字符串 str2 中,再复制到 str3 之中

(C) 将字符串 str2 复制到字符串 str1 中,再将字符串 str3 连接到 str1 之后

(D) 将字符串 str2 复制到字符串 str1 中,再将 str1 连接到 str3 之后

8. 已知“int i,x[3][4];”,则不能将 $x[1][1]$ 的值赋给变量 i 的语句是________。

(A) $i=*(*(x+1)+1)$　　(B) $i=x[1][1]$

(C) $i=*(*(x+1))$　　(D) $i=*(x[1]+1)$

9. 已知“char s[4]= "34";char *p;”,则执行下列语句后输出________。

```
p=s; cout<<*(p+1);
```

(A) 4　　(B) 3　　(C) 4 的地址　　(D) 不确定

10. 已知“int x[]={1,3,5,7,9,11}, *p=x;”,则能够正确引用数组元素的表达式是________。

(A) x　　(B) $*(p--)$　　(C) $*(p+6)$　　(D) $*(--p)$

二、填空题

在程序中的下划线上或星条线之间填写相应的代码,以保证完成程序的功能(注意:不要改动其他的代码,不得增行或删行,也不得更改程序的结构)。

1. 以下函数的功能是在 x 数组中插入 a 值,x 数组中的数据已由小到大顺序存放,在指针 n 所指内存单元中存放数组中数据的个数,插入后数组中的数据仍然有序。

```
________ fun(char *x,char a,int *n)
{   int i,j=0;
    x[*n]=a;
    while(a>x[j]) j++;
    for(i=*n;i>j;i--)
      x[i]=________;
    x[j]=a;
```

```
    ++ * n;
}
```

2. 该程序的功能是交换变量 a 和 b 中的值。

```
#include < iostream.h >
void fun(________)
{
  ________;
    t = * x; * x = * y; * y = t;
}
void main()
{   int a = 3,b = 4;
    cout <<"a = "<< a <<"b = "<< b << endl;
    fun(________);
    cout <<"a = "<< a <<"b = "<< b << endl;
}
```

3. 该程序的功能是在一维数组 a 中查找 x 的值，若找到输出下标值，否则输出“NO”。

```
#include < iostream.h >
bool find(int * a,int x,int n,int &y)
{
     for(int k = 0;k < n;k++)
         if(________) {y = k;return true;}
     return ________;
}
void main()
{
    int a[4] = {1,3,6,4};
    int x,i;
    cin >> x;
    if(________)
      cout << i << endl;
    else cout <<"NO"<< endl;
}
```

4. 该程序的功能是把字符串 s 置逆。

```
#include < iostream.h >
void revstr(char * s)
{ char * p = s,c;
  while( * p) p++;
  ________;
  while(s < p)
  { c = * s;
    ________ = * p;
     * p --= c;
  }
}
void main()
{
```

```
    char s[20] = "ABCD";
    revstr(________);
    cout << s << endl;
}
```

5. 在下列程序中,函数 fun 的功能是求出一个由键盘输入的数字的各位数字的平方和,并通过 a 返回结果。

```
#include < iostream.h >
void fun(long s, int * a);
main()
{
    long x; int a;
    cout <<"Please input a long integer number:";
    cin >> x;
    fun(x, &a);
    cout <<"The result is : "<< a;

}
void fun(long s, int * a)
{
    int m;
    * a = 0;
    while (s)
    {
        m = s % 10;
        * a = ________;
        s/ = 10;
    }
}
```

6. 函数 fun 的功能是将由键盘输入的二进制数字组成的字符串转换成相应的十进制整数,结果由函数值返回。

```
#include < iostream.h >
/ * 注意: 不要改动 main 函数,也不要更改程序的结构,仅在函数 fun 的大括号中输入所编写的语句。
* /
int fun(char * a),
main()
{
    char a[16]; int x;
    cout <<"Input :";
    cin >> a;
    x = fun(a);
    cout <<"The result is : "<< x << endl;
}
int fun(char * a)
{
//********** 请在下方补充程序 ********** //
```

```
//********* 请在上方补充程序 *********//
}
```

三、分析下列程序的输出结果

1.

```
#include < iostream.h >
void main()
  { int a[6] = {5,6,4,7,9,2};
    int *p = a;
    cout << *p++<<' ';
    cout <<++ *p <<' ';
    p++;
    cout << *p <<' ';
    cout << *(p++)<<' ';
    cout << *p << endl;
    for(int i = 0;i < 6;i++)
      cout << a[i]<< ' ';
  }
```

2.

```
#include < iostream.h >
void main()
{
    int a[6] = {5,6,4,7,9,2};
    int *p = a + 5;
    cout <<( *p) --<<' ';
    cout << *p --<<' ';
    -- p;
    cout << *p <<' ';
    cout <<-- *p <<' ';
    cout << *p << endl;
    for(int i = 0;i < 6;i++)
      cout << a[i]<<'' ;
}
```

3.

```
#include < iostream.h >
void sub(int * s, int y)
{   static int k = 2;
    y = s[k];++k;
  }
  void main()
   {
    int a[ ] = {1,2,3},i,x = 0;
    for (i = 0;i < 3;i++)
    { sub(a,x);cout << x; }
  cout << endl;
}
```

4.

```
#include < iostream.h >
int fun(char * s)
  {
    char * p = s;
    while( * p!= '\0') p++;
    return (p - s);
  }
void main()
{     cout << fun("AaBbCc")<< endl;   }
```

5.

```
#include < iostream.h >
void fun(int * s, int * y)
  { static int t = 0;
     * y = s[t]; t++;
  }
void main()
  { int a[] = {1,2,3,4};
    int i, x = 10;
    for(i = 0;i < 4;i++)
    { fun(a, &x);
      cout << x <<" ";
    }
      cout << endl;
  }
```

6.

```
#include < iostream.h >
char * concat(char * s, const char * t)
{ char * p = s;
  while( * p!= '\0') p++;
  while( * p++ = * t++);
  return s;
}
void main()
{
  char s[20] = "ABCD", p[] = "1234";
  cout << concat(s, p)<< endl;
}
```

7.

```
#include < iostream.h >
void fun(int n, int * s)
{ int f1, f2;
  if(n == 1||n == 2) * s = 1;
  else
  { fun(n - 1, &f1);
```

```
        fun(n-2,&f2);
        *s = f1 + f2;
    }
}
void main()
{
    int x;
    fun(6,&x);
    cout << x << endl;
}
```

四、改错题

改正下列程序中 err 处的错误,使得程序能得到正确的结果。

注意:不要改动 main 函数,不要增行或删行,也不要更改程序的结构。

1. 计算一维数组中元素的和。

```
#include <iostream.h>
int add(int a,int n)                                //err1
{
    int i,s = 0;
    for(i = 0;i < n;i++)
        s += (a + i);                               //err2
    return s;
}
int main()
{
    int a[10] = {1,3,5,7,9,11,13,15,17,19};
    cout << add(a[10],10)<< endl;                   //err3
}
```

2. 一个数如果恰好等于它的因子之和(包括 1,但不包括这个数本身),则这个数就称为"完数"。编写程序找出 1000 之内的所有完数,并按格式"28 it's factors are 1,2,4,7,14"输出其因子。

```
#include <iostream.h>
void main()
{
    int i,j,k,s;
    int *p;
    for(i = 1;i < 1000;i++)
    {
        s = 0;
        k = 1;
        j = 0;
        p = new [i/2];                              //err1
        while(k < i)
        {
          if(i % k == 0)
          {
              p + j = k;                            //err2
```

```
            s = s + k;j++;
        }
        k++;
      }
      if(s == i)
      {
        cout << i <<" it\'s factor are ";
        for(k = 0;k < j - 1;k++)
          cout << * p + k <<',';                    //err3
        cout << * (p + k)<< endl;
      }
    }
}
```

3. 设计一个函数 copyp,将字符串 s 的前 n 个字符复制到字符串 t 中,要求在主函数中输入字符串 s,通过调用函数 copyp 得到字符串 t,并且输出字符串 t。

```
#include < iostream.h >
#include < stdio.h >
#include < string.h >
void copyp(char * s, * t,int n)                    //err1
{
  for(int i = 0;i < n&& * (s + i) = '\0';i++)      //err2
     * (t + i) = * (s + i);
   * (t + i) = " \0";                              //err3
}
void main()
{ char * s, * t;int n;
  puts("输入字符串:");
  s = new [ ];                                     //err4
  gets(s);
  cout <<"输入整数:";
  cin >> n;
  t = new char[10];
  copyp(s,t,n);
  cout <<"该字符串的前 "<< n <<" 个字符组成的字符串:"<< t << endl;
}
```

五、编程题

1. 在数组中找出最大值和最小值,用指针实现。

2. 编写函数 insert(s,t,x),在字符串 s 中的指定位置 x 处插入字符串 t。例如,s="ABCD",t="ghf" ,x=2,执行 insert(s,t,x)后,s="ABghfCD"。

3. 编写函数 dele(s,t),将某一指定字符从一个已知的字符串中删除。例如,s="ABCD",t= 'C ',执行 dele(s,t)后,s="ABD"。

4. 编写函数 substr(s,t),测试字符串 t 是否是字符串 s 的子串,若是,返回 t 在 s 中的开始位置(下标值),否则返回−1。例如,s="ABCD",t="BC",则 substr(s,t)的值为 1。

5. 编写函数 tran($\boldsymbol{a}$),求 n 阶矩阵 $\boldsymbol{a}$ 的转置矩阵 $\boldsymbol{a}$。

6. 编写函数 copy(s,t,m),将字符串 s 中从第 m 个字符开始的全部字符复制到字符串 t

中。例如，s="ABCD"，m=2，执行 copy(s,t,m)后，t="BCD"。

7. 编写函数 strcmp(s,t)，实现字符串 s 和 t 的比较，若 $s=t$ 返回 0，若 $s<t$ 返回负数，若 $s>t$ 返回正数。例如，s="ABCD"，t="bc"，则 strcmp(s,t)的值为−1。

8. 编写函数 delet(s)，去掉字符串 s 中所有的空格符。例如，s="AB C D"，执行 delet(s)后，s="ABCD"。

9. 编写函数 atoi(s)，将字符串 s 转换为整型数值。例如，s="123"，则 atoi(s)的值为 123。

10. 编写函数 out，输出学生的成绩数组，该数组中有 5 个学生的数据，每个学生的数据包括学号、姓名和 3 科的成绩，在主函数输入这些数据。

第8章 面向对象程序设计基础

本章学习目标

- 熟练掌握类与对象的概念以及定义方法
- 掌握构造函数、析构函数的定义和使用方法
- 理解对象指针、静态成员和友元的概念
- 掌握继承的使用
- 掌握多态性的实现

本章首先介绍面向对象程序设计的基本概念，然后着重讲解类和对象的概念、定义及使用方法，最后介绍面向对象程序设计的继承机制和多态性的实现。

8.1 基本概念

前面几章介绍了面向过程的程序设计方法，该方法采用函数来描述对数据结构的操作，数据之间通过全局变量或参数传递进行联系。这种将函数与其操作的数据分离的方法有两个缺点，一是数据的安全性得不到保证；二是对于大规模的程序设计，数据和函数之间的关系复杂，会使程序难以编写，也很难调试和修改。因此，当程序规模较大时，需要将数据和对其操作的函数封装成一个整体进行操作，这就是面向对象的程序设计方法。

在客观世界中，一个复杂的事物总是由许多部分组成。以一辆汽车为例，它由发动机、底盘、车身和轮子等部件组成。人们生产汽车时，往往是由不同的厂家分别制造发动机、底盘、车身和轮子，最后按照一定的规则把它们组装在一起。而汽车的使用者——驾驶员，并不需要知道每一个组成部件的内部具体结构，以及部件与部件之间的组成规则，只需要给汽车一个命令，它就能完成一定的任务，例如驾驶员踩油门就能调节油路，控制发动机的转速，驱动汽车车轮转动。这就是人们在日常生活中处理问题的一般思路。

面向对象的程序设计方法的基本思路与这种思路是一致的，它把客观世界看成是由一个一个的实体组成，称之为对象，不同的对象之间通过一定的渠道相互联系和相互作用，构成了整个系统。

在用面向对象的程序设计方法设计一个系统时，首先要确定该系统包括哪些对象，并通过抽象对这些对象进行归类，然后以对象为基本单位，设计和实现对象与对象之间相互联系和相互作用的关系，从而实现这个系统。

下面介绍面向对象程序设计方法中的几个基本概念。

1. 对象

客观世界中的任何一个事物都可以看成是一个对象。

(1) 对象可以是具体的物体,例如一辆汽车、一个钟表等。

(2) 对象可以是社会生活中的一种逻辑结构,例如一个班级、一个国家等。

(3) 对象可以是一个抽象的事物,例如一个计划、一种意识等。

任何一个对象都应该具备两个特征,即属性和行为。以一个钟表为例,它具有外形、重量、体积、颜色、时针值、分针值、秒针值等物理量,这种特征称为属性,也称为静态特征,该钟表的属性使得它与其他钟表区别开来。另外,它还要具备显示当前时间、设置时间等功能,这种特征称为行为,也称为动态特征,它是对属性的一些操作。

在 C++ 中,每个对象都是由数据和函数两部分组成,数据代表对象的属性,函数代表对象的行为,是对数据操作的代码。程序员要求对象执行某个行为,实际上是向对象传递一个信息,调用对象中相应的函数。

2. 抽象

抽象是从一组事物中抽取共同的、本质性的特征,是一个归纳、集中的过程,也是人类认识问题的最基本的手段之一。例如马车、三轮车、摩托车、汽车等,它们共同的特性是具有轮子、能滚动前进的陆地交通工具,这是一个抽象的过程,最终得到"车子"的概念。

面向对象程序设计方法中的抽象是对一组相关的对象进行概括,抽象出这组对象的共同性质(包括属性和行为),并加以描述的过程。抽象分为下面两个过程。

(1) 数据抽象:对一组对象的共同属性进行概括。

(2) 代码抽象:对一组对象共有的行为特征或共有的功能进行归纳,并用代码加以实现。

大家要注意到,对同一组研究对象,由于所研究问题的侧重点不同,可能产生不同的抽象结果,抽象过程要遵循"抓主要矛盾,忽略次要矛盾"的原则。例如研究钟表的功能时,对众多钟表进行抽象,属性可以只选取时针值、分针值和秒针值,忽略外形、重量、体积、颜色等特征;而研究钟表的销售情况时,外形、重量、体积、颜色等信息必须抽象出来。

3. 类

对一组相关对象进行抽象后描述出它们的共同属性和行为,这组对象可以称为同一类对象。在 C++ 中,将这种类型定义为"类"。例如,上面抽象出来的"车子"就是一个"类"类型。

类是对象的抽象,对象是类的实例。类是 C++ 的"灵魂",是面向对象程序设计方法的基础。

4. 封装

在对一组对象进行抽象后,将抽象得到的某些属性和行为有机地结合起来形成一个整体,并对外界屏蔽,形成一个"黑盒",从外面看不到这些属性和行为,这就是封装处理。C++通过类来实现封装性,将数据和与数据相关的操作都封装在类中。封装后,对象的具体操作细节在内部实现,对外界是不透明的,程序员在外部进行控制。例如,对驾驶员而言,他并不知道汽车驱动的工作原理和系统结构,只要知道如何控制油门就可以控制汽车的驱动。

封装是面向对象程序设计方法的重要特征之一，目的是增强安全性和简化编程，使用者不必了解具体的实现细节，只需要通过外部接口，以特定的访问权限来使用类的成员，完成指定的操作。

5. 继承

在保持已有类特性的基础上，构造新类的过程称为继承。继承机制很好地反映了人类逐步认识自然的过程。

例如，已经抽象出了“马”的特征，现在想描述“白马”类，不必再重新介绍什么是马，而是在“马”的特征的基础上增加一个“白色”的特征即可，即“白色的马”就是白马。“白马”继承了“马”的基本特性，同时又新增了“马”没有的颜色特性。

继承是面向对象程序设计方法的重要特征之一，继承允许和鼓励程序员在保持原有类特性的基础上进行扩展，增加功能，便于软件的更新和升级，大大节省了编程的工作量。

6. 多态性

多个相似但不完全相同的对象在接收到同一消息时各自做出不同的反应，执行不同的操作，称为多态性。

例如，上课铃响了，针对这一消息，学生 A 走进某教室上课，教职工 B 走进办公室开始办公。

多态性是面向对象程序设计方法的重要特征之一，针对由继承机制产生的不同类，不同派生层次的对象在接收同一个消息时可以做出不同的反应。

8.2 类和对象

类是对象的抽象，而对象是类的实例。对象和类的关系相当于一般程序设计语言中变量和变量数据类型的关系。因此，从本质上来说，类是一种用户自定义的数据类型，与结构体和联合体等构造数据类型一样必须对类先说明，把该数据类型的具体组织形式告知编译器。在定义了一个类之后，就可以定义该类类型的变量——对象。

8.2.1 类的定义

类是一种复杂的构造数据类型，是将不同类型的数据和与这些数据相关的操作封装在一起的集合体。它不仅包含描述类的属性的数据，还包含描述类的行为的函数，这些函数是对数据的操作。类中包含的数据和函数统称为成员，分别称为数据成员和成员函数。

格式：

```
class 类名
{
    private:
            私有的数据成员或成员函数;
    public:
            公有的数据成员或成员函数;
```

```
protected:
          保护的数据成员或成员函数;
};
```

说明：

(1) class 是关键字。

(2) 类名是标识符。

(3) 用{}括起来的部分称为类体,类的定义以分号结束,不能省略。

(4) 在类体中定义了类的成员,包括数据成员和成员函数。

数据成员可以是任意已定义类型的数据,但不能是该类的对象。

成员函数可以在类内定义,也可以在类内做函数声明,然后在类外定义。

(5) 关键字 public、private 和 protected 称为访问权限控制符,对它们出现的顺序、次数没有要求,默认值为 private。访问权限控制符的具体权限如表 8.1 所示。

表 8.1　访问权限控制符的具体权限

访问权限控制符	对应成员的访问权限
public	公有成员,可以被本类的成员函数访问,也可以在类外被该类的对象访问
private	私有成员,只能被本类的成员函数访问,在类外不能直接访问
protected	保护成员,访问权限和私有成员类似,其差别在于对继承过程中产生的新类影响不同

C++通过访问权限控制实现类的封装。一般情况下,把类的数据成员的访问控制权限设置为 private,将类的内部数据结构隐藏起来;把成员函数的访问控制权限设置为 public,作为类与外界的接口。

(6) 类是一种数据类型,在内存中不会为它分配空间,因此不能对类的数据成员进行初始化,也不能用关键字 auto、register 和 extern 限定其存储类别。

例 8-1　对学生具有的属性进行抽象,形成学生类 student,并加以定义。

分析：需要对学生具有的属性及行为进行抽象：

(1) 属性抽象。任何一个学生都有学号、姓名和性别等信息,学号可用整型变量 num 来存储,姓名可用字符串 name 来存储,性别可用字符变量 sex 来存储,它们访问控制权限都设置为 private,以阻止外界对它们的随意访问,保护数据的安全。

(2) 行为抽象。任何学生都需要输入学生信息和显示学生信息的功能,可以分别用函数 input 和 disp 实现,其访问权限控制设置为 public,作为外界访问该类的接口。函数 input 实现输入学生信息的功能,即输入数据成员 num、name, sex 的值;函数 disp 实现显示学生信息的功能,即输出数据成员 num、name, sex 的值。

student 类的定义：

```
class student
{
private:
    int num; char * name, sex; //3 个数据成员
public:
void input()                                      //类内定义成员函数 input
```

```
    {
        name = new char[10];cin >> num >> name >> sex;
    }
    void disp()                                        //类内定义成员函数 disp
    {
 cout << num <<"\t"<< name <<"\t"<< sex << endl;
    }
};                                                     //结束类 student 的定义
```

类 student 的成员结构如表 8.2 所示。

表 8.2　类 student 的成员结构

数据成员		成员函数	
名称	含义	名称	功能
num	学号	input	输入学生信息
name	姓名	disp	显示学生信息
sex	性别		

例 8-2　对平面直角坐标系上位置和大小各异的圆进行抽象，定义为 Circle 类。

分析：到定点的距离等于定长的点的集合称为圆，对圆的属性及行为进行抽象。

(1) 属性抽象：不同的圆虽然位置和大小各异，但它们具有共性，就是具有圆心坐标(x,y)和半径 r，这就是 Circle 类的数据成员。

(2) 行为抽象：Circle 类具备的行为特征至少要包括显示属性和设置属性两个功能，可以分别用函数 display 和 set 实现。

Circle 类的定义：

```
class Circle
{
private:
    double x,y,r;                                      //3 个数据成员
public:
    void display()                                     //在类内定义成员函数 display
    {
        cout <<"圆心:("<< x <<","<< y <<")"<< endl;
        cout <<"半径:"<< r << endl;
    }
    void set(double x1,double y1,double r1)            //在类内定义成员函数 set
    {
        x = x1;y = y1;r = r1;
    }
};                                                     //结束类 Circle 的定义
```

类 Circle 的成员结构如表 8.3 所示。

表 8.3　类 Circle 的成员结构

数据成员		成员函数	
名称	含义	名称	功能
x	圆心的横坐标	display	输出数据成员值
y	圆心的纵坐标	set	设置数据成员值
r	圆半径		

成员函数也可以在类内做原型声明，然后在类外定义，格式如下：

```
函数类型 类名::成员函数名(形参表)
{函数体}
```

说明：运算符"::"称为域运算符，位于类名和函数名之间，用于指出该函数是属于哪一类的成员函数。

例 8-2 的类定义可以写成以下形式。

```
class Circle
{
private:
    double x,y,r;
public:
    void display();                                   //在类内对函数 display 做原型说明
    void set(double x1,double y1,double r1);          //在类内对函数 set 做原型说明
};                                                    //结束类 Circle 的定义
void Circle::display()                                //在类外定义函数 display
{
    cout<<"圆心:("<<x<<","<<y<<")"<<endl;
    cout<<"半径:"<<r<<endl;
}
void Circle::set(double x1,double y1,double r1)       //在类外定义函数 set
{
    x=x1;y=y1;r=r1;
}
```

该类定义中，成员函数 display 和 set 在类内只做了函数声明，其定义都在类外。

8.2.2 对象与对象数组

1. 对象的定义

类定义只是定义了一种新的数据类型，系统在内存中并不为它分配空间，只有定义了属于该类的变量后，系统才会为该变量分配存储空间。我们把属于类的变量称为对象。对象与普通变量一样，必须先定义后使用。

格式：

```
类名 对象名表;
```

例如，假设 Circle 是已经定义过的类，则定义 Circle 类对象的格式为：

```
Circle p;
```

2. 对象在内存中的存储

对象一经定义,系统就会在内存中给它分配存储空间。

对象的存储空间仅仅指该对象数据成员所占用的存储空间,并不包括成员函数所占用的空间。这是因为同一类的不同对象,其成员函数的代码是相同的,为了节约存储空间,C++编译系统只用一段空间来存储函数代码,同类的不同对象共享这个成员函数空间。

同一类的不同对象在内存中的存储结构如图 8.1 所示。

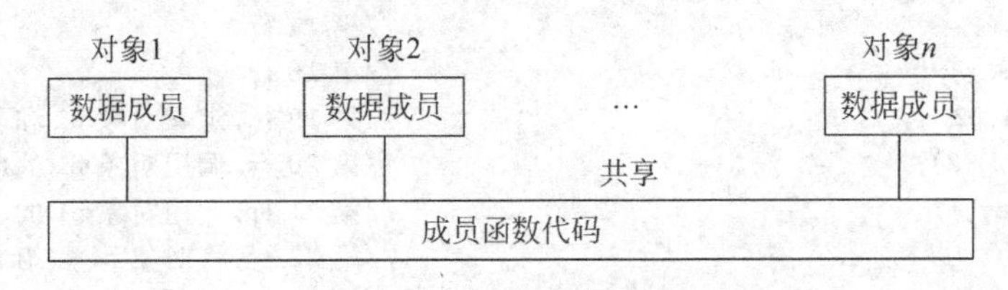

图 8.1　对象的存储空间

3. 对象的使用

定义对象之后,就可以在类外使用这个对象访问对象的公有成员了,访问方法同访问结构体变量相似。

1) 访问对象的公有成员

访问公有数据成员的格式:

```
对象名.公有数据成员名
```

访问公有成员函数的格式:

```
对象名.公有成员函数名(实参表)
```

说明:

(1) 通过成员运算符"."实现对成员的访问。

(2) 只能访问对象的 public 成员,不能访问 private 和 protected 成员。

2) 同类对象之间可以整体赋值

格式:

```
对象 2 = 对象 1;
```

功能:把对象 1 的各数据成员值赋给对象 2 对应的数据成员。

说明:要求对象 1 和对象 2 是同类对象。

例 8-3　分析程序的运行结果。

```
#include <iostream.h>                            //第 1 行
class Circle                                     //第 2 行
{                                                //第 3 行
private:                                         //第 4 行
    double x,y,r;                                //第 5 行
public:                                          //第 6 行
    void display()                               //第 7 行
```

```
    {                                                   //第8行
        cout <<"圆心:("<< x <<","<< y <<")"<< endl;  //第9行
        cout <<"半径:"<< r << endl;                  //第10行
    }                                                   //第11行
    void set(double x1,double y1,double r1)             //第12行
    {                                                   //第13行
        x = x1; y = y1; r = r1;                         //第14行
    }                                                   //第15行
};                                                      //第16行
void main()                                             //第17行
{                                                       //第18行
    Circle p1,p2;                                       //第19行,定义对象 p1 和 p2
    p1.set(0,0,2);                                      //第20行,调用对象 p1 的成员函数 set
    p1.display();                                       //第21行,调用对象 p1 的成员函数 display
    p2 = p1;                                            //第22行,将对象 p1 赋给 p2
    p2.display();                                       //第23行,调用对象 p2 的成员函数 display
}                                                       //第24行
```

运行结果:

```
圆心:(0,0)
半径:2
圆心:(0,0)
半径:2
```

程序分析:第2～16行定义了一个 Circle 类,具有数据成员 x、y 和 r,以及成员函数 display 和 set,功能分别是显示和设置数据成员值。

程序在第19行定义了两个 Circle 类对象,即 p1 和 p2;第20行调用对象 p1 的成员函数 set,将对象 p1 的数据成员 x、y、r 分别设置为 0、0、2;第21行通过调用对象 p1 的成员函数 display 显示 p1 的数据成员值;第22行将对象 p1 的各数据成员值赋给 p2 对应的数据成员,因此对象 p1 的数据成员 x、y、r 也分别是 0、0、2,对象 p1 和 p2 在内存中的存储情况如图 8.2 所示;第23行调用对象 p2 的成员函数 display 显示 p2 的数据成员值。

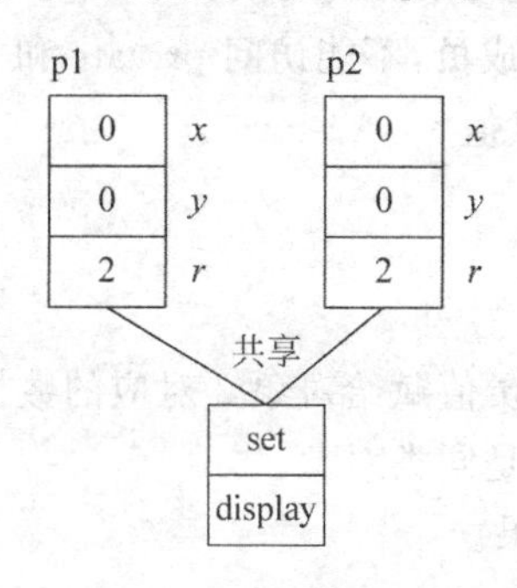

图 8.2　p1 和 p2 在内存中的存储情况

4. 对象数组

将同类的多个对象组成一组数据,形成数组,这就是对象数组。对象数组的每一个元素都是某类的对象,数组的类型为这些对象所属的类。

1）对象数组的定义

格式：

```
类名 对象数组名[常量表达式];
```

例如，

```
Circle p[10];                    //定义具有 10 个元素的对象数组 p,每个元素都是 Circle 类对象
```

2）对象数组的使用

（1）引用某一数组元素的公有成员。

访问公有数据成员的格式：

```
对象数组名[下标].公有数据成员名
```

访问公有成员函数的格式：

```
对象数组名[下标].公有成员函数名(实参表)
```

（2）可以将一个对象数组元素赋给同类的对象。

例如，Circle 是前面已经定义过的类

```
Circle p[2];                          //第 1 行
p[0].set(0,0,2);                      //第 2 行
p[1] = p[0];                          //第 3 行
```

第 1 行定义了对象数组 p，具有两个元素，每个元素都是 Circle 类对象；第 2 行调用数组元素 $p[0]$的 set 函数，将 $p[0]$的数据成员设置为 0、0、2；第 3 行将元素 $p[0]$赋给同类对象 $p[1]$。数组 p 在内存中的存储情况如图 8.3 所示。

	x	y	r		
$p[0]$	0	0	2	共享	set
$p[1]$	0	0	2		display

图 8.3　对象数组 p 在内存中的存储情况

8.3　构造函数和析构函数

8.3.1　构造函数

对象是一个实体，它反映客观事物的属性（例如圆的圆心(x,y)与半径 r 的值），其数据成员应该有确定的值。例 8-3 中对对象数据成员的赋值是通过调用成员函数 set 来实现的。

在定义一个变量时，经常在声明该变量的同时赋给该变量一个确定的值，这就是变量的初始化。在声明对象的同时直接对数据成员进行设置，不需要额外调用成员函数，这就是对象的初始化。C++通过构造函数自动完成对对象的初始化工作。

1. 构造函数的定义

格式：

```
class 类名
{
    …
public:
    类名(形参表)                                    //在类内定义构造函数
    {函数体 }
    …
};
```

说明：

(1) 构造函数是特殊的公有成员函数，将访问权限设置为 public。

(2) 构造函数与类同名，且没有函数类型，连 void 也不用写。这是因为构造函数由系统自动调用，有一个固定的格式，编译器能正确地识别哪些是构造函数。

(3) 构造函数既可以在类内定义，也可以在类外定义。在类外定义的格式如下：

```
类名::类名(形参表)
{   函数体   }
```

(4) 构造函数可以重载，在类定义中允许有多个构造函数，在调用时系统按照函数重载的原则选择调用。

(5) 若类定义中没有给出任何形式的构造函数，则编译器会自动生成默认的构造函数：

```
类名::类名()
{           }
```

函数体为空，并不执行对数据成员的初始化操作。

(6) 若类定义中已经给出了构造函数，则系统不会自动生成默认的构造函数，若需要这种默认的构造函数，则用户必须自定义这种默认形式。

2. 构造函数的调用

构造函数是一种特殊的成员函数，除了定义形式特殊之外，调用也有自己的特点：

(1) 每次定义对象时构造函数自动被调用，而且仅在定义对象时自动执行一次，用给定的值对对象的数据成员初始化。

(2) 构造函数不需要用户调用，也不能被用户调用。

例 8-4 分析程序的运行结果。

```
#include <iostream.h>                              //第 1 行
class Circle                                       //第 2 行
{                                                  //第 3 行
private:                                           //第 4 行
    double x,y,r;                                  //第 5 行
public:                                            //第 6 行
    void display()                                 //第 7 行

{   cout<<"圆心:("<<x<<","<<y<<")"<<endl;          //第 8 行
```

```
        cout <<"半径:"<< r << endl;}                    //第 9 行
    Circle(double x1,double y1,double r1)              //第 10 行,定义有参构造函数 Circle
        {  x = x1; y = y1; r = r1; }                   //第 11 行
    Circle()                                           //第 12 行,定义无参构造函数 Circle
        {  x = y = r = 0;}                             //第 13 行
};                                                     //第 14 行
void main()                                            //第 15 行
{  Circle p1(0,0,2);                                   //第 16 行,定义对象 p1,自动调用有参构造函数
   Circle p2;                                          //第 17 行,定义对象 p2,自动调用无参构造函数
   cout <<"显示 p1 的值:"<< endl;                       //第 18 行
   p1.display();                                       //第 19 行,调用对象 p1 的成员函数 display
   cout <<"\n 显示 p2 的值:"<< endl;                    //第 20 行
   p2.display();                                       //第 21 行,调用对象 p2 的成员函数 display
}                                                      //第 22 行
```

运行结果：

```
显示 p1 的值:
圆心:(0,0)
半径:2

显示 p2 的值:
圆心:(0,0)
半径:0
```

程序分析：第 2～14 行定义了一个 *Circle* 类，其中第 10～11 行定义有参构造函数，功能是将数据成员 x,y,r 的值分别设置为形参 $x1,y1,r1$ 的值，第 12～13 行定义无参构造函数，功能是将数据成员 x,y,r 的值分别设置为 0。

程序从第 16 行开始执行，定义 *Circle* 类对象 $p1$，按照重载函数的调用原则，此时系统自动调用有参构造函数(因为 $p1$ 后有 3 个参数)，将其数据成员 x,y,r 分别初始化为 0,0,2；17 行定义对象 $p2$，系统自动调用无参构造函数(因为 $p2$ 后面没有参数)，将其数据成员 x,y,r 分别设置为 0。

例 8-5　分析程序的运行结果。

```
#include < iostream.h >                                //第 1 行
class Circle                                           //第 2 行
{                                                      //第 3 行
private:                                               //第 4 行
    double x,y,r;                                      //第 5 行
public:                                                //第 6 行
    void display()                                     //第 7 行
    {                                                  //第 8 行
        cout <<"圆心:("<< x <<","<< y <<")"<< endl;     //第 9 行
        cout <<"半径:"<< r << endl;                     //第 10 行
    }                                                  //第 11 行
};                                                     //第 12 行
void main()                                            //第 13 行
{                                                      //第 14 行
    static Circle p;                                   //第 15 行,定义对象 p,调用默认构造函数
    p. display ();                                     //第 16 行
}                                                      //第 17 行
```

运行结果：

```
圆心:(0,0)
半径:0
```

程序分析：第2～12行定义了类Circle。在该类的定义中，用户没有定义构造函数，因此在编译时系统会自动生成一个默认构造函数。

```
Circle::Circle()
{        }
```

程序运行时，首先执行第15行，定义一个类Circle的静态对象p，系统自动调用默认构造函数，其函数体为空，并不执行对数据成员的赋值。但由于对象p是static存储类型，当没有初始化，默认值为0，因此将p的所有数据成员设置为0。第16行，调用对象p的display函数，显示其数据成员。

思考题：

能否删除第15行中的修饰符static?

8.3.2 析构函数

在定义一个对象时，C++会自动调用构造函数对该对象进行初始化。相应地，当一个对象消失时，也必须要做好扫尾工作，C++使用析构函数来完成对象被删除前的一些清理工作。在析构函数的调用完成之后，对象的存储空间被释放，对象也就消失了。

1. 析构函数的定义

格式：

```
class 类名
{
   …
public:
   ~类名()                                    //在类内定义析构函数
   {  函数体 }
   …
};
```

说明：

(1) 析构函数是一类特殊的公有成员函数，将访问权限设置为public。

(2) 析构函数与类同名，并且在前面加字符“～”，以便与构造函数区别开来，而且没有函数类型。

(3) 析构函数没有参数，因此不能重载，一个类只能定义一个析构函数。

(4) 析构函数可以在类内定义，也可以在类外定义。

(5) 若类定义中没有给出任何形式的析构函数，则编译器会自动生成一个默认的析构函数：

```
类名::~类名( )
{        }
```

函数体虽然为空，但是该析构函数一旦被调用，对象也将被删除。

2. 析构函数的调用

析构函数的调用特点如下：

(1) 析构函数可以被系统自动调用，也可以被用户显式调用。

(2) 在用户显式调用析构函数时，相当于调用一个普通成员函数，并不进行删除对象前的清理工作，只招待析构函数的函数体；在系统自动调用析构函数时，先运行函数体，然后再进行清理工作。

(3) 若程序中定义了多个对象，则在程序结束时按照“先定义后删除，后定义先删除”的原则调用各对象的析构函数依次删除这些对象。

例 8-6 分析程序的运行结果。

```
#include <iostream.h>                                  //第 1 行
class Clock                                            //第 2 行
{                                                      //第 3 行
private:                                               //第 4 行
    int hour,minute,second;                            //第 5 行
public:                                                //第 6 行
    Clock(int h,int m,int s)                           //第 7 行,定义有参构造函数
    {                                                  //第 8 行
        hour = h; minute = m;second = s;               //第 9 行
    }                                                  //第 10 行
    Clock()                                            //第 11 行,定义无参构造函数
    {                                                  //第 12 行
        hour = minute = second = 0;                    //第 13 行
    }                                                  //第 14 行
    ~Clock()                                           //第 15 行,定义析构函数
    {                                                  //第 16 行
        cout <<"撤销前的时间为:"<< hour <<":"<< minute <<":"<< second << endl;      //第 17 行
    }                                                  //第 18 行
    void showtime()                                    //第 19 行
    {                                                  //第 20 行
        cout <<"时间是: "<< hour <<":"<< minute <<":"<< second << endl;            //第 21 行
    }                                                  //第 22 行
};                                                     //第 23 行
void main()                                            //第 24 行
{                                                      //第 25 行
    Clock p1(8,30,0),p2;                               //第 26 行
    p1.showtime();                                     //第 27 行
    p2.showtime();                                     //第 28 行
}                                                      //第 29 行
```

运行结果：

```
时间是: 8:30:0
时间是: 0:0:0
撤销前的时间为: 0:0:0
撤销前的时间为: 8:30:0
```

程序分析：第2～23行定义了类Clock，其中第15～18行定义了析构函数，函数体是按照指定格式输出撤销前的数据成员值。

程序执行完第29行之后，系统自动调用析构函数：按照“先定义后删除，后定义先删除”原则，先调用对象p2的析构函数(先运行函数体，输出对象p2的数据成员，然后删除对象p2；然后调用对象p1的析构函数(先输出对象p1的数据成员，然后删除对象p1)。

8.3.3 拷贝构造函数

在定义变量时，可以用一个已知变量初始化新变量。例如，

```
int a = 3;
int b = a;                                         //用 a 的值初始化变量 b
```

在面向对象的程序设计中，如果要用一个已知的对象初始化同类的一个新创建的对象，需要调用拷贝构造函数来完成。

1. 拷贝构造函数的定义

格式：

```
class 类名
{
    …
public:
    类名(类名 & 对象名)                              //在类内定义拷贝构造函数
    {  函数体  }
    …
};
```

说明：

(1) 拷贝构造函数是一个特殊的构造函数，具有一般构造函数的特点。

(2) 只有一个参数，并且是该类对象的引用。

(3) 若类中没有给出拷贝构造函数的定义，系统会自动生成一个默认的拷贝构造函数，将被复制对象的数据成员值一一赋给新定义对象的数据成员。

例 8-7 分析程序的运行结果。

```
#include < iostream.h >                            //第 1 行
class Clock                                        //第 2 行
{                                                  //第 3 行
private:                                           //第 4 行
    int hour, minute, second;                      //第 5 行
public:                                            //第 6 行
    Clock(int h, int m, int s)                     //第 7 行,定义构造函数
    {                                              //第 8 行
        hour = h;minute = m;second = s;            //第 9 行
    }                                              //第 10 行
    Clock(Clock &p)                                //第 11 行,定义拷贝构造函数
    {                                              //第 12 行
```

```
        hour = p.hour;minute = p.minute;second = p.second;                  //第 13 行
    }                                                  //第 14 行
    void showtime()                                    //第 15 行,定义成员函数 showtime
    {                                                  //第 16 行
        cout <<"时间是: "<< hour <<":"<< minute <<":"<< second << endl;   //第 17 行
    }                                                  //第 18 行
};                                                     //第 19 行
void main()                                            //第 20 行
{                                                      //第 21 行
    Clock p1(8,30,0);                                  //第 22 行,定义对象 p1,自动调用构造函数
    Clock p2(p1);                                    //第 23 行,定义对象 p2,自动调用拷贝构造函数
    p1.showtime();                                     //第 24 行
    p2.showtime();                                     //第 25 行
}                                                      //第 26 行
```

运行结果：

```
时间是: 8:30:0
时间是: 8:30:0
```

程序分析：第 2～19 行定义 Clock 类，其中第 11～14 行定义了拷贝构造函数，形参是对象引用，功能是用对象 p 的数据成员值初始化正在定义的对象。

程序从第 22 行开始执行，生成对象 $p1$，系统自动调用构造函数将 $p1$ 的各数据成员初始化为 8、30、0。第 23 行，定义对象 $p2$，根据其后的参数($p1$)，系统自动调用拷贝构造函数，将 $p1$ 的每个数据成员值都赋给新定义对象 $p2$ 对应的数据成员，这样 $p1$ 和 $p2$ 具有完全相同的数据成员值。

2. 拷贝构造函数的调用

在以下 3 种情况下，系统会自动调用拷贝构造函数：

(1) 用一个对象初始化该类的另一个对象时。

(2) 一个对象作为函数形参，实参对象以值传递的方式传给形参对象时。

(3) 一个对象作为返回值从被调函数返回时。

例 8-8　分析程序的运行结果。

```
#include <iostream.h>                                  //第 1 行
class Circle                                           //第 2 行
{                                                      //第 3 行
private:                                               //第 4 行
    double x,y,r;                                      //第 5 行
public:                                                //第 6 行
    Circle(double x1,double y1,double r1)              //第 7 行,定义有参构造函数
    {                                                  //第 8 行
        x = x1;y = y1;r = r1;                          //第 9 行
    }                                                  //第 10 行
    Circle()                                           //第 11 行,定义无参构造函数
    {   }                                              //第 12 行
```

```
    Circle(Circle &p)                              //第 13 行,定义拷贝构造函数
    {                                              //第 14 行
        x = p.x;y = p.y;r = p.r;                   //第 15 行
        cout <<"拷贝构造函数被调用."<< endl;        //第 16 行
    }                                              //第 17 行
    void display()                                 //第 18 行
    {                                              //第 19 行
        cout <<"圆心:("<< x <<","<< y <<")"<< endl; //第 20 行
        cout <<"半径:"<< r << endl;                 //第 21 行
    }                                              //第 22 行
    double getr()                                  //第 23 行,返回圆的半径
    {                                              //第 24 行
        return r;                                  //第 25 行
    }                                              //第 26 行
};                                                 //第 27 行
Circle max(Circle p1,Circle p2)                    //第 28 行,返回两个圆中半径较大的圆
{                                                  //第 29 行
    if(p1.getr()> p2.getr())return(p1);            //第 30 行
    else return(p2);                               //第 31 行
}                                                  //第 32 行
void main()                                        //第 33 行
{                                                  //第 34 行
    Circle p1(0,0,2),p2(1,1,4),p3;                 //第 35 行
    p3 = max(p1,p2);                               //第 36 行,调用了 3 次拷贝构造函数
    Circle p4(p3);                                 //第 37 行,调用了 1 次拷贝构造函数
    p1.display();                                  //第 38 行
    p2.display();                                  //第 39 行
    p3.display();                                  //第 40 行
    p4.display();                                  //第 41 行
}                                                  //第 42 行
```

运行结果:

```
拷贝构造函数被调用。
拷贝构造函数被调用。
拷贝构造函数被调用。
拷贝构造函数被调用。
圆心:(0,0)
半径:2
圆心:(1,1)
半径:4
圆心:(1,1)
半径:4
圆心:(1,1)
半径:4
```

程序分析:第 2~27 行定义了类 Circle,其成员结构如表 8.4 所示。

表 8.4　类 Circle 的成员结构

数据成员		成员函数	
名称	含义	名称	功能
hour	时	Circle(double,double ,double)	有参构造函数
minute	分	Circle()	无参构造函数
second	秒	Circle(Circle &)	拷贝构造函数
		display()	显示数据成员的值
		getr()	取出数据成员 *r* 的值

第 28～32 行定义了函数 max,功能是返回两个圆中半径较大的圆。该函数有两个形参,都是 Circle 类对象,同时函数返回值也是 Circle 类对象。第 13～17 行定义了一个拷贝构造函数,注意到函数体内有一条输出语句。

程序执行到第 36 行,调用函数 max,进行参数传递时系统自动调用拷贝构造函数两次。

(1) 先将实参对象 *p*1 的数据传给形参 *p*1,第 1 次自动调用拷贝构造函数。

(2) 再将实参对象 *p*2 的数据传给形参 *p*2,第 2 次调用拷贝构造函数。

然后程序流程转向第 29 行,执行函数 max 的函数体,因为 p1. getr()＜p2. getr(),因此执行第 31 行,即将定义的临时对象 *p*2 返回至主函数的第 36 行处,此时系统第 3 次调用拷贝构造函数。第 37 行,用 *p*3 初始化对象 *p*4 时,系统第 4 次调用拷贝构造函数。第 38～41 行,依次输出对象 *p*1、*p*2、*p*3 和 *p*4 的数据成员值。

8.4　对象指针

8.4.1　指向对象的指针

对象是一个类类型的变量,在内存中占有一定的存储空间存放其数据成员,这个存储空间的起始地址称为对象的指针。因此可以声明一个指针变量,用来存放对象的指针,这个指针变量就称为对象指针。

1. 对象指针的定义

格式:

```
类名 * 对象指针名;
```

例如,

```
Circle *q;                                //定义一个对象指针 q,它只能指向 Circle 类对象
```

2. 对象指针的应用

1) 对象指针的赋值

格式:

```
对象指针名 = & 对象名;
```

例如，

```
Circle p(0,0,2), * q = &p;                    //声明了对象 p 和对象指针 q,且让指针 q 指向对象 p
```

2）通过对象指针访问对象

格式：

```
* 对象指针名;
```

例如，

```
Circle p(0,0,2),t, * q = &p;                  //指针 q 指向对象 p
t = * q;                                      // * q 实际上就是对象 p
```

3）通过对象指针访问对象的公有成员

访问公有数据成员的格式：

```
( * 对象指针名).公有公有数据成员名
```

或者

```
对象指针名 ->数据成员名
```

访问公有成员函数的格式：

```
( * 对象指针名).公有成员函数名(参数表)
```

或者

```
对象指针名 ->公有成员函数名(参数表)
```

例 8-9 分析程序的运行结果。

```
#include < iostream.h>                        //第 1 行
#include < string.h>                          //第 2 行
class Student                                 //第 3 行,定义类 Student
{                                             //第 4 行
private:                                      //第 5 行
      char name[20];float score;              //第 6 行
public:                                       //第 7 行
      void display()                          //第 8 行
      {                                       //第 9 行
          cout << name <<": "<< score << endl; //第 10 行
      }                                       //第 11 行
      void set(char * n,float s)              //第 12 行
      {                                       //第 13 行
          strcpy(name,n);score = s;           //第 14 行
      }                                       //第 15 行
};                                            //第 16 行
void main()                                   //第 17 行
{                                             //第 18 行
    Student s1,s2, * p;                       //第 19 行
    s1.set("Liling",92.5);                    //第 20 行
```

```
    s1.display();                           //第 21 行
    p = &s2;                                //第 22 行,p 指向对象 s2
    p -> set("GaoQiang",75.0);              //第 23 行,通过"->"访问 s2 的成员函数 set
    ( * p).display();                       //第 24 行,通过"."访问 s2 的成员函数 display
}
```

运行结果：

```
Liling: 92.5
GaoQiang: 75
```

程序分析：第 3～16 行定义了类 Student；第 20～21 行直接访问对象 *s*1 的成员函数；第 23～24 行利用指针 *p* 间接访问对象 *s*2 的成员函数。

第 19 行定义 Student 类对象 *s*1、*s*2 和对象指针 *p*；第 20～21 行设置并输出对象 *s*1 的数据成员；第 22 行使指针 *p* 指向对象 *s*2,对象指针 *p* 与对象 *s*1、*s*2 的关系如图 8.4 所示；第 23 行通过指针 *p* 访问对象 *s*2 的 set 成员,对 *s*2 进行数据成员设置；第 24 行通过指针 *p* 访问 *s*2 的成员函数 set,输出当前所指对象 *s*2 的数据成员值。

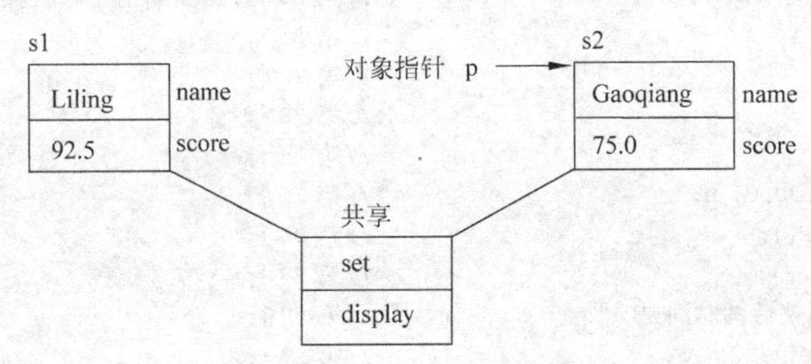

图 8.4　对象指针与对象的关系

8.4.2　this 指针

对象在内存中的存储方式是,每个对象的数据成员分别占有存储空间,称为对象空间,而同一类的不同对象,每一个成员函数的代码一样,用一段空间来存储这段共同的函数代码。

也就是说,同类的对象在调用同一个成员函数时,实际上是调用同一段函数代码。由于函数代码操作的是指定对象的数据成员,因此必须将该成员函数与当前正在被操作的对象建立某种联系才能将各自的调用区分开来。为此,在 C++ 中设立了一个 this 指针,将成员函数和正在被该成员函数操作的对象联系起来。

C++ 中的每一个成员函数(包括构造函数和析构函数)都包含一个 this 指针,这是一个指针变量,它的值是当前正调用该成员函数的对象的起始地址,即指向调用该成员函数的对象。因此,可以使用 * this 表示正在调用该成员函数的对象。

this 指针一般是隐式使用,用户也可以在程序中显式使用。

例 8-10　分析程序的运行结果。

```
#include < iostream.h >                     //第 1 行
class Clock                                 //第 2 行
```

```
{                                                   //第 3 行
private:                                            //第 4 行
    int hour,minute,second;                         //第 5 行
public:                                             //第 6 行
    Clock(int h,int m,int s)                        //第 7 行
    {                                               //第 8 行
        hour = h;minute = m;second = s;             //第 9 行
    }                                               //第 10 行
    Clock()                                         //第 11 行
    {   }                                           //第 12 行
    void showtime()                                 //第 13 行
    {                                               //第 14 行
        cout << hour <<":"<< minute <<":"<< second << endl;    //第 15 行
    }                                               //第 16 行
    Clock move(int a)                               //第 17 行
    {                                               //第 18 行
        hour = hour + a;                            //第 19 行
        return( * this);                            //第 20 行,返回当前正在被操作的对象
    }                                               //第 21 行
};                                                  //第 22 行
void main()                                         //第 23 行
{                                                   //第 24 行
    Clock p(8,30,0),q;                              //第 25 行
    p.showtime();                                   //第 26 行
    q = p.move(2);                                  //第 27 行
    cout <<"调整后的时间是: ";                        //第 28 行
    q.showtime();                                   //第 29 行
}                                                   //第 30 行
```

运行结果:

```
8:30:0
调整后的时间是: 10:30:0
```

程序分析：第 2～22 行定义了类 Clock,其中第 17～21 行定义了 move 函数,功能是将时钟 hour 增加 a 个小时。系统编译后,在该函数的代码内生成了一个 this 指针,指向该函数当前正在操作的对象,函数的返回值是 * this,即返回该函数正在操作的对象。

程序从第 25 行开始执行,当执行到第 27 行时调用对象 p 的 move 函数,此时 move 函数代码中的 this 指针指向对象 p,如图 8.5 所示。然后进行参数传递,执行 move 函数的函数体,程序流程转向第 19 行,将对象 p 的数据成员 hour 变为 10。接着执行第 20 行,将 this 指针当前所指的对象——p 返回至主函数,并赋给对象 q。

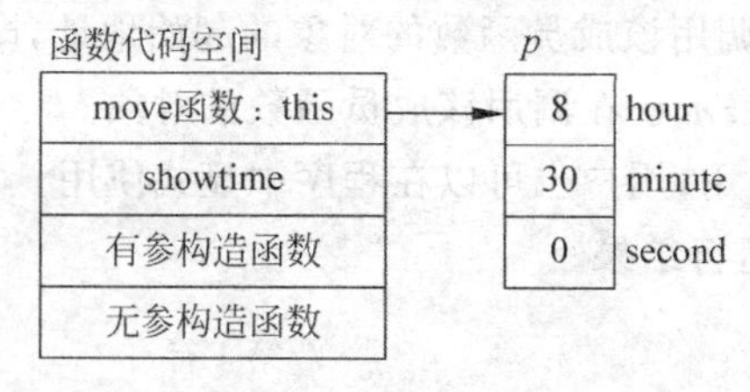

图 8.5　this 指针

8.5 静态成员

类将数据和函数封装起来,能保证数据的安全性,但这也使得数据的共享变得较困难。在实际应用中,有时需要同一类的不同对象共享某个数据。例如,将一个班级看成一个类,每个学生是该类的对象,该班级的人数是这个班级的属性,而不是任何一个学生的属性,每个学生共享这个数据。C++语言可以通过静态成员实现数据的共享。静态成员分为静态数据成员和静态成员函数两种。

8.5.1 静态数据成员

静态数据成员是类的一种特殊成员,为类的所有对象所共有,可以实现多个对象间的数据共享,不会破坏类的封装性。

1. 静态数据成员的定义

格式:

```
static 数据类型 静态数据成员名;
```

说明:

(1) static 是关键字。

(2) 静态数据成员是类的成员,不是对象的成员。

(3) 在一个类中可以定义一个或多个静态数据成员。

2. 静态数据成员的存储

静态数据成员不属于某个对象,在所有对象之外单独开辟空间。在类中只要定义了静态数据成员,系统在编译时就会给静态数据成员开辟空间,直到程序结束才释放。它不随某个对象的建立而分配空间,也不随对象的删除而释放。

3. 静态数据成员的初始化

格式:

```
数据类型 类名::静态数据成员名 = 初值;
```

说明:

(1) 只能在类外进行初始化。

(2) 不能在初始化语句中加关键字 static。

(3) 如果没有对静态数据成员初始化,则初值默认为 0。

4. 静态数据成员的访问

若静态数据成员是私有成员,只能在类内被访问;若静态数据成员是公有成员,可以在类外被访问。静态数据成员既可以通过类名来引用,也可以通过对象名来引用。

格式：

类名::静态数据成员名

或者

对象名.静态数据成员名

例 8-11 分析程序的运行结果。

```
#include < iostream.h>                                          //第1行
class student                                                   //第2行,定义类
{   private:                                                    //第3行
      int num, age;                                             //第4行
      float score;                                              //第5行
      static float sum;                                         //第6行,静态数据成员
      static int count;                                         //第7行,静态数据成员
public:                                                         //第8行
      student(int n,int a,float s):num(n),age(a),score(s){   }  //第9行
      void total();                                             //第10行
      void output()                                             //第11行
      {   cout <<"平均成绩:"<< sum/count << endl;}               //第12行
};                                                              //第13行
void student::total()                                           //第14行
{                                                               //第15行
      sum += score;                                             //第16行,统计成绩
      count++;                                                  //第17行,统计学生人数
}                                                               //第18行
float student::sum = 0;                                         //第19行,静态数据成员初始化
int student::count = 0;                                         //第20行
void main()                                                     //第21行
{                                                               //第22行
 student s[3] = {student(1501,18,70),student(1502,19,78),student(1503,18,98)};   //第23行
  for(int i = 0;i < 3;i++)                                      //第24行
      s[i].total();                                             //第25行
  s[0].output();                                                //第26行
 }                                                              //第27行
```

运行结果：

```
平均成绩:82
```

程序分析：第 2～13 行定义了 student 类，其中第 6,7 行定义静态数据成员 sum 和 count，程序在编译时会给 sum 和 count 分配存储空间，并在第 19、20 行将它们初始化为 0，如图 8.6(a)。

在 total 函数中，静态数据成员 sum 和 count 都进行了累加运算，因为第 25 行调用了函数 total( )。每调用一次 total 函数，就使 sum 和 count 的值分别增加 $s[i]$.score 和 1。实际上 count 的作用就是统计学生人数，sum 的作用是统计学生的成绩之和。

程序执行第 23 行，首先定义 3 个对象 $s[0]$、$s[1]$、$s[2]$，并调用了构造函数，将其对应的数据成员 num，age 和 score 进行赋值，如图 8.6(b)；然后执行第 24～25 行循环语句，其

中，每次执行第 25 行时对静态数据成员 sum 和 count 都进行了累加运算，如图 8.6(c)。第 26 行，调用对象 $s[0]$的 output 函数，输出平均成绩。

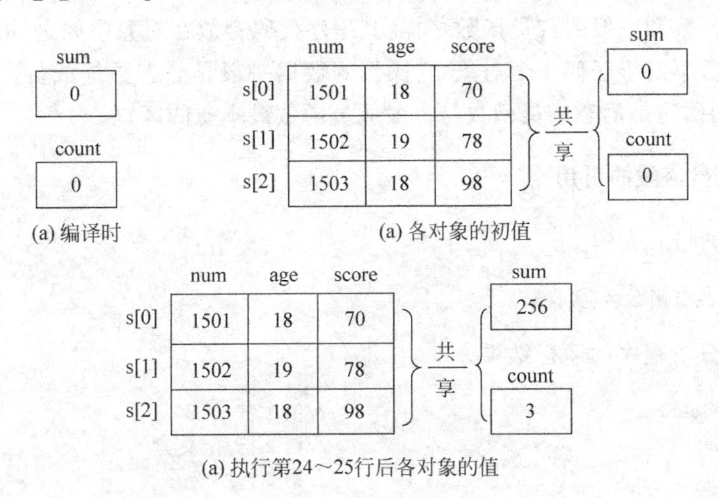

图 8.6 静态数据成员 k 值的变化情况

8.5.2 静态成员函数

与数据成员一样，如果在成员函数的函数类型前面加 static 修饰，该函数就成了静态成员函数。与静态数据成员一样，静态成员函数也是类的成员，为类的所有对象所共享，但是它的作用不是实现多个对象间的共享，主要是用来处理静态数据成员。

1. 静态成员函数的定义

格式：

```
class 类名
{
    …
public:
    static 函数类型 静态成员函数名(形参表)  //静态成员函数
    {  函数体 }
    …
};
```

说明：

(1) 静态成员函数是类的成员，而不是对象的成员。

(2) 静态成员函数可以在类内实现，也可以在类外实现。在类外实现的格式如下：

```
函数类型 类名::静态成员函数名(形参表)
{  函数体  }
```

(3) 静态成员函数主要用来处理静态数据成员，在其函数体内可以直接引用静态数据成员，但是不能直接引用非静态数据成员，必须借助对象或者对象指针才能引用非静态数据成员。

2. 静态成员函数的存储

静态成员函数和一般的成员函数一样，其程序代码存放在对象空间之外。不同的是，由于静态成员函数不属于任何一个对象，它操作的数据一般是静态数据成员，与对象无关，因此没有 this 指针，这是静态成员函数与一般成员函数最本质的区别。

3. 静态成员函数的引用

被类引用的格式：

类名::静态成员函数名(实参表)

例 8-12 分析程序的运行结果。

```
#include <iostream.h>                          //第 1 行
class student                                  //第 2 行,定义类
{  private:                                    //第 3 行
     int num,age;float score;                  //第 4 行
     static float sum;                         //第 5 行,静态数据成员
     static int count;                         //第 6 行,静态数据成员
public:                                        //第 7 行
void input(),total();                          //第 8 行
static float ave();                            //第 9 行,静态成员函数
};                                             //第 10 行
void student::total()                          //第 11 行,统计成绩与学生人数
{  sum += score;count++;}                      //第 12 行
float student::ave()                           //第 13 行
{  return sum/count;}                          //第 14 行
void student::input()                          //第 15 行
{  cin >> num >> age >> score;}                //第 16 行
float student::sum = 0;                        //第 17 行,静态数据成员初始化
int student::count = 0;                        //第 18 行
void main()                                    //第 19 行
{  student s;int m,i;                          //第 20 行
  cout <<"输入学生人数:";cin >> m;              //第 21 行
  cout <<"输入学生信息:"<< endl;                //第 22 行
  for( i = 1;i <= m;i++)                       //第 23 行
   {     s.input();s.total();}                 //第 24 行
  cout <<"平均成绩:"<< student::ave()<< endl;   //第 25 行
}                                              //第 26 行
```

运行结果：

```
输入学生人数:2↵
输入学生信息:
1005  18  70↵
1006  20  78↵
平均成绩:74
```

程序分析：第 2～10 行定义了 student 类，其中，第 5～6 行定义了静态数据成员 sum 和 count，在第 13～14 行定义了静态成员函数 ave，其函数体内直接访问了静态数据成员 sum 和 count。

程序首先执行第 20 行，定义了对象 s，第 23～24 行通过分别通过成员函数 input 和 total 输入学生信息并累加学生成绩和人数。第 25 行通过类引用静态函数 ave 计算 m 个学生的平均成绩。

思考题：

第 25 行能否改为“cout<<"平均成绩："<<student::ave()<<endl;”？

8.6 友元

由于只有类的成员函数才能访问该类的私有成员，因此类外的函数只能访问类的公有成员，无法访问私有成员；另外，不同类的成员函数之间也不能互相访问。这种封装机制虽然使信息隐蔽，使安全性得到保证，但也带来了不便之处，难以实现数据的共享。为了实现不同类之间的数据共享以及类成员函数和普通函数之间的数据共享，C++采用了友元方案。

友元可以是一个函数，称为友元函数；友元也可以是一个类，称为友元类。

8.6.1 友元函数

如果一个非成员函数想访问一个类的私有成员，那么可以将其定义为该类的友元函数。友元函数不是类的成员函数，但是可以访问类中的所有成员，它实现了类的成员与非成员函数之间的数据共享。它可以是一个普通函数，也可以是另一个类的成员函数。

1. 友元函数的定义

格式：

```
class 类名
{
    …
public:
    friend 函数类型 友元函数名(形参表)          //友元函数的定义
    {   函数体 }
    …
};
```

说明：

(1) friend 是关键字。

(2) 友元函数不是成员函数，但必须在类内做声明，可以在类内定义，也可以在类外定义。在类外定义的格式：

```
函数类型 友元函数名(形参表)
{   函数体   }
```

(3) 在友元函数的函数体中可以通过对象名或对象指针访问该对象的所有成员。

2. 友元函数的调用

(1) 如果友元函数是一个普通的函数,其调用方式和普通函数一样。

格式:

```
友元函数名(实参表)
```

(2) 如果友元函数是另一个类B的成员函数,其调用方式遵循类B成员函数的调用规则。

例 8-13 友元函数示例。

```
#include <iostream.h>                              //第1行
#include <math.h>                                  //第2行
class Cpoint                                       //第3行
{                                                  //第4行
private:                                           //第5行
    double X,Y;                                    //第6行
public:                                            //第7行
    Cpoint(double x, double y)                     //第8行
    {                                              //第9行
      X = x; Y = y;                                //第10行
    }                                              //第11行
    void print()                                   //第12行
    {                                              //第13行
        cout<<'('<<X<<','<<Y<<')'<<endl ;          //第14行
    }                                              //第15行
    friend double dist(Cpoint a,Cpoint b);         //第16行,声明函数dist为友元函数
};                                                 //第17行
double dist(Cpoint a,Cpoint b)                     //第18行,在类外定义友元函数dist
{                                                  //第19行
    double dx = a.X - b.X;                         //第20行
    double dy = a.Y - b.Y;                         //第21行
    return sqrt(dx * dx + dy * dy);                //第22行
}                                                  //第23行
void main()                                        //第24行
{                                                  //第25行
    Cpoint p1(3,4),p2(6,8);                        //第26行
    p1.print();                                    //第27行
    p2.print();                                    //第28行
    double d = dist(p1,p2);                        //第29行
    cout<<"d = "<<d<<endl;                         //第30行
}                                                  //第31行
```

运行结果:

```
(3,4)
(6,8)
d = 5
```

程序分析:第3~17行定义了Cpoint类,即平面直角坐标系上的点类。在第16行声明函数dist为该类的友元函数,其定义在类外(第18~23行),功能是求两点之间的距离。在dist的函数体中,直接访问了对象a和b的私有数据成员X和Y。

第26行定义了$p1$和$p2$两个对象并初始化,第27~28行调用成员函数print分别输

出两个对象的数据成员值。第 29 行首先调用友元函数 dist 计算两点之间的距离(值为 5),然后将该值返回到主函数,并赋给变量 d。第 30 行,输出 d 的值。

8.6.2 友元类

如果希望类 A 的所有成员函数都能访问类 B 的所有成员,那么可以将类 A 声明为类 B 的友元类,此时,类 A 的所有成员函数都是类 B 的友元函数。友元类提供了不同类之间数据共享的机制。

1. 友元类的声明

将类 A 声明为类 B 的友元类,格式如下:

```
class B
{
  …
  friend class A ;                        //声明类 A 为类 B 的友元类
  …
};
```

说明:

(1) 友元关系是单向的。如果类 A 是类 B 的友元类,不等于类 B 是类 A 的友元类。

(2) 友元关系是不能传递的。如果类 A 是类 B 的友元类,类 B 是类 C 的友元类,不能说类 A 是类 C 的友元类。

2. 友元类的应用

当类 A 是类 B 的友元类时,类 A 的所有成员函数都是类 B 的友元函数,因此 A 的所有成员函数都可以访问类 B 的所有成员。

例 8-14 分析程序的运行结果。

```
#include < iostream.h >                   //第 1 行
class Cpoint                              //第 2 行
{                                         //第 3 行
private:                                  //第 4 行
     double X,Y;                          //第 5 行
     friend class Circle;                   //第 6 行,声明类 Circle 是类 Cpoint 的友元类
public:                                   //第 7 行
    Cpoint(double x, double y)            //第 8 行
    {                                     //第 9 行
      X = x; Y = y;                       //第 10 行
    }                                     //第 11 行
    void print()                          //第 12 行
    {                                     //第 13 行
        cout <<'('<< X <<','<< Y <<')'<< endl;  //第 14 行
    }                                     //第 15 行
};                                        //第 16 行
class Circle                              //第 17 行
{                                         //第 18 行
```

```
private:                                    //第 19 行
    double x,y,r;                           //第 20 行
public:                                     //第 21 行
    Circle(Cpoint p,int r1)                 //第 22 行
    {                                       //第 23 行
        x = p.X;y = p.Y;r = r1;                 //第 24 行,访问类 Cpoint 的私有成员 X 和 Y
    }                                       //第 25 行
    void display(Cpoint p)                  //第 26 行
    {                                       //第 27 行
        p.print();                          //第 28 行,调用类 Cpoint 的成员函数
        cout<<"半径:"<<r<<endl;             //第 29 行
    }                                       //第 30 行
};                                          //第 31 行
void main()                                 //第 32 行
{                                           //第 33 行
    Cpoint p(0,0);                          //第 34 行
    Circle q(p,2);                          //第 35 行
    q.display(p);                           //第 36 行
}                                           //第 37 行
```

运行结果：

```
(0,0)
半径:2
```

程序分析：第 6 行声明类 Circle 是类 Cpoint 的友元类，因此类 Circle 的所有成员函数都可以访问类 Cpoint 的所有成员。例如第 24 行，Circle 的构造函数直接访问了 Cpoint 类对象 p 的私有成员 X 和 Y；在第 28 行，Circle 的 display 函数直接调用了 Cpoint 类对象 p 的成员函数 print。

程序首先执行第 34 行，定义了 Cpoint 类对象 p 并初始化。第 35 行，定义 Circle 类对象 q 并初始化，用对象 p 的数据成员值去初始化 x 和 y 值，相当于 $x=p.X$，$y=p.Y$，并将 r 初始化为 2。第 36 行，调用对象 q 的成员函数 display，先调用形参对象 p 的 print 函数，输出 p 的数据成员值，然后输出 r 的值，从而达到输出 q 的所有数据成员 x、y、r 的目的。

8.7 继承

"继承"是事物的发展过程，指从前辈处接受财产，或把前人的作风、文化、知识等接收过来，并进一步发扬和超越的过程。面向对象程序设计方法的继承是指新的类从已有类那里吸收其属性和行为，并对其进行改写和扩充。继承是面向对象最重要的特征，在保持原有类的特性的基础上进行更具体、更详细的类的定义，增加新的功能。继承机制实现了代码的重用，也能实现代码的扩充，是软件复用的重要手段之一。

8.7.1 继承的基本概念

人们在认识客观世界的过程中，经常根据事物之间相互联系、相互作用的关系对事物进行分类和整理，形成层次结构，从而进行分析，达到认识世界的目的。例如某高校的学生管

理系统中对该校学生的分类如图 8.7 所示。

这个层次结构反映了该校学生的等级层次，例如，“学生”是指在该高校正在接受高等教育的在册人群，而“研究生”具有“学生”的特征，同时又有自己的新特征，指已取得“专科”或“本科”学历，并继续深造本科以上课程的学生，相对上层的“学生”而言，其概念更加具体和清晰。在描述这种层次关系时，下层概念是在上层概念的基础上加了某些更具体的特点而形成的，比如“博士生”就是攻读博士学位的研究生，如果能够利用原来声明的“研究生”作为基础，再添加“攻读博士学位”的属性，就可以形成“博士生”，这样就减少了重复工作。这种层次关系在面向对象程序设计中就是继承与派生的关系。

在一个已存在的类的基础上建立一个新类，这个新类具有已有类的特征，同时具有新的特征。新类从已有类那里获取特性，这种现象就是类的继承；从已有类产生一个新的子类，这种现象称为类的派生。继承和派生的本质是相同的，只是描述问题的角度不同而已。已存在的类称为“父类”或“基类”，新建立的类称为“子类”或“派生类”。在图 8.7 中，如果把图中的各事物都看成是面向对象中的类，“学生”是基类，则“研究生”是“学生”的派生类，同时也是“博士生”的基类。

在继承关系中，如果派生类是从一个基类派生的，称为单继承。如图 8.7 所示，所有的继承关系都是单继承。如果派生类是从多个基类派生而来的，就称为多继承。如图 8.8 所示，在职学生类是由职工类和学生类派生出来的，这是一个多继承关系。

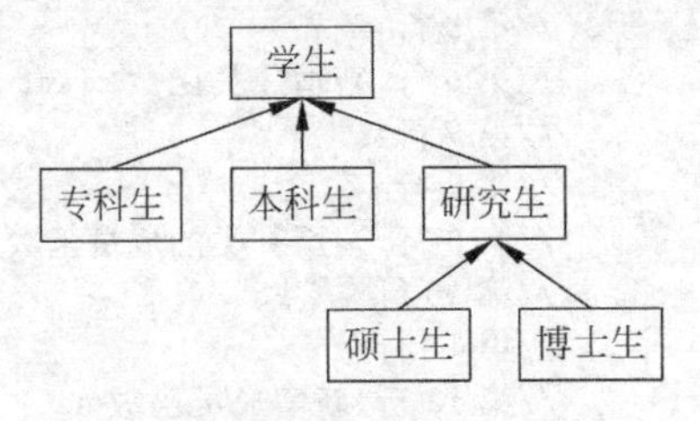

图 8.7　某高校学生的层次结构

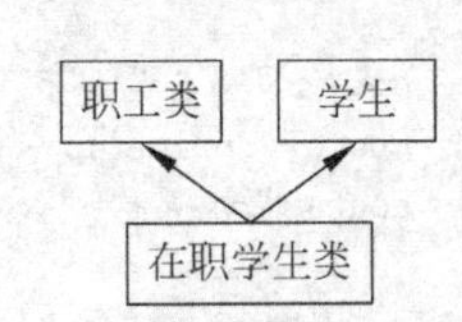

图 8.8　多继承实例

多继承机制是 C++语言所特有的(Java、C＃没有)。多继承机制能使代码紧凑灵活，但难写难懂，容易产生二义性，因此本书只讨论单继承的关系。

1. 派生类的定义

格式：

```
class 派生类名:继承方式 基类名
{
    派生类新增加的成员
};
```

说明：继承方式包括 public(公有继承)、private(私有继承)和 protected(保护继承)，默认的继承方式是 private。

例 8-15　分析平面直角坐标系上点与圆的关系，建立由点类派生出圆类的过程。

分析：先定义平面上的点类 Cpoint，定义如下。

```
class Cpoint
```

```
{private:
    double X,Y;
public :
    void print()
    {
        cout << '(' << X << ', ' << Y << ')' < endl;
    }
    void set(double x, double y)
    {
        X = x ; Y = y ;
    }
};
```

圆类属性是圆心坐标和半径值，而圆心就是平面上的一个点，因此可以在类 Cpoint 定义的基础上增加一个新的数据成员 *r*(代表圆半径)，并增加对该成员的处理，形成一个新类 Circle。这样，Cpoint 类是基类，Circle 类就是派生类。

派生类 Circle 的定义如下：

```
class Circle:public Cpoint                      //第 1 行,派生类 Circle 公有继承基类 Cpoint
{                                               //第 2 行
private:                                        //第 3 行
    double r;                                   //第 4 行,新增数据成员 r
public:                                         //第 5 行
     void print()                               //第 6 行,新增成员函数 print
     {                                          //第 7 行
         cout <<"圆心为:";                       //第 8 行
         Cpoint::print();                       //第 9 行,调用基类的成员函数 print
         cout <<"半径 r = "<< r << endl;          //第 10 行
     }                                          //第 11 行
     void set(double x,double y,double r1)      //第 12 行,新增成员函数 set
     {                                          //第 13 行
        Cpoint::set(x,y);                       //第 14 行,调用基类的成员函数 set
        r = r1;                                 //第 15 行
     }                                          //第 16 行
};                                              //第 17 行
```

类 Circle 继承了基类 Cpoint 的属性和行为，包括数据成员 *X* 和 *Y* 以及两个成员函数 print 和 set，同时新增加了数据成员 *r*，并且新定义了函数 print 和 set。派生类 Circle 与基类 Cpoint 的关系如图 8.9 所示。

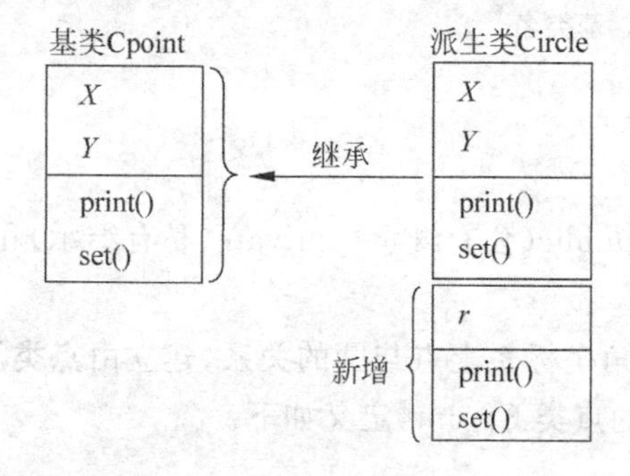

图 8.9　派生类 Circle 与基类 Cpoint 的关系

类 Circle 的成员结构如表 8.5 所示。

表 8.5　类 Circle 的成员结构

数据成员			成员函数		
名称	含义	来源	名称	含义	来源
X,Y	圆心坐标	从 Cpoint 继承而来	print	输出基类数据成员	从 Cpoint 继承而来
r	半径	新增数据成员	set	设置基类数据成员	
			print	输出派生类的数据成员	新增成员函数
			set	设置派生类的数据成员	

2. 派生类的形成过程

继承机制允许类从一个已有类中继承其特性和行为，根据需要进行更具体的定义。C++允许派生类继承基类的全部属性和行为，并可以增加基类中没有的新属性和行为。派生类的形成过程如下：

1）吸收基类成员

派生类吸收基类中除构造函数和析构函数之外的所有成员。

在例 8-15 中，派生类 Circle 吸收了基类 Cpoint 的所有成员，包括数据成员 X 和 Y，以及两个成员函数 print 和 set。

2）改造基类成员

可以将基类中的某些成员进行改造，以适应新的应用，包括以下两个方面。

(1) 改变基类成员的访问权限。

例如，可以将某个成员的 public 属性改为 private。

(2) 当派生类与基类有相同的成员时，实现对基类成员的隐藏。

当通过派生类对象调用同名的成员时，系统将自动调用派生类中新定义的成员，而不是从基类继承的同名成员，基类的该成员在派生类中会被隐藏。

在例 8-15 中，派生类 Circle 从基类继承了函数 print 和 set，同时又新增了函数 print 和 set，当调用派生类对象的同名函数时，系统自动调用新定义的同名函数，从基类继承的同名函数被屏蔽了。

3）添加新的成员

派生类可以添加新的数据成员和成员函数。

在例 8-15 中，新增了数据成员 r，新增了成员函数 print 和 set。

4）重写构造函数与析构函数

派生类不能继承这两种函数，必须重新定义派生类构造函数和析构函数，这将在本章的 8.7.3 节中讲到。

8.7.2　继承方式

在派生类的定义格式中要求说明继承方式，继承方式决定了派生类对基类成员的访问权限，主要有下面 3 种继承方式：

- public(公有继承)

- private(私有继承)
- protected(保护继承)

1. 从基类继承来的成员在派生类中的属性

从基类继承来的成员在派生类中的属性如表 8.6 所示。

表 8.6 从基类继承来的成员在派生类中的属性

基类成员 / 在派生类中的属性 / 继承方式	私有成员	公有成员	保护成员
公有继承	不可见的成员	公有成员	保护成员
私有继承	不可见的成员	私有成员	私有成员
保护继承	不可见的成员	保护成员	保护成员

2. 派生类新增成员函数对基类成员的访问权限

派生类新增成员函数对基类成员的访问权限如表 8.7 所示。

表 8.7 派生类新增成员函数对基类成员的访问权限

基类成员 / 访问权限 / 继承方式	私有成员	公有成员	保护成员
公有继承	不可访问	可访问	可访问
私有继承	不可访问	可访问	可访问
保护继承	不可访问	可访问	可访问

无论是何种继承方式,派生类的新增成员函数都能访问基类的公有成员和保护成员,但不能访问基类的私有成员。

3. 派生类对象对基类成员的访问权限

派生类对象对基类成员的访问权限如表 8.8 所示。

表 8.8 派生类对象对基类成员的访问权限

基类成员 / 访问权限 / 继承方式	私有成员	公有成员	保护成员
公有继承	不可访问	可访问	不可访问
私有继承	不可访问	不可访问	不可访问
保护继承	不可访问	不可访问	不可访问

派生类对象只有在公有继承方式下才能访问基类的公有成员。

例 8-16 分析程序的运行结果。

```
#include <iostream.h>                //第 1 行
```

```
class A                                         //第 2 行,定义基类
{                                               //第 3 行
public:                                         //第 4 行
    void setx(int a)                            //第 5 行
    {   x = a; }                                //第 6 行
    void sety(int b)                            //第 7 行
    {   y = b; }                                //第 8 行
    int getx()                                  //第 9 行
    {   return x; }                             //第 10 行
    int gety()                                  //第 11 行
    {   return y; }                             //第 12 行
protected:                                      //第 13 行
    int x;                                      //第 14 行
private:                                        //第 15 行
    int y;                                      //第 16 行
};                                              //第 17 行
class B:public A                                //第 18 行,派生类 B 公有继承 A
{                                               //第 19 行
public:                                         //第 20 行
    int getsum()                                //第 21 行
    { return x + gety();}                       //第 22 行,访问基类的保护成员 x 和成员函数 gety
};                                              //第 23 行
void main()                                     //第 24 行
{                                               //第 25 行
    B p;                                        //第 26 行
    p.setx(1);                                  //第 27 行,派生类对象 p 调用基类函数 setx
    p.sety(2);                                  //第 28 行,派生类对象 p 调用基类函数 sety
    cout <<"x = "<< p.getx() <<", y = "<< p.gety()<< endl;          //第 29 行,p 调用基类函数
    cout <<"x + y = "<< p.getsum()<< endl;   //第 30 行,p 调用派生类函数 getsum
}                                               //第 31 行
```

运行结果:

```
x = 1, y = 2
x + y = 3
```

程序分析:从第 18 行可以看出,类 A 是基类,类 B 是派生类,公有继承方式。类 A 和类 B 的关系如图 8.10 所示。因此,类 B 的新增成员函数 getsum 可以直接访问公有成员函数 gety 和保护成员 x,不能直接访问基类私有成员 y,只能通过接口函数 gety 间接访问。在主函数中,派生类对象 p 可以直接访问基类公有成员函数 setx、sety、getx 和 gety,不能直接访问基类的私有成员 x 和保护成员 y。

程序首先执行第 26 行,定义了派生类 B 的对象 p。第 27 行,派生类对象 p 访问基类的公有成员函数 setx,将对象 p 的 x 成员设置为 1。第 28 行与第 27 行类似,将对象 p 的 y 成员设置为 2。第 29 行,派生类对象 p 分别访问了基类成员函数 getx 和 gety,分别取出 x 和 y 的值,然后按指定格式输出。第 30 行,派生类对象 p 访问了派生类新增成员函数 getsum,输出成员 x 与 y 之和。

思考题:

如果将第 18 行改为“class B: A”,程序运行结果如何?

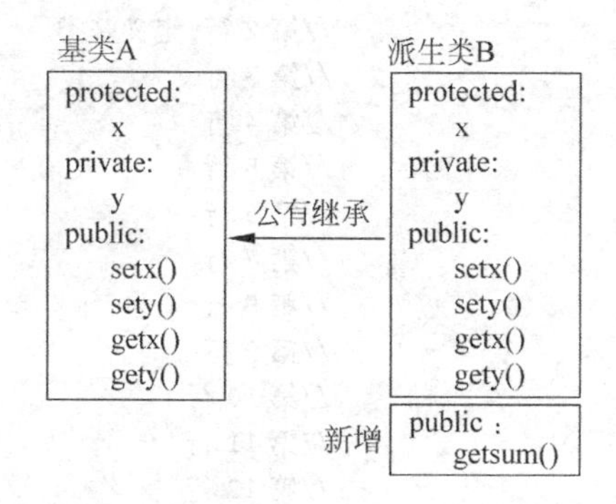

图 8.10 派生类 B 与基类 A 的关系

8.7.3 继承的构造函数和析构函数

派生类吸收基类中除构造函数和析构函数之外的所有成员，所以其成员包括新增成员和从基类继承而来的成员。因此，派生类对象的初始化，包括对新增数据成员的初始化和从基类继承而来的数据成员的初始化。

对于从基类继承而来的数据成员，其初始化工作仍然由基类的构造函数完成，而对于新增数据成员，需要加入新的构造函数。

同样，当派生类对象被删除时需要做扫尾清理工作，对于基类数据成员的清理，由基类析构函数完成，而对于新增数据成员的清理，需要增加一个新的析构函数完成。

1. 派生类的构造函数

1）派生类构造函数的定义

格式：

```
派生类名(总参数表): 基类构造函数(基类参数表),新增成员对象名 1(参数 1),
新增成员对象名 2(参数 2), …, 新增成员对象名 n(参数表 n)
{
    派生类新增成员的初始化;
}
```

说明：

(1) 派生类构造函数可以在派生类内定义，也可以在类外定义。

(2) 当基类使用默认构造函数或无参构造函数时，派生类构造函数中可以省去对基类构造函数的调用。

(3) 总参数表中包含了所有参数的数据类型及参数名，而基类参数表和成员对象的参数表只有参数名，不再重复写对应参数类型。

2）派生类构造函数的调用

调用顺序如下：

(1) 先调用基类构造函数。

(2) 再调用成员对象的构造函数(按在派生类中声明的先后顺序)。

(3) 最后执行派生类构造函数的函数体。

例 8-17　分析程序的运行结果。

```
#include < iostream.h >                         //第 1 行
class A                                          //第 2 行
{                                                //第 3 行
public:                                          //第 4 行
    A(int i)                                     //第 5 行,定义基类 A 的构造函数
    {                                            //第 6 行
        cout <<"调用 A 的构造函数 "<< i << endl;  //第 7 行
    }                                            //第 8 行
};                                               //第 9 行
class B                                          //第 10 行
{                                                //第 11 行
public:                                          //第 12 行
    B(int i)                                     //第 13 行,定义类 B 的构造函数
    {                                            //第 14 行
        cout <<"调用 B 的构造函数 "<< i << endl;  //第 15 行
    }                                            //第 16 行
};                                               //第 17 行
class C:public A                                 //第 18 行,类 C 公有继承类 A
{                                                //第 19 行
private:                                         //第 20 行
    B p;                                         //第 21 行,新增数据成员 p 是 B 类对象
    int c;                                       //第 22 行,新增数据成员 c
public:                                          //第 23 行
    C(int i,int j,int k):A(i),p(j)               //第 24 行,定义派生类 C 的构造函数
    {                                            //第 25 行
        c = k;                                   //第 26 行
        cout <<"调用 C 的构造函数 "<< c << endl;  //第 27 行
    }                                            //第 28 行
};                                               //第 29 行
void main()                                      //第 30 行
{                                                //第 31 行
    C q(1,2,3);                                  //第 32 行
}                                                //第 33 行
```

运行结果：

```
调用 A 的构造函数 1
调用 B 的构造函数 2
调用 C 的构造函数 3
```

程序分析：程序定义了类 A、类 B 和类 C，其中，类 C 以公有继承方式继承了 A。第 21 行表明类 C 新增数据成员 *p* 是 B 类对象。第 24～28 行定义了派生类 C 的构造函数，功能是对数据成员赋值，并执行第 27 行的 cout 语句。

程序首先执行第 32 行，定义对象 *q*，并调用派生类 C 的构造函数：开辟形参空间，进行参数传递，$i=1$，$j=2$，$k=3$，然后调用基类 A 的构造函数（第 5～8 行），输出“调用 A 的构造函数 1”，再调用数据成员 *p*（类 B 的对象）的构造函数（第 13～16 行），输出“调用 B 的构造函数 2”，最后执行类 C 构造函数的函数体（第 26～27 行），输出“调用 C 的构造函数 3”。

2. 派生类的析构函数

1）派生类析构函数的定义

格式：

```
派生类名::~派生类名()
{
    派生类析构函数的函数体;
}
```

说明：在定义派生类析构函数时，不需要把基类的析构函数写上，系统会自动调用基类析构函数。

2）派生类析构函数的调用

派生类析构函数的调用顺序与构造函数完全相反：

(1) 先执行派生类析构函数的函数体。

(2) 然后调用派生类新增成员对象的析构函数。

(3) 最后执行基类的析构函数。

例 8-18 派生类析构函数示例。

```
#include <iostream.h>                          //第 1 行
class A                                        //第 2 行
{                                              //第 3 行
public:                                        //第 4 行
    A(int i)                                   //第 5 行
    {                                          //第 6 行
        cout<<"调用 A 的构造函数 "<<i<<endl;   //第 7 行
    }                                          //第 8 行
    ~A()                                       //第 9 行,类 A 的析构函数
    {                                          //第 10 行
        cout<<"调用 A 的析构函数 "<<endl;      //第 11 行
    }                                          //第 12 行
};                                             //第 13 行
class B                                        //第 14 行
{                                              //第 15 行
public:                                        //第 16 行
    B(int i)                                   //第 17 行
    {                                          //第 18 行
        cout<<"调用 B 的构造函数 "<<i<<endl;   //第 19 行
    }                                          //第 20 行
    ~B()                                       //第 21 行,类 B 的析构函数
    {                                          //第 22 行
        cout<<"调用 B 的析构函数 "<<endl;      //第 23 行
    }                                          //第 24 行
};                                             //第 25 行
class C:public A                               //第 26 行
{                                              //第 27 行
private:                                       //第 28 行
    B p;                                       //第 29 行
```

```
    int c;                                       //第 30 行
public:                                          //第 31 行
    C(int i,int j,int k):A(i),p(j)               //第 32 行
    {                                            //第 33 行
        c = k;                                   //第 34 行
        cout<<"调用 C 的构造函数 "<<c<<endl;     //第 35 行
    }                                            //第 36 行
    ~C()                                         //第 37 行,类 C 的析构函数
    {                                            //第 38 行
        cout<<"调用 C 的析构函数"<<endl;         //第 39 行
    }                                            //第 40 行
};                                               //第 41 行
void main()                                      //第 42 行
{                                                //第 43 行
    C q(1,2,3);                                  //第 44 行
}                                                //第 45 行
```

运行结果：

```
调用 A 的构造函数 1
调用 B 的构造函数 2
调用 C 的构造函数 3
调用 C 的析构函数
调用 B 的析构函数
调用 A 的析构函数
```

该程序在例 8-17 的基础上,在每个类中各增加了一个析构函数。

程序分析：程序首先执行第 44 行,定义类 C 的对象 q 并初始化,与例 8-17 运行的顺序一样,依次输出“调用 A 的构造函数 1”、“调用 B 的构造函数 2”、“调用 C 的构造函数 3”。之后遇到“}”,表明主函数即将结束,在结束之前,必须调用析构函数删除各对象,执行顺序为先执行 C 的析构函数的函数体清理 C 类对象 q 的普通数据成员 c；然后调用 B 的析构函清理对象 q 的成员对象 p；最后调用基类 A 的析构函数清理对象 q 从基类继承而来的数据成员(本例中,基类无数据成员)。

8.8　多态性

所谓多态性,是指同一个事物具有多个状态。在面向过程的程序设计中允许重载函数,重载函数虽然具有同一个函数名,但是具有不同的函数体,调用同一个函数,可以分别实现不同的功能,这就是多态性的一个表现。多态性也是面向对象程序设计方法的重要特征。

8.8.1　多态性的概念和实现

1. 多态性的概念

先看一个例子,当上课铃声响了之后,学生 A 坐在座位上,教师 B 站在讲台上。如果把学生看成一类,教师也是一类,学生 A 和教师 B 是不同类的对象。但是他们对同一个消息

“上课铃声”做出了响应，而且这种响应不同，这就是一个多态现象。

面向对象的程序设计所讲的多态性是指同样的消息被不同类型的对象接受时导致不同的行为。从语法上来说，消息是指对函数的调用，不同的行为是指实现不同的功能。

多态性是考虑在不同派生层次的类中同名成员函数之间的调用问题。

2. 多态性的实现

多态性从实现的角度来讲可以分为静态多态性和动态多态性。

静态多态性也称为编译时的多态性，指在程序编译时就已经根据变量的类型和个数或者对象所属的类确定将要执行什么样的操作，一般通过函数重载和运算符重载来实现。

动态多态性也称为运行时的多态性，指无法在程序运行前确定要操作的具体对象，只能在程序执行过程中根据具体情况动态地确定，从而确定要执行的操作，一般通过类的继承关系和虚函数来实现。

第 5 章已经讲过函数重载，这里不再重复叙述，接下来讨论运算符的重载和虚函数。

8.8.2 运算符重载

在传统的程序设计语言中，各种运算符都已经被预先定义了用法和意义，其运算对象是基本数据类型(运算符“=”和“&”除外)，不适用于构造数据类型(如结构体、类等)。例如加法运算符“+”，可以完成对整型和实型数据类型的加法运算，但不能用于字符串。

如果将已有运算符的运算功能扩展到类上，例如，将“+”的运算功能扩展到字符串类，可以使字符串直观地进行加法运算，如"abc"+"de"="abcde"，这就是运算符的重载。

运算符重载是对已有的运算符赋予多重含义，使同一个运算符作用于不同类型的数据时产生不同的行为。运算符重载本质上是函数重载，当需要执行这个运算符时，实际上是调用这个重载函数实现其扩展后的功能。

1. 运算符重载的定义

运算符重载函数可以是类的成员函数，也可以是类的友元函数，还可以是普通函数。

格式：

```
函数类型 operator 运算符(参数表)
{
运算符重载的处理;
}
```

说明：

(1) 可将“operator 运算符”看作函数名。

(2) 遵循函数重载的原则，不能改变其语法结构，既不能改变优先级和结合性，也不能改变其操作数的个数。

(3) 不允许用户自己定义新的运算符，只能对已有的运算符进行重载。

(4) C++中绝大部分的运算符允许重载，不能重载的运算符只有 5 个，即成员运算符“.”、成员指针访问运算符“.*”、作用域运算符“::”、类型字长运算符 sizeof 和条件运算符“?:”。

(5) C++要求，赋值运算符“=”、数组下标运算符“[]”、括号运算符“()”和指向成员运算符“->”必须被重载为类的成员函数。

(6) 如果重载为类的友元函数，需要在函数首部用 friend 修饰。

2. 重载双目运算符

如果将双目运算符重载为类的成员函数，则重载函数中只有一个形参；如果重载为友元函数，则重载函数有两个形参。

调用双目运算符重载函数的格式：

```
c1 运算符 c2
```

(1) 如果该运算符重载为类的成员函数，则“c1 运算符 c2”等价于：

```
c1.operator 运算符(c2)
```

即以当前操作对象为左操作数，以实参对象作为运算符的右操作数。

(2) 如果该运算符重载为类的友元函数，则“c1 运算符 c2”等价于：

```
operator 运算符(c1,c2)
```

其中，c1 和 c2 是重载函数的实参对象。

例 8-19　分析程序的运行结果。

```
#include <iostream.h>                       //第 1 行
class Cpoint                                //第 2 行
{                                           //第 3 行
private:                                    //第 4 行
    double X,Y;                             //第 5 行
public:                                     //第 6 行
    Cpoint(double x, double y)              //第 7 行
    {                                       //第 8 行
      X = x; Y = y;                         //第 9 行
    }                                       //第 10 行
    Cpoint()                                //第 11 行
    {    }                                  //第 12 行
     void print()                           //第 13 行
    {                                       //第 14 行
        cout<<'('<<X<<','<<Y<<')'<<endl;    //第 15 行
    }                                       //第 16 行
    Cpoint operator + (Cpoint a)            //第 17 行,将运算符“+”重载为成员函数
    {                                       //第 18 行
        Cpoint b;                           //第 19 行
        b.X = X + a.X;                      //第 20 行
        b.Y = Y + a.Y;                      //第 21 行
        return b;                           //第 22 行
    }                                       //第 23 行
};                                          //第 24 行
void main()                                 //第 25 行
{                                           //第 26 行
    Cpoint p(1,2),q(3,4),s;                 //第 27 行
```

```
    s = p + q;                              //第 28 行,等价于 s = p.operator + (q)
    s.print();                              //第 29 行
}                                           //第 30 行
```

运行结果：

```
(4,6)
```

程序分析：第2～24行定义了类Cpoint,其中在第17～23行重载了运算符“＋”,功能是求两点的加法运算,实现$(x1,y1)+(x2,y2)=(x1+x2,y1+y2)$。

程序首先执行第27行,定义对象p和q并初始化。第28行,首先通过“＋”调用对象p的运算符重载函数,q作为实参传递给形参对象a,注意重载函数操作的是对象p的数据。程序流程转向第19行,定义形参对象b；第20行,计算$b.X=p.X+a.X$,结果为4；第21行,计算$b.Y=p.Y+a.Y$,结果为6,这样就实现了两个点的加法运算,最后将对象b返回并赋给对象s(第28行)。第29行,输出对象s的数据成员值(4,6)。

例8-20 定义一个复数类complex,在该类上对运算符“＋”进行重载,要求重载为类的友元函数,实现复数的加法功能。

分析：复数类complex包括两个数据成员,即实部real和虚部imag,此外还应有构造函数和具有显示功能的函数。要求将重载函数定义为友元函数,因此该重载函数具有两个参数。根据复数加法规则,应将两个形参对象的实部相加、虚部相加,最后的结果仍然为一个complex类对象。

程序：

```
#include < iostream.h >
class complex
{
private:
    double real, imag;
public:
    complex(double r = 0, double i = 0)       //定义有默认参数的构造函数
    {
        real = r;
        imag = i;
    }
    friend complex operator + (complex p, complex q);      //将 " + "重载为友元函数的函数声明
    void display();
};
complex operator + (complex p, complex q)  //在类外定义运算符重载函数
{
    complex a;
    a.real = p.real + q.real;
    a.imag = p.imag + q.imag;
    return a;
}
void complex::display()                     //在类外定义成员函数 display
{
    cout << real <<' + '<< imag <<'i'<< endl;
}
```

```
void main()
{
    complex c1(5,4),c2(2,10),c3;          //c1 = 5 + 4i,c2 = 2 + 10i
    cout <<"c1 = ";c1.display();
    cout <<"c2 = ";c2.display();
    c3 = c1 + c2;                          //等价于 c = operator + (c1,c2)
    cout <<"c3 = c1 + c2 = ";c3.display();
}
```

例 8-21　定义一个字符串类 str,在该类上对运算符"+"进行重载,实现字符串的加法运算,例如"abc"+"de"="abcde"。

分析:字符串类 str 的数据成员是一个字符串,成员函数可以由构造函数和具有输出功能的函数组成。如果将运算符重载为成员函数,则该重载函数具有一个参数,功能是将形参对象的数据成员连接到当前对象的数据成员,并将连接后的结果返回,可以通过 this 指针实现。

程序:

```
#include < iostream.h>
#include < string.h>
#include < stdio.h>
class str
{
private:
    char s[80];
public:
    str(char c[])
    {   strcpy(s,c);}
    str()
    {   }
    str operator + (str c)                //将运算符"+"重载为成员函数
    {
        strcat(s,c.s);
        return * this;
    }
    void display()
    {
        cout << s << endl;
    }
};
void main()
{
    char s1[80],s2[80];
    gets(s1);
    gets(s2);
    str p(s1),q(s2),r;
    r = p + q;                            //等价于 r = p.operator + (q)
    r.display();
}
```

3. 重载单目运算符

单目运算分前置单目运算和后置单目运算,例如++、--。如果将单目运算重载为类的成员函数,对于前置单目运算符,重载函数没有形参,对于后置单目运算符,重载函数需要有一个整型形参,该形参在函数体中并不使用,仅仅用来与前置单目运算符相区别。

引用前置单目运算符的格式:

```
运算符 c;
```

相当于 c.operator 运算符()。

引用后置单目运算符的格式:

```
c 运算符;
```

相当于 c.operator 运算符(0)。

例 8-22 将运算符前置++和后置++重载为平面直角坐标点类的成员函数。

分析:要求重载为成员函数,那么对于前置++,重载函数没有形参,对于后置++,重载函数有一个整型形参。两种运算符的操作数都是点类对象,功能都是实现横、纵坐标各自增加1,前置++是操作对象的数据成员加1后再参加操作,后置++是操作对象先参加运算后其数据成员加1。

程序:

```
#include <iostream.h>
class Cpoint
{
private:
     double X,Y;
public:
    Cpoint(double x = 0, double y = 0)
    {   X = x; Y = y; }
    void print()
    {   cout <<'('<< X <<','<< Y <<')'<< endl; }
    Cpoint operator ++();                        //对重载前置++函数做函数声明
    Cpoint operator ++(int);                     //对重载后置++函数做函数声明
};
Cpoint Cpoint::operator ++()                     //重载前置++函数的实现
{
    X++;
    Y++;
    return *this;                                //返回执行自增运算后的对象
}
Cpoint Cpoint::operator ++(int)                  //重载后置++函数的实现
{
    Cpoint old = *this;
    ++(*this);                                   //调用前置++运算符
    return old;                                  //返回执行自增运算前的对象
}
void main()
```

```
{
    Cpoint p(2,5);
    cout <<"开始当前坐标: "; p.print();
    cout <<"显示++p: ";(++p).print();
    cout <<"显示当前坐标: ";p.print();
    cout <<"显示 p++: "; (p++).print();
    cout <<"显示当前坐标: ";p.print();
}
```

运行结果：

```
开始当前坐标: (2,5)
显示++p: (3,6)
显示当前坐标: (3,6)
显示 p++: (3,6)
显示当前坐标: (4,7)
```

如果将单目运算符重载为类的友元函数，对于前置单目运算符而言，重载函数有一个形参，即操作数；对于后置单目运算符而言，重载函数需要两个形参，一个为操作数，另一个为整型形参，该形参仅仅用来与前置单目运算符相区别。

8.8.3　虚函数

1. 虚函数的概念

在例 8-15 中，派生类 Circle 中新增了两个函数 print 和 set，同时又从基类 Cpoint 中继承了两个函数 print 和 set，当派生类对象调用这种同名成员函数时，系统会自动调用派生类中新定义的成员函数而不是从基类继承的同名函数。

实际上，在定义派生类时，可能会新增与基类同名的成员函数，根据同名覆盖的原则，在派生类对象调用该函数时屏蔽了基类的该成员函数。也就是说，派生类对象不可能访问从基类继承而来的该同名函数，要解除这种弊端，必须引入虚函数的概念。

虚函数的意义就是为了实现派生类对象能够调用不同派生层次的同名函数。为了更好地理解虚函数的作用和意义，先看下面的例题，分析运行结果。

例 8-23　分析程序的运行结果。

```
#include <iostream.h>                        //第 1 行
class Cpoint                                 //第 2 行,定义基类 Cpoint
{                                            //第 3 行
protected:                                   //第 4 行
  double X,Y;                                //第 5 行
  public:                                    //第 6 行
    Cpoint(double x, double y)               //第 7 行
    {                                        //第 8 行
      X = x; Y = y;                          //第 9 行
    }                                        //第 10 行
  void print()                               //第 11 行
  {                                          //第 12 行
        cout <<"调用基类成员函数 print: ("<< X <<','<< Y <<')'<< endl;    //第 13 行
```

```
}                                                  //第 14 行
};                                                 //第 15 行
class Circle:public Cpoint                         //第 16 行,定义派生类 Circle
{private:                                          //第 17 行
double r;                                          //第 18 行
public:                                            //第 19 行
Circle(double x,double y,double r1):Cpoint(x,y)    //第 20 行
{                                                  //第 21 行
  r = r1;                                          //第 22 行
}                                                  //第 23 行
void print()                                       //第 24 行
{                                                  //第 25 行
   cout << "调用派生类新增函数 print: (" << X <<',' << Y <<')'<< endl;        //第 26 行
   cout <<"半径 r = "<< r << endl;                 //第 27 行
 }                                                 //第 28 行
};                                                 //第 29 行
void main()                                        //第 30 行
{                                                  //第 31 行
    Cpoint p(0,0), * q;                            //第 32 行
    Circle s(2,1,5);                               //第 33 行
    q = &p;                                        //第 34 行,基类指针 q 指向基类对象 p
    q -> print();                                  //第 35 行,调用基类成员函数 print
    q = &s;                                        //第 36 行,基类指针 q 指向派生类对象 p
    q -> print();                                  //第 37 行,调用从基类继承的函数 print
}                                                  //第 38 行
```

运行结果：

```
调用基类成员函数 print: (0,0)
调用基类成员函数 print: (2,1)
```

程序分析：程序定义了基类 Cpoint 和派生类 Circle，具有同名函数 print。基类中的 print 函数用于输出点的数据信息，派生类的 print 函数用于输出圆的数据信息。

程序首先执行第 32 行，定义了基类对象 p(数据初始化为 0,0)和基类对象指针 q。第 33 行，定义了派生类对象 s(数据初始化为 2,1,5)。第 34 行，将基类指针变量 q 指向基类对象 p。第 35 行，通过指针 q 调用基类对象 p 的 print 函数，输出了其数据成员值(0,0)。第 36 行，将指针 q 指向了派生类对象 s，注意 q 是基类指针，因此当它指向派生类对象时，本质上是指向派生对象的基类数据成员部分。第 37 行，再次调用 q 所指对象的 print 函数，因为 q 指向派生对象的基类部分，这里调用的仍然是基类的 print 函数，而不是调用派生类的 print 函数，因此只输出 s 的基类数据成员值(2,1)。

在该例中，尽管基类对象指针 q 指向派生类对象 s，但是通过指针访问派生类同名成员函数时，本质上是访问派生类从基类继承而来的那个同名成员函数。也就是说，通过对象指针访问同名成员函数时，仅仅与指针的类型有关，而与指针正指向的对象无关。本来使用对象指针是为了表达一种动态的性质，即当指针指向不同对象时能执行不同的操作，但在此例中并没有起到这种作用。

我们希望当基类指针 q 指向基类对象时调用基类的同名函数，而当它指向派生类对象时调用派生类的同名函数，这就是动态多态性。C++中提供了虚函数来实现这种多态性。

2. 虚函数的定义

格式：

```
class 基类名
{
  …
public:
    virtual 函数类型 函数名(参数表)        //虚函数
    {  函数体  ;}
    …
};
```

说明：

(1) 虚函数是一个成员函数,在基类中用 virtual 声明,其在基类中的实现可以在类外完成,此时不必再加 virtual。

(2) 当一个成员函数被声明为虚函数时,其派生类中的同名函数都会自动成为虚函数。

(3) 在派生类中可以重新定义虚函数,此时可以不用 virtual,但是要求函数名、函数类型、参数个数和类型与基类完全相同,否则就变成了重载函数。

3. 虚函数的使用

虚函数的作用是允许在派生类中重新定义与基类同名的函数,然后通过基类指针所指对象的类型来确定调用基类或派生类的同名函数,实现动态多态性。因此,在使用虚函数时必须有以下两个步骤：

(1) 定义一个基类对象指针。

(2) 通过该指针变量调用虚函数,当该指针指向基类对象时调用基类的同名函数,当该指针指向派生类对象时调用派生类的同名函数。

通过基类对象指针与虚函数的调用,可以方便地调用同一派生层次中不同类的同名函数。

例 8-24　虚函数示例。

```
#include <iostream.h>                          //第1行
class Cpoint                                   //第2行,定义基类 Cpoint
{                                              //第3行
protected:                                     //第4行
    double X,Y;                                //第5行
public:                                        //第6行
    Cpoint(double x, double y)                 //第7行
    {                                          //第8行
      X=x; Y=y;                                //第9行
    }                                          //第10行
    virtual void print()                       //第11行,定义虚函数 print
    {                                          //第12行
        cout<<"调用基类成员函数 print: ("<<X<<','<<Y<<')'<<endl;        //第13行
    }                                          //第14行
};                                             //第15行
```

```
class Circle:public Cpoint                    //第 16 行,定义派生类 Circle
{private:                                     //第 17 行
    double r;                                 //第 18 行
public:                                       //第 19 行
     Circle(double x,double y,double r1):Cpoint(x,y)                  //第 20 行
     {                                        //第 21 行
        r = r1;                               //第 22 行
     }                                        //第 23 行
     void print()                             //第 24 行
     {                                        //第 25 行
        cout<<"调用派生类新增函数 print :(" << X<<','<< Y<<')'<< endl;      //第 26 行
         cout<<"半径 r = "<< r << endl;       //第 27 行
     }                                        //第 28 行
};                                            //第 29 行
void main()                                   //第 30 行
{                                             //第 31 行
    Cpoint p(0,0), * q;                       //第 32 行
    Circle s(2,1,5);                          //第 33 行
    q = &p;                                   //第 34 行,基类指针 q 指向基类对象 p
    q -> print();                             //第 35 行,调用基类成员函数 print
    q = &s;                                   //第 36 行,基类指针 q 指向派生类对象 p
    q -> print();                             //第 37 行,调用派生类成员函数 print
}                                             //第 38 行
```

运行结果:

```
调用基类成员函数 print: (0,0)
调用派生类新增函数 print: (2,1)
半径 r = 5
```

该程序与例 8-23 的唯一区别是在第 11 行多了一个关键字 virtual,说明在该程序中将 print 函数设置为虚函数。

程序分析:第 34 行,基类指针 q 指向基类对象,此时执行 $q->$print(),系统会调用基类的 print 函数;而在第 36 行,基类指针 q 指向派生类对象,此时执行 $q->$print(),系统会调用派生类的 print 函数。

8.8.4 抽象类

1. 纯虚函数

在例 8-24 中,如果要在类 Cpoint 和 Circle 中增加一个求面积的函数,并将其设置为虚函数,由于 Circle 类对象是一个圆,面积 $s=3.14159r^2$,因此派生类的类体中可以增加以下成员函数:

```
double area()
{
return (3.14159 * r * r);
}
```

但是基类 Cpoint 是一个点类,求面积没有意义,为了使基类和派生类在结构上尽可能

相似，可以在基类定义中增加以下成员函数：

```
virtual double area()
{
return 0;
}
```

这个函数被称为纯虚函数，也可以写成以下形式：

```
virtual double area() = 0;
```

纯虚函数定义格式：

```
virtual 函数类型 函数名(参数表) = 0;
```

特点：在基类中不给出该函数的具体实现，而将它的实现留到派生类中完成。

作用：使用纯虚函数，使得基类与派生类在成员结构上尽可能相同。

2. 抽象类

如果一个类中至少包含一个纯虚函数，则称该类为抽象类。抽象类的主要作用是作为基类建立派生类，为各个派生类提供一个公共的框架，用户可以在这个框架的基础上根据自己的需要定义出功能各异的派生类。

例 8-25　定义抽象基类 Shape，由它派生出两个派生类，即 Circle(圆形)和 Rectangle(矩形)，用函数 area 分别输出两者的面积。

```
#include <iostream.h>                          //第 1 行
class Shape                                    //第 2 行,抽象基类
{                                              //第 3 行
public:                                        //第 4 行
    virtual void print() = 0;                  //第 5 行,纯虚函数 print
    virtual void area() = 0;                   //第 6 行,纯虚函数 area
};                                             //第 7 行
class Circle:public Shape                      //第 8 行,定义派生类 Circle
{                                              //第 9 行
private:                                       //第 10 行
    double x,y,r;                              //第 11 行
public:                                        //第 12 行
    Circle(double x1,double y1,double r1)      //第 13 行
    {                                          //第 14 行
        x = x1;y = y1;r = r1;                  //第 15 行
    }                                          //第 16 行
    void print()                               //第 17 行,重新定义虚函数 print
    {                                          //第 18 行
        cout<<"圆心:("<<x<<","<<y<<")"<<endl;                                    //第 19 行
        cout<<"半径:"<<r<<endl;                //第 20 行
    }                                          //第 21 行
    void area()                                //第 22 行,重新定义虚函数 area
    {                                          //第 23 行
        cout<<"圆面积: "<<3.14159 * r * r<<endl;                                 //第 24 行
    }                                          //第 25 行
```

```
};                                           //第 26 行
class Rectangle:public Shape                 //第 27 行,定义派生类 Rectangle
{                                            //第 28 行
private:                                     //第 29 行
    double a,b;                              //第 30 行
public:                                      //第 31 行
    Rectangle(double a1,double b1)           //第 32 行
    {                                        //第 33 行
        a = a1;b = b1;                       //第 34 行
    }                                        //第 35 行
    void print()                             //第 36 行,重新定义虚函数 print
    {                                        //第 37 行
        cout <<"长:"<< a << endl;            //第 38 行
        cout <<"宽:"<< b << endl;            //第 39 行
    }                                        //第 40 行
    void area()                              //第 41 行,重新定义虚函数 area
    {                                        //第 42 行
        cout <<"矩形面积: "<< a * b << endl; //第 43 行
    }                                        //第 44 行
};                                           //第 45 行
void main()                                  //第 46 行
{                                            //第 47 行
    Shape * q;                               //第 48 行,定义基类指针
    Circle s(2,1,5);                         //第 49 行
    Rectangle p(3,5);                        //第 50 行
    q = &s;                                  //第 51 行,q 指向 Circle 类对象
    q -> print();                            //第 52 行,调用 Circle 类成员函数 print
    q = &p;                                  //第 53 行,q 指向 Rectangle 类对象
    q -> print();                                  //第 54 行,调用 Rectangle 类成员函数 print
}                                            //第 55 行
```

运行结果:

```
圆心:(2,1)
半径:5
长:3
宽:5
```

程序分析:第 2~7 行定义了抽象类 Shape,类内分别定义了纯虚函数 area 和 print。基类 Shape 所体现的是一个抽象几何形状的概念,在它的类体内定义了求面积的成员函数 area 和输出函数 print,但是没有给出这些函数的实现部分,因为对虚拟几何形状进行这些操作显然是无意义的。但是如果把这些成员函数指定为纯虚函数,那么就给 Shape 基类的所有派生类提供了一个公共的接口界面,在派生类 Circle 和 Rectangle 的类体内必须重定义这些虚函数,使得派生类中的这些虚函数变得有实际意义了。

例 8-26 应用抽象类,求圆、圆内接正方形和圆外切正方形的面积和周长。

分析:可以设计一个抽象几何形状 base 作为抽象基类,在其体内定义纯虚函数 display。在 base 基础上派生出 circle 类,同时在其体内重新定义虚函数 display,用于输出圆的面积和周长;在 circle 类的基础上分别派生出圆内接正方形和外切正方形类,在各自的

类体中重新定义虚函数 display,用于输出对应的面积和周长。

程序:

```
#include < iostream.h >
#define PI 3.1415926
#include < math.h >
class base                                      //抽象基类
{
public:
    virtual void display() = 0;                 //纯虚函数 display
};
class circle:public base                        //定义圆类
{
protected:
   double r;
public:
    circle(double x = 0)
    {   r = x;}
    void display()                              //重新定义虚函数
    {
        cout <<"圆的面积: "<< r * r * PI << endl;
        cout <<"圆的周长 "<< PI * r * 2 << endl;
    }
};
class incircle:public circle                    //定义内接正方形类
{
    double a;
public:
    incircle(double x = 0):circle(x)
    {   }
    void display()                              //重新定义虚函数
    {
        a = sqrt(r);
        cout <<"内接正方形面积: "<< a * a << endl;
        cout <<"内接正方形周长: "<< 4 * a << endl;
    }
};
class outcircle:public circle                   //定义外切正方形类
{
public:
    outcircle(double x = 0): circle(x)
    {   }
    void display()                              //重新定义虚函数
    {
        cout <<"外切正方形面积:"<< 4 * r * r << endl;
        cout <<"外切正方形周长:"<< 8 * r << endl;
    }
};
void main()
{
```

```
    base *p;                          //声明抽象基类指针
    circle a(10);
    incircle b(9);
    outcircle c(10);
    p=&a;                             //p指向circle类对象
    p->display();                     //调用circle类成员函数display
    p=&b;                             //p指向incircle类对象
    p->display();                     //调用incircle类成员函数display
    p=&c;                             //p指向outcircle类对象
    p->display();                     //调用outcircle类的成员函数display
}
```

习题 8

一、选择题

1. 下列关于类与对象的说法不正确的是________。

(A) 对象是类的一个实例

(B) 任何一个对象只能属于一个具体的类

(C) 一个类只能有一个对象

(D) 类与对象的关系和数据类型与变量的关系相似

2. 假定AA为一个类，a为该类的私有数据成员，GetValue()为该类的公有函数成员，它返回a的值，x为该类的一个对象，则访问x对象中数据成员a的格式为________。

(A) $x.a$　　(B) $x.a()$

(C) x->GetValue()　　(D) x.GetValue()

3. 下列关于静态成员的描述错误的是________。

(A) 静态成员可分为静态数据成员和静态成员函数

(B) 静态数据成员定义后必须在类体内进行初始化

(C) 静态数据成员初始化不使用其构造函数

(D) 静态数据成员函数中不能直接引用非静态成员

4. 下列关于构造函数的说法错误的是________。

(A) 构造函数的名字必须与类的名字相同

(B) 构造函数可以定义为void类型

(C) 构造函数可以重载，可以带有默认参数

(D) 构造函数可以由用户自定义也可以由系统自动生成

5. 下列有关析构函数的说法不正确的是________。

(A) 一个类中析构函数有且只有一个

(B) 析构函数无任何函数返回类型

(C) 析构函数和构造函数一样可以有形参

(D) 析构函数的作用是在对象被撤销时收回先前分配的内存

6. 下列情况中不会调用拷贝构造函数的是________。

(A) 用一个对象初始化本类的另一个对象时

(B) 函数的形参是类的对象,在进行形参和实参的结合时

(C) 函数的返回值是类的对象,函数执行完返回时

(D) 将类的一个对象赋给另一个本类的对象时

7. 下列关于友元的描述错误的是________。

(A) 友元关系是单向的且不可传递

(B) 在友元函数中可以通过 this 指针直接引用对象的私有成员

(C) 友元可以是一个普通函数也可以是一个类

(D) 通过友元可以实现在类的外部对类的私有成员的访问

8. 在私有继承的情况下,允许派生类直接访问的基类成员包括________。

(A) 公有成员和私有成员　　(B) 公有成员和保护成员

(C) 保护成员和私有成员　　(D) 公有成员、私有成员和保护成员

9. 有以下类定义:

```
class base
{
public:
    int x;
protected:
    int y;
private:
    int z;
};
```

派生类采用________方式继承可以使 x 成为自己的公有成员。

(A) 公有继承　　(B) 保护继承　　(C) 私有继承　　(D) 以上 3 个都对

10. 派生类的对象对其基类成员中________是可以访问的。

(A) 公有继承中的公有成员　　(B) 公有继承中的保护成员

(C) 私有继承中的公有成员　　(D) 以上 3 个都对

11. 下列运算符中,________运算符在 C++中不能重载。

(A) ?:　　(B) []　　(C) new　　(D) &&

12. 有以下类声明:

```
class base
{
    int i;
public:
    void set(int n)
    {  i = n;}
    int get()
    {  return i; }
};
class derived: protected base
{
protected:
    int j;
public:
```

```
    void set(int m, int n)
    {  base::set(m); j = n;}
    int get()
    {  return base::get() + j; }
};
```

则类 derived 中保护成员的个数是________。

(A) 1　　(B) 2　　(C) 3　　(D) 4

13. 下列关于虚函数的描述中________是正确的。

(A) 派生类的虚函数与基类的虚函数具有不同的参数个数和类型

(B) 虚函数实现了 C++的动态多态性

(C) 虚函数是一个非成员函数

(D) 虚函数是一个静态成员函数

14. 下列关于运算符重载的说法中错误的是________。

(A) 可以对 C++的所有运算符进行重载

(B) 运算符重载保持固有的结合性和优先级顺序

(C) 运算符重载不能改变操作数的个数

(D) 运算符重载函数可以是成员函数，也可以是友元函数

15. 关于 this 指针，以下________不正确。

(A) this 指针可以被用户显式地使用

(B) this 指针不可以指向常量

(C) this 指针指向要调用对应成员函数的对象

(D) this 指针是指向对象的常指针

16. 面向对象方法的多态性是指________。

(A) 一个类可以派生出多个特殊类

(B) 一个对象在不同的运行环境中可以有不同的变体

(C) 针对一个消息，不同的对象可以以适合自身的方式加以响应

(D) 一个对象可以是由多个其他对象组合而成的

二、填空题

1. 当输入 2 和 3 时，下列程序输出“两个数的和为：5”，请将程序补充完整。

```
#include<iostream.h>
class num
{
    int x,y;
public:
    num(int a = 0,int b = 0);
    ________;
};
num::num(int a,int b)
{
________;
________;
}
```

```
int num::sum()
{    return x + y;}
void main()
{
    int i,j;
    cout <<"请输入两个数: "<< endl;
    cin>> i >> j;
    ________;                          //定义对象p
    cout <<"两数的和为: "<<________<< endl;
}
```

2. 将下列类定义补充完整。

```
#include < iostream.h >
class base
{
public:
    void fun()
    {
        cout <<"base::fun"<< endl;
    }
};
class derived:public base
{
public:
    void fun()
    {
        ________;                      //显式调用基类的 fun 函数
        cout <<"derived::fun"<< endl;
    }
};
```

3. 下面程序通过重载运算符"+"实现两个一维数组对应元素的相加,请将程序补充完整。

```
#include < iostream.h >
class Arr
{
        int x[10];
public:
        Arr()                          //构造函数
        {    for(int i = 0;i < 10;i++)
                 x[i] = 0;
        }
        Arr(int * p)                   //拷贝构造函数
        {
            for(int i = 0;i < 10;i++)
               x[i] = * p++;
        }
        Arr operator + (Arr a)         //将" + "重载为类的成员函数
        {
```

```
            Arr t;
            for(int i = 0;i < 10;i++)
                t.x[i] = ________;
            return ________;
        }
        Arr operator += (Arr a)          //重载复合赋值运算符" += "
        {
            for(int i = 0;i < 10;i++)
              x[i] = ________;
            return ________;
        }
        void show()
        {
            for(int i = 0;i < 10;i++)
              cout << x[i]<<'\t';
            cout << endl;
        }

};
void main()
{
    int array[10];
    for(int i = 0;i < 10;i++)
       array[i] = i;
    Arr a1(array),a2;
    a1.show();
    a2 = a1 + a1;
    a2.show();
    a1 += a2;
    a1.show();
}
```

4. 下面程序的输出结果为"an animal a person an animal a person",请将程序补充完整。

```
#include < iostream.h >
class animal
{
public:
    ________ void speak()
    {cout <<"an animal"<<" ";}
};
class person:public animal
{
public:
        void speak(){cout <<"a person"<<" ";}
};
void main()
{
    animal a,________;
    person p;
```

```
    a.speak();
    p.speak();
    pa = &a;
    pa -> speak();
    ________;
    pa -> speak();
}
```

5. 下面程序定义了一个实部为 real、虚部为 imag 的复数类 complex,并在类中重载了复数的+、-操作,请将程序补充完整。

```
class Complex
{
public:
    Complex(double r = 0.0,double i = 0.0)
    {______________}
    operator + (Complex);
    operator - (Complex,Complex);
private:
    double real,imag;
};
     operator + (Complex c)
     {   return Complex(______________);}
     operator - (Complex c1,Complex c2)
     {   return Complex(______________);}
```

三、分析下列程序的输出结果

1.

```
#include< iostream.h>
class A
{   int x;
public:
    A()
    {   cout<<"constructing A!"<< endl;   }
    ~A()
    {   cout<<"destructing A!"<< endl;}
};
void main()
{   A a[2]; }
```

2.

```
#include< iostream.h>
const double PI = 3.14159;
class circle
{
    double r;
public:
    static int num;
    circle(double i)
    {
```

```
        r = i;
    }
    circle(circle &c)
    {   num++;
        cout <<"第"<< num <<"次调用拷贝构造函数!"<< endl;
        r = c.r * num;
    }
    double getr()
    {   return r;  }
};
double getradius(circle c3)
{   return c3.getr();}
circle fun1()
{   circle c4(5);
    return c4;
}
int circle::num = 0;
void main()
{   circle c1(1);
    cout <<"c1:"<< c1.getr()<< endl;
    circle c2(c1);
    cout <<"c2:"<< c2.getr()<< endl;
    cout <<"c3:"<< getradius(c1)<< endl;
    circle c4(1);
    c4 = fun1();
    cout <<"c4:"<< c4.getr()<< endl;
}
```

3.

```
#include< iostream.h>
class Obj
{
    static int i;
public:
    Obj(){i++;}
    ~Obj(){i--;}
    static int getVal(){return i;}
};
int Obj::i = 0;
void f()
{   Obj ob2;
    cout << ob2.getVal()<< endl;
}
void main()
{   Obj ob1;
    f();
    Obj * ob3 = new Obj;
    cout << ob3 -> getVal()<< endl;
    delete ob3;
    cout << Obj::getVal()<< endl;
}
```

4.

```
#include < iostream.h >
class A
{
public:
    A()
    {   cout << "A"; }
};
class B
{
public:
    B()
    { cout << "B"; }
};
class C : public A
{
    B b;
public:
    C()
    { cout << "C"; }
};
void main()
{   C obj; }
```

5.

```
#include < iostream.h >
class base
{
public:
      void display1()
      {    cout <<"base::display1()"<< endl;}
      virtual void display2()
      {    cout <<"base::display2()"<< endl;}
};
class derived:public base
{
public:
    void display1()
    {    cout <<"derived::display1()"<< endl;}
    void display2()
    {    cout <<"derived::display2()"<< endl;}
};
void main()
{   base * pbase;
    derived d;
    pbase = &d;
    pbase - > display1 ();
    pbase - > display2();
}
```

四、改错题

修改下列程序中 err 处的错误，使得程序能得到正确的结果(注意：不要改动 main 函数，不得增行或删行，也不得修改程序的结构)。

1. 下面程序的功能是输出对象的数据成员值。

```
#include< iostream.h>
class one
{
    int a;
public:
    one(int x = 0)
    {
        x = a;                          //err1
    }
    int get();
};
int get()                               //err2
{   return a;}
void main()
{
    one data(2);
    cout << data.a << endl;             //err3
}
```

2. 该程序拟输出下面的信息：

```
        class one
        class two
        class three
#include< iostream.h>
class one
{
public:
    void output()
    {    cout <<"class one"<< endl; }
};
class two: public one
{
public:
    void output()
    {    output();                      //err1
         cout <<"class two"<< endl;
    }
};
class three: public two
{
public:
    void output()
    {    output();                      //err2
         cout <<"class three"<< endl;
```

```
    }
};
void main()
{   three A;
    A.output();
}
```

3. 以下程序利用静态成员统计创建了多少个对象，并输出统计结果。

```
#include<iostream.h>
class tt
{
private:                                //err1
    static int count=0;                 //err2
    void tt()                           //err3
    { count++; }
    void show()
    {   cout<<"Now, there are "<< count <<" objectes.\n"; }
};
int tt::count;
void main()
{
    tt a1,a2;
    a1.show();
    tt a3;
    a3.show();
}
```

五、编程题

1. 编写程序，定义一个类 square(正方形)，其成员数据及函数要求如下。

(1) 私有数据成员：float radius(代表边长)。

(2) 构造函数：square(float d=0)，当参数默认时将数据成员 radius 的值设置为 0，否则设置为参数 d 的值。

(3) 成员函数：float perimeter()，计算周长(正方形的周长为 $l=4\times r$)。

2. 定义一个类 building 代表砖混结构楼房，其数据成员和成员函数要求如下。

(1) 私有数据成员：float length,broadth(代表长和宽)

int story(代表楼层)

(2) 构造函数：building(float a,float b,int c)，设置 length、broadth、story 的值分别为参数 a、b、c 的值。

(3) 成员函数：float area()，用来计算表面积(长 * 宽 * 层数)。

3. 自定义一个正方体类，它具有私有成员 x，表示正方体的每个面的正方形的边长。提供构造函数以及计算正方体的体积和表面积的公有成员函数，并编写主函数，对正方体类进行使用，说明正方体类对象，输入边长，计算其体积和表面积并显示结果。

4. 编写程序，定义一个描述三维空间坐标点的类，用成员函数重载运算符"＋"实现两个三维坐标的相加，用友元函数重载前置运算符"＋＋"实现三维坐标的加 1 操作。

5. 假设已有 Person 类的定义，具有数据成员姓名、年龄，访问权限为 protected，并具有成员函数 intput 和 disp，分别实现输入数据成员和显示数据成员的功能。再创建两个类 Student 和 Teacher，均私有继承于 Person 类，其中，Student 类新增了班级和学号，Teacher 类新增了工号和教龄，分别输入两个学生和两位教师的相应信息（如表 8.9 所示）。

表 8.9　Student 和 Teacher 类的数据成员

类名	数据成员		成员函数	
	名称	含义	名称	功　能
Student	cla	班级	input	输入数据成员（通过调用 Person 类的 input 函数输入基类数据成员）
	num	学号	disp	输出数据成员（通过调用 Person 类的 disp 函数输出基类数据成员）
Teacher	gh	工号	input	输入数据成员（通过调用 Person 类的 input 函数输入基类数据成员）
	jl	教龄	disp	输出数据成员（通过调用 Person 类的 disp 函数输出基类数据成员）

6. 开发多项式类 Polynomial，多项式的系数用一个数组表示，例如 $2x^4+3x^2+5x+6$，可表示为[2,0,3,5,6]。试定义一个完整的 Polynomial 类，包括构造函数、析构函数，以及下列重载运算符：

（1）重载加法运算符＋，将两个多项式相加。

（2）重载减法运算符－，将两个多项式相减。

（3）重载乘法运算符 *，将两个多项式相乘。

（4）重载加法赋值运算符＋＝、减法赋值运算符－＝以及乘法赋值运算符 *＝。

第9章 文件和流

本章学习目标

- 了解文件的概念
- 理解 C++流类库的结构
- 掌握文件的读/写操作
- 理解输入/输出格式控制

本章先向读者介绍文件的概念，再介绍 C++提供的输入/输出流类库，然后介绍利用流对象对文件进行操作的方法，最后介绍输入/输出的格式控制。

9.1 文件的基本概念

1. 文件的概述

在执行程序时，我们从键盘输入所需的数据，最后在显示器上显示执行结果，这种输入/输出的过程是数据在系统指定的标准设备(键盘和显示器)和内存之间的传送过程。程序执行完毕后，数据将从内存中消失，在下一次执行程序时必须重新输入数据。如果要将程序所需的数据和产生的数据保存下来，必须使用文件。

文件是指存储在外部存储设备(例如硬盘、光盘等)上用文件名标识的数据集合。通过文件，可以使数据在外存储器和内存之间进行传送。

在程序中，既可以把数据输出到显示器，也可以直接输出到文件；既可以从键盘输入数据到内存，也可以从文件读取数据输入到内存。计算机处理的大量数据都是以文件的形式组织和存放的，操作系统以文件为单位对数据进行管理。

在操作系统中，输入/输出设备被视作一种特殊的文件，这类文件的名字是由操作系统预先规定好的。例如在 MS-DOS 中，显示器被命名为 CON 文件，打印机被命名为 PRN 文件。这样，对输入/输出设备的操作与对文件的操作在逻辑上进行了统一，I/O 流类就是用来与这些广义文件进行交互的。

2. 文件的分类

存储在存储设备上的数据文件可以从不同的角度进行分类。

1) 从数据的组织形式来看

根据文件中数据的组织形式可以将文件分为文本文件和二进制文件两类。

文本文件又称为 ASCII 文件，是把内存中的数据转换成 ASCII 码存储在文件上，每一个 ASCII 码代表一个字符。例如，如果将整数 1949 写到 ASCII 文件中，需要占用 4 个字节，分别用来存储'1'、'9'、'4'、'9'这 4 个字符的 ASCII 码，如图 9.1(a)所示。

二进制文件指除了文本文件以外的任何类型格式的文件，它把内存中的数据按其内存中的存储形式不进行格式转换，而直接存放在文件上。例如，如果将整数 1949 写入二进制文件中，可以将内存中存放 1949 的整块内容存放到文件中。也就是说，整数 1949 在内存中的存储形式(如图 9.1(b)所示)与二进制文件中的存储形式(如图 9.1(c)所示)是一样的。

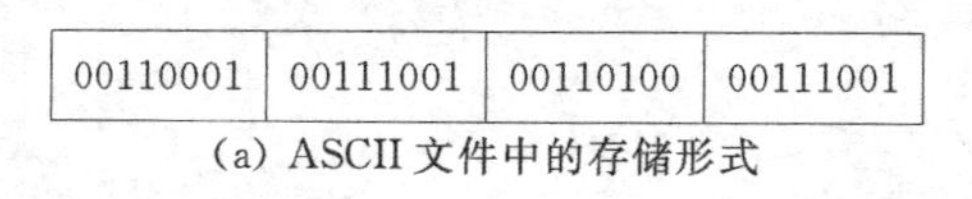

00110001	00111001	00110100	00111001

(a) ASCII 文件中的存储形式

00000000	00000000	00000111	10011101

(b) 内存中的存储形式

00000000	00000000	00000111	10011101

(c) 二进制文件中的存储形式

图 9.1　1949 的各种存储形式

2) 从文件的存取控制方式来看

从文件的存取控制方式来看，文件的访问方式可以设置为只读、只写或可读/写。

通常，只能查看内容，不能修改也不能储存的文件称为只读文件；只能向文件中输入数据，不能查看其内容的文件称为只写文件；既可向文件中输入数据，也可从文件中读取数据的文件称为可读/写文件。

3) 从文件的操作顺序来看

从文件的操作顺序来看，文件有顺序文件和随机文件之分。顺序文件是一个数据序列，对它的操作只能按照顺序进行，例如磁带机设备对应的文件就是顺序文件。随机文件的数据可以通过地址定位直接访问，不必按顺序访问，例如硬盘等设备对应的文件就是随机文件。

9.2 流类库

9.2.1 C++输入/输出流

数据从一个位置流向另一个位置，C++将其形象地称为“流”。流是一种抽象，它负责在数据的产生者和数据的使用者之间建立联系，并管理数据的流动。数据从外部输入设备(如键盘、文件等)输入到内存，称为输入流；数据从内存输出到外部输出设备(如显示器、文件等)，称为输出流。

实际上，输入/输出流就是处于传输状态的字符序列，从一个对象流向另一个对象的过程。输入操作是从流中提取字符序列的操作，而输出操作是向流中插入字符序列的操作。

在 C++ 中，输入/输出流被定义为类，称为流类。流类被放在一个系统库中，称为输入/输出流类库(简记为 I/O 流类库)，以备用户调用。流类库中的每一个类完成某一方面的功能，例如 iostream 就是流类库中的一个类，称为输入/输出流类，负责在系统指定的标准设备上进行输入和输出操作。用流类定义的对象称为流对象，例如 cin 和 cout 就是 iostream 类的对象。

程序在进行输入/输出操作时，首先要建立一个流对象，并指定这个流对象与某个文件对象建立关联。在程序中将流对象看作是文件对象的化身，对流对象进行操作实际上就是对文件进行输入/输出操作。

9.2.2 流类库的基本结构

I/O 流类库中有许多类，各类之间是利用继承关系组织起来的。I/O 流类库的基本结构如图 9.2 所示。

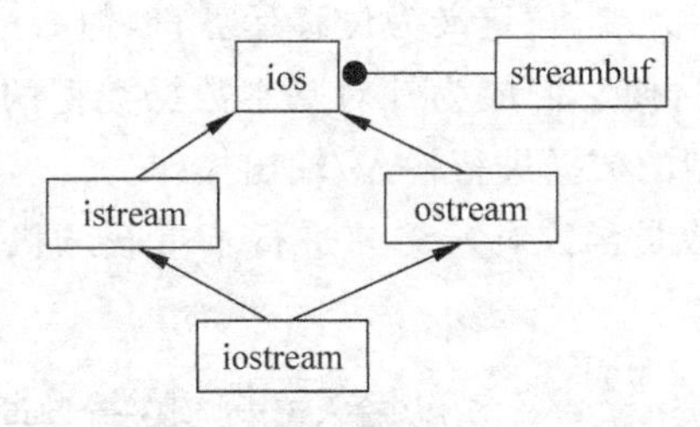

图 9.2 I/O 流类库的基本结构

(1) ios 类：抽象类，定义了一些与输入/输出有关的状态标志和成员函数，并派生了 istream 类和 ostream 类。

(2) streambuf 类：主要为输入/输出流提供缓冲支持，它不是 ios 类的派生类，二者是两个平行的类。

(3) istream 类：输入流类，除继承了类 ios 的成员之外，还对提取运算符“>>”进行了重载，为该类对象提供从流中提取数据的有关操作。

(4) ostream 类：输出流类，除继承了类 ios 的成员之外，还对插入运算符“<<”进行了重载，为该类对象提供向流中插入数据的有关操作。

(5) iostream 类：输入/输出流类，同时继承了 istream 和 ostream 类，为该类对象提供提取和插入操作。

9.2.3 iostream 头文件

I/O 流类库中各种类的声明放在不同的头文件中。头文件是程序与类库的接口，要使用某个类，必须使用#include 命令包含相关的头文件。常用的头文件有 iostream、fstream、strstream、stdiostream 和 iomanip 等，本书只对 iostream、fstream 和 iomanip 做简单说明。

在 iostream 头文件中定义了一些基本类，主要有 ios 类、istream 类、ostream 类和 iostream 类等，要使用这些类，必须用#include 编译指令将 iostream 包含进来。

头文件 iostream 除定义了有关的类外，还定义了 4 个流对象，并对提取运算符“>>”和插入运算符“<<”进行了重载。

1. 预定义流

为便于程序员在程序中实现常用的输入/输出操作，iostream 头文件定义了 4 个流对象,它们被称为标准流或预定义流。

(1) cin: 类 istream 的对象,为标准输入流,一般与标准输入设备(键盘)相关联。

(2) cout: 类 ostream 的对象,为标准输出流,一般与标准输出设备(显示器)相关联。

(3) cerr: 类 ostream 的对象,为不带缓冲区标准错误输出流,与标准错误输出设备(显示器)相关联,一旦出现错误立即把出错信息在显示器上输出。

(4) clog: 类 ostream 的对象,为带缓冲区标准错误输出流,与标准错误输出设备相关联。

2. 重载运算符“>>”和“<<”

C 和 C++语言将“>>”和“<<”定义为位移运算符,但 C++语言在 iostream 头文件中对这两个运算符进行了重载,使它们成为针对基本数据类型的输入和输出运算符,能够对 int、char、float、double 等类型的数据进行输入/输出操作。

在 istream 类中有一组成员函数对“>>”进行了重载,通过“>>”来提取各种基本数据类型的数据。例如:

```
istream operator >> ( int );            //从输入流中提取一个 int 数据
istream operator >> ( double );         //从输入流中提取一个 double 数据
istream operator >> ( char );           //从输入流中提取一个 char 数据
istream operator >> ( char * );         //从输入流中提取一个字符串数据
```

设有定义:

```
int x;
cin>>x;                                 //cin 为预定义的 istream 类对象
```

完全等同于“cin. operator>>(x);”,功能是调用 cin 对象的“operator>>”函数,把从 cin(键盘)输入的值放入变量 x 中。

同样,在 ostream 类中也有一组成员函数对“<<”进行了重载,通过“<<”来输出各种基本数据类型的数据:

```
ostream operator << ( int );            //向输出流中插入一个 int 数据
ostream operator << ( double );         //向输出流中插入一个 double 数据
ostream operator << ( char );           //向输出流中插入一个 char 数据
ostream operator << ( char * );         //向输出流中插入一个字符串数据
```

例如:

```
cout<<x;                                //cout 为预定义的 ostream 类对象
```

完全等同于“cout. operator<<(x);”,功能是调用 cout 对象的“operator<<”函数,将变量 x 的值输出到 cout(屏幕)上。

9.2.4 文件流类

如前所述,数据除了可以在标准设备上进行输入或输出操作外,还能以外存储器上的文件为对象进行输入或输出操作,即从文件中读取数据输入到内存中,或者将内存中的数据输出到文件中。

I/O 系统在基本类 ios、istream、ostream 等的基础上为文件的输入/输出派生出一个专用的 I/O 流类系统，称为文件流类库，专门用于对文件输入和输出数据。文件流类库的层次结构如图 9.3 所示。在文件流类库中，各种类的声明包含在头文件 fstream 中。

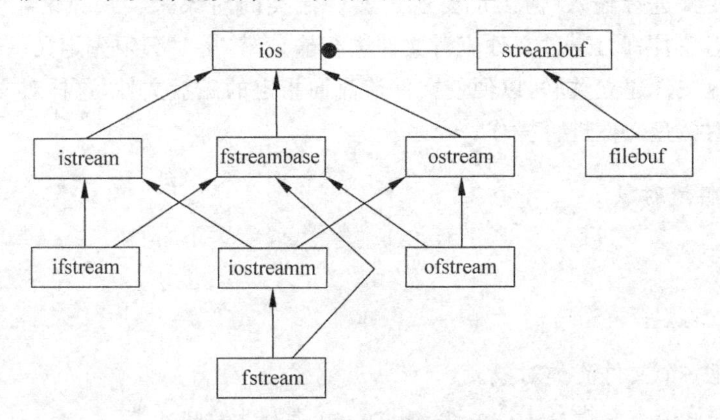

图 9.3　文件 I/O 的流类层次

fstreambase 是由 ios 派生出的文件流基类，由它派生 ifstream、ofstream 和 fstream。

(1) ifstream：从 istream 和 fstreambase 派生，支持从本流类(对象)所对应的文件中输入数据。

(2) ofstream：从 ostream 和 fstreambase 派生，支持往本流类(对象)所对应的文件中输出数据。

(3) fstream：从 iostream 和 fstreambase 派生，支持对本流类(对象)所对应的文件进行输入和输出数据的双向操作。

由于 isream 类和 ostream 类分别对运算符“＞＞”及“＜＜”进行了重载，从图 9.3 中的层次关系可以看出，文件流类 fstream、ifstream 和 ofstream 也继承了这两个重载运算符，因此可以通过文件流对象利用“＞＞”和“＜＜”对文件进行输入/输出操作，如同通过预定义流 cin、cout 利用“＞＞”和“＜＜”对标准设备进行输入/输出操作一样。

9.3　通过文件流操作文件

对文件的操作主要是读/写操作，数据从内存传送到文件的过程称为输出操作，也称为写操作；数据由文件传送到内存的过程称为输入操作，也称为读操作。

对文件进行读/写操作一般要经过下列几个步骤：

(1) 打开文件；

(2) 对文件进行读/写操作；

(3) 关闭文件。

C 语言通过文件指针来操作文件，而 C++ 语言既可以通过文件指针来操作文件，也可以通过文件流来操作文件，这里只介绍通过文件流来操作文件。

9.3.1 文件的打开与关闭

C++用标准设备为对象进行输入/输出操作是通过预定义流对象 cin 和 cout 来实现的。用磁盘文件为对象进行输入/输出也要通过文件流类的对象来实现。由于头文件 fstream 没有预定义流对象,因此,通过文件流对文件进行输入/输出时必须先定义一个文件流对象,并和指定的磁盘文件建立关联,以便使文件流流向指定的磁盘文件,这样对文件流对象的访问实际上就是对磁盘文件进行操作。

1. 创建文件流对象

格式:

```
文件流类   对象名;
```

功能:创建一个文件流类对象。

说明:文件流类主要指 ifstream 类、ofstream 类和 fstream 类。

例如:

```
ofstream outfile;                    //创建 ofstream 类的对象 outfile,只能进行输出操作
```

2. 打开文件

打开文件指的是建立文件流对象与磁盘文件的关联,并指定访问文件的方式。这种关联建立以后,对流对象进行操作实际上就是对文件进行输入/输出操作。在 C++中,有两种方法可以打开文件。

1) 调用文件流的成员函数 open 实现

格式:

```
文件流对象.open ("文件名",访问方式);
```

功能:建立文件流对象与该文件的关联,即打开文件,并指定访问文件的方式。如果文件不存在,则建立该文件;如果磁盘上已存在该文件,则打开它。

例如:

```
fstream iofile;
iofile.open("D:\\myfile.txt",ios::out);
```

通过成员函数 open 将流对象 iofile 与 D 盘根目录下的文件 myfile 建立关联,参数 ios::out 表明只能对该文件进行输出操作。如果没有给出文件路径,则默认为当前目录下的文件。

文件的访问方式包括读、写等,有以下几点说明。

(1) 在 ios 中对文件的访问方式进行了定义,使用含义如下:

```
ios::in                        //用于读入
ios::out                       //用于写出
ios::ate                       //打开并指向文件尾
```

```
ios::app                         //用于打开附加数据并指向文件尾
ios::trunc                       //如果文件存在,则清除其内容
ios::binary                      //二进制文件(省略时为文本文件)
```

(2) 当文件流为 ifstream 类时,访问方式的默认值为 in;当文件流为 ofstream 类时,访问方式的默认值为 out。

例如:

```
ofstream outfile;
outfile.open("D:\\myfile.txt",ios::out);  //以输出方式打开文件
```

等价于"outfile.open("D:\\myfile.txt");"。

(3) 可以通过位运算符"|"对访问方式进行组合。

例如,ios::out|ios::binary 表示以二进制写方式打开文件。

2) 在定义流对象的同时打开文件

格式:

```
文件流类  对象名("文件名",访问方式);
```

功能:建立一个文件流对象,并通过其构造函数与文件相关联。

例如:

```
ofstream outfile ("D:\\myfile.txt");
```

创建了流对象 outfile,并通过 ofstream 类的构造函数与 D 盘根目录下的文件 myfile 建立关联。作用完全与 open 函数相同,但这种方式比较简便,一般多用这种方法打开文件。

3. 打开文件错误

在打开文件时,如果打开成功,则文件流对象的值为非 0。如果打开失败,则文件流对象的值为 0。

在打开失败时,一般要进行出错处理,即向显示器输出出错信息,然后调用系统函数 exit 结束运行。例如:

```
ofstream outfile;
outfile.open("example.txt"),
if (!outfile)
{    cout <<"不能打开文件: "<< endl;
     exit(1);
}
```

该程序段表明,如果打开文件失败,文件流对象 outfile 的值为 0,此时要向显示器上输出出错信息"不能打开文件:",且利用 exit 退出程序。

4. 关闭文件

关闭文件指的是断开文件流对象与磁盘文件的联系,关闭文件之后不能再通过文件流对该文件进行输入/输出操作。

格式：

```
文件流对象.close();
```

功能：调用文件流对象的成员函数 close，解除文件流与磁盘文件的关联。

例如：

```
outfile.close ("D:\\myfile.txt");    //解除文件流 outfile 与 myfile 的关联
```

9.3.2 文件的输入/输出操作

由于文本文件和二进制文件的存储形式以及译码规则均不一样，因此，对文件的输入/输出操作要按文本文件操作和二进制文件操作分开进行。

1. 文本文件操作

对文本文件的输入/输出操作有两种方法：

1）使用提取运算符“＞＞”和插入运算符“＜＜”进行输入/输出操作

输出格式：

```
输出流对象<<表达式;
```

功能：把表达式的值输出到与流对象相关联的文件中。

输入格式：

```
输入流对象>>变量;
```

功能：从与流对象相关联的文件中读取数据到内存变量中。

通过文件流对象以及“＞＞”和“＜＜”对文件进行输入/输出操作，用法完全和预定义流对象 cin、cout 一样。

例 9-1 创建一个输出文件流（文本文件）输出一串字符的程序。

```
#include <fstream>
using namespace std;
void main()
{
    ofstream output("hello.txt");        //打开文本文件 hello,访问方式为默认值 out
    output <<"Hello world! "<< endl;     //将字符串输出到与 output 相关联的文件中
    output.close();                      //关闭文件
}
```

程序分析：程序执行后，可以在当前目录（文件夹）下 看到新创建的文件“hello. txt”，并可以通过任何一个编辑软件看到该文件中的内容，即字符串“Hello world!”。

例 9-2 分析程序的运行结果。

```
#include <fstream>                      //第 1 行
#include <iostream>                     //第 2 行
using namespace std;                    //第 3 行
void main()                             //第 4 行
{                                       //第 5 行
```

```
  ofstream outfile;                    //第 6 行
  outfile.open("example.txt");         //第 7 行,以输出方式打开文件 example
  if (!outfile)                        //第 8 行,判断文件打开是否成功
   { cout<<"不能打开文件."<< endl;      //第 9 行
     exit(1);                          //第 10 行
   }                                   //第 11 行
  for(int i = 1;i< 100;i++)            //第 12 行
     if(i % 2!= 0)                     //第 13 行
         outfile<< i <<' ';            //第 14 行,将奇数逐个输出到与 outfile 关联的文件中
 outfile.close();                      //第 15 行
 ifstream infile;                      //第 16 行
 infile.open("example.txt");           //第 17 行,以输入方式打开文件 example
 int data;                             //第 18 行
 if(!infile)                           //第 19 行,判断文件打开是否成功
  {  cout<<"不能打开文件."<< endl;      //第 20 行
     exit(1);                          //第 21 行
  }                                    //第 22 行
 while(infile.eof() == false)          //第 23 行,从文件中读取数据,直到文件结束
 {   infile>> data;                    //第 24 行,从文件读取一个数据输入到内存变量 data 中
     cout<< data << endl;}             //第 25 行,将变量 data 的值输出到显示器上
     infile.close();                   //第 26 行
}                                      //第 27 行
```

程序功能：将 100 以内的奇数输入到 example.txt 文件中，再从中读出显示在屏幕上。

程序分析：程序分两部分进行。

第 1 部分(第 6～15 行)：利用输出文件流对象打开文件，并将 100 以内的奇数输出到该文件中。其中，第 6 行定义输出文件流对象 outfile，第 7 行用 open 函数打开目标文件 example.txt，使流对象 outfile 与目标文件发生关联。第 8～11 行，如果打开文件不成功，则退出程序。第 12 ～14 行，将 100 以内的所有奇数输出到目标文件 example.txt 中。第 15 行，关闭文件 example.txt。

第 2 部分(第 16～26 行)：利用输入文件流将文件 example.txt 中的内容显示到屏幕上。其中，第 16 ～17 行定义输入文件流对象 infile，并打开文件 example.txt。第 23 ～25 行是一个循环，从文件中读出字符到 data 变量，并显示到屏幕上，直到文件结束。

注意：在程序中使用了 eof 函数，功能是检测是否到达文件尾，如果到达文件尾则返回非 0 值，否则返回 0。

2) 使用文件流的成员函数对字符进行操作

常用的成员函数有 get、put、getline 等。

(1) 单个字符的输入。

格式 1：

```
输入流对象.get()
```

功能：从文件中读取一个字符，并返回该字符。

格式 2：

```
输入流对象.get(c)
```

功能：从文件中读取一个字符，并赋给字符变量 c。

(2) 单个字符的输出。

格式：

```
输出流对象.put(c)
```

功能：向文件中输出字符 *c* 的值。

例 9-3 单个字符输入/输出示例。

```
#include <fstream>                           //第1行
#include <iostream>                          //第2行
using namespace std;                         //第3行
void main()                                  //第4行
{                                            //第5行
    char s[80] = "I love china!",ch;         //第6行
    ofstream outfile("f1.txt");              //第7行,以输出方式打开文件 f1
    if (!outfile)                            //第8行
    {   cout<<"不能打开文件."<< endl;         //第9行
        exit(1);                             //第10行
    }                                        //第11行
    for(int i = 0;i <= strlen(s);i++)        //第12行
        outfile.put(s[i]);                   //第13行,将 s[i]输出到文件 f1 中
    outfile.close();                         //第14行
    ifstream infile("f1.txt");               //第15行,以输入方式打开文件 f1
    if (!infile)                             //第16行
    {   cout<<"不能打开文件."<< endl;         //第17行
        exit(1);                             //第18行
    }                                        //第19行
    while(infile.get(ch))                    //第20行,从文件中读取一个字符并赋给 ch,直到文件结束
        cout << ch;                          //第21行,将 ch 值输出到显示器上
    cout << endl;                            //第22行
    infile.close();                          //第23行
}                                            //第24行
```

运行结果：

```
I love china!
```

程序分析：第 7 行,利用输出流对象 outfile 打开文本文件 f1；第 12～13 行,将字符数组 *s* 的字符逐个输出到文件 f1 中；第 15 行,利用输入流对象 outfile 打开文件 f1；第 20～21 行,从文件 f1 中逐个读取字符赋给字符变量 ch,并显示在屏幕上,直到遇到文件结束。

(3) 字符串的输入。

格式 1：

```
输入流对象.get(字符数组名或字符指针,字符个数 n,终止标志字符)
```

格式 2：

```
输入流对象.getline(字符数组名或字符指针,字符个数 n,终止标志字符)
```

功能：从输入流中读取 $n-1$ 个字符到指定的存储单元,若遇到终止标志字符,则提前结束读取操作,读取字符不包括终止标志字符。

注意：在使用 get 时，空白符也会被作为有效字符读入。而使用 getline，在遇到换行符时会提前结束读取。

例 9-4 用 get 函数读取字符串示例。

```
#include <fstream>                          //第1行
#include <iostream>                         //第2行
using namespace std;                        //第3行
void main()                                 //第4行
{                                           //第5行
   ofstream outfile;                        //第6行
   ifstream infile;                         //第7行
   char data[100];                          //第8行
   outfile.open("example.txt");             //第9行,以输出方式打开文件
   if (!outfile)                            //第10行
    { cout <<"不能打开文件."<< endl;        //第11行
      exit(1);                              //第12行
    }                                       //第13行
   outfile <<"Hello world!"<< endl;         //第14行,向文件输出数据
   outfile.close();                         //第15行
   infile.open("example.txt");              //第16行,以输入方式打开文件
   if (!infile)                             //第17行
   { cout <<"不能打开文件."<< endl;         //第18行
      exit(1);                              //第19行
   }                                        //第20行
   infile.get(data,10,'\n');                //第21行
   cout << data << endl;                    //第22行
   infile.close();                          //第23行
}                                           //第24行
```

运行结果：

```
Hello wor
```

程序分析：第 6～7 行分别定义了输出文件流对象 outfile 和输入文件流对象 infile。第 9 行以文本方式打开文件 example.txt。第 14 行向文件中输出字符串"Hello world!"。第 16 行打开文件 example.txt。第 21 行使用输入文件流的成员函数 get 从文件中读取 9 个字符到字符数组 date 中，然后将 date 的内容显示到屏幕上。

例 9-5 将两个职工的编号、姓名和工资写到文本文件中，再读出来，显示在屏幕上。

```
#include <fstream>                          //第1行
#include <iostream>                         //第2行
using namespace std;                        //第3行
void main()                                 //第4行
{                                           //第5行
   ofstream outfile;                        //第6行
   ifstream infile;                         //第7行
   char data[100];                          //第8行
   outfile.open("example.txt");             //第9行,以输出方式打开文件
   if (!outfile)                            //第10行
    { cout <<"不能打开文件."<< endl;        //第11行
```

```
        exit(1);                                        //第 12 行
      }                                                 //第 13 行
    outfile << 4001 <<" "<<"Leeman"<<" "<< 750 << endl; //第 14 行,向文件输出数据
    outfile << 4002 <<" "<<"Jumba"<<" "<< 800 << endl;  //第 15 行,向文件输出数据
    outfile.close();                                    //第 16 行
    infile.open("example.txt");                         //第 17 行,以输入方式打开文件
    if (!infile)                                        //第 18 行
    {   cout <<"不能打开文件."<< endl;                    //第 19 行
        exit(1);                                        //第 20 行
    }                                                   //第 21 行
    while(infile.eof() == false)                        //第 22 行,从文件中读取数据,直到文件结束
   { infile.getline(data,100);                          //第 23 行
   cout << data << endl;                                //第 24 行
    }                                                   //第 25 行
   infile.close();                                      //第 26 行
}                                                       //第 27 行
```

运行结果：

```
4001 Leeman 750
4002 Jumba 800
```

程序功能：将两个职工的相关信息写入文件，再读出来显示在屏幕上。

程序分析：第6～7行分别定义了输出文件流对象outfile和输入文件流对象infile。第9行以文本方式打开文件example.txt。第14～15行向输出文件流对象outfile输出两个职工的信息，数据之间用空格间隔。第17行用输入流对象的成员open函数打开example.txt。第22～25行是while循环，每次用成员函数getline从文件中读取100个字符到字符数组date中，并将date的内容显示到屏幕上，直到文件结束。

2. 二进制文件操作

对二进制文件的读/写操作不能通过提取与插入运算符实现，而只能通过文件流的成员函数read与write实现。

1）二进制文件读函数：read

格式：

```
文件流对象.read(字符数组名或字符指针,字节数 n)
```

功能：从二进制文件中读取 n 个字节的内容到指定的存储单元。

2）二进制文件写函数：write

格式：

```
文件流对象.write(字符型地址,字节数 n)
```

功能：将内存中以指定地址为首地址长度为 n 个字节的内容写入到二进制文件中。

例 9-6 定义一个二维实型数组，并用键盘输入二维数组的元素值，将此二维数组的元素值存入二进制文件dat.bin中。

```
#include <fstream>                                      //第 1 行
```

```
#include < iostream >                                        //第 2 行
using namespace std;                                        //第 3 行
void main()                                                 //第 4 行
{  float a[3][3];                                           //第 5 行
   int i,j;                                                 //第 6 行
   ofstream outfile;                                        //第 7 行
   outfile.open("dat.bin",ios::out|ios::binary);            //第 8 行,打开二进制文件
   if (!outfile)                                            //第 9 行
   {  cout <<"不能打开目标文件:";                              //第 10 行
      exit(1);                                              //第 11 行
   }                                                        //第 12 行
   cout <<"输入数组元素: ";                                    //第 13 行
   for ( i = 0 ;i < 3;i++)                                  //第 14 行,输入数组 a
     for (j = 0;j < 3;j++)                                  //第 15 行
        cin >> a[i][j];                                     //第 16 行
   for(i = 0;i < 3;i++)                                     //第 17 行
   {  for(j = 0;j < 3;j++)                                  //第 18 行
      outfile.write((char * )&a[i][j],sizeof(float));
                                                            //第 19 行,将 a[i][j]的值输入到文件中
   }                                                        //第 20 行
   outfile.close();                                         //第 21 行
}                                                           //第 22 行
```

运行结果:

```
1.1 2.2 3.3 ↵
4.4 5.5 6.6 ↵
7.7 8.8 9.9 ↵
```

程序分析:第 5 行定义了一个二维数组;第 7 行定义了一个 outfile 的输出流对象;第 8 行以二进制文件读方式打开文件 dat.bin;第 14～16 行是一个二重循环,共运行 9 次,接受用户输入的数据存放到二维数组中;第 17～20 行是一个二重循环,将二维数组中的每一个元素写入文件中。

程序执行后,在当前文件夹中产生了一个新的二进制数据文件 dat.bin。

注意:

(1) 本例是按二进制方式打开文件,所以无法使用记事本打开 dat.bin 文件。

(2) 在使用成员函数 write 的时候,必须将实数地址强制转换成字符指针,因为该成员函数的第一个参数为字符型地址。

(3) 在从二进制文件中读取非字符类的数据(例如整型、实型或导出型)时均要做类似的强制转换。

例 9-7 打开例 9-6 建立的存放二维数组元素值的二进制文件,求出文件中的二维数组元素的最大值,并输出二维数组的元素值及其最大值。

```
#include < fstream >                                        //第 1 行
#include < iostream >                                       //第 2 行
using namespace std;                                        //第 3 行
void main(void)                                             //第 4 行
{float a[3][3];                                             //第 5 行
int i,j;                                                    //第 6 行
```

```
    ifstream infile;                                   //第 7 行
    infile.open("dat.bin",ios::in | ios::binary);      //第 8 行,以读方式打开二进制文件
    if (!infile)                                       //第 9 行
    { cout <<"不能打开文件";                            //第 10 行
        exit(1);                                       //第 11 行
    }                                                  //第 12 行
    for(i = 0;i < 3;i++)                               //第 13 行
        for (j = 0;j < 3;j++)                          //第 14 行
          infile.read((char * )&a[i][j],sizeof(float));
                              //第 15 行,从文件中读取 4 个字节的内容赋给元素 a[i][j]
    float max = a[0][0];                               //第 16 行
    for(i = 0;i < 3;i++)                               //第 17 行
        for(j = 0;j < 3;j++)                           //第 18 行
          if(a[i][j]> max)max = a[i][j];               //第 19 行
      for (i = 0;i < 3;i++)                            //第 20 行
      { for (j = 0;j < 3;j++)                          //第 21 行
            cout << a[i][j]<<" ";                      //第 22 行
      cout << endl;                                    //第 23 行
      }                                                //第 24 行
      cout <<"max = "<< max << endl;                   //第 25 行
      infile.close();                                  //第 26 行
}                                                      //第 27 行
```

运行结果：

```
1.1 2.2 3.3
4.4 5.5 6.6
7.7 8.8 9.9
max = 9.9
```

程序分析：第 7 行声明一个输入流对象 infile；第 8 行按读方式打开二进制文件 dat.bin；第13～15 行是一个二重循环，共运行 9 次，每次从文件中读取长度为 4 个字节的数据存放到变量 $a[i][j]$中；第 17～19 行用选择法求矩阵 $\boldsymbol{a}$ 的最大元素 max；第 20～24 行将二维数组输出到屏幕；第 25 行输出 max 的值。

注意：如果知道文件中的实数个数，可以一次性把文件中的所有数据全部读出。第 13～15 行可改为一次从二进制文件中读出 9 个实数的一条语句：

```
infile.read((char * )&a , sizeof(float) * 9);
```

对文件的读/写一般从头开始，按顺序逐个字符读取或写入。二进制文件由于其存储形式的特殊性，可以利用文件指针以及相关成员函数随机访问文件中的任一指定位置，这里不再讨论，具体用法读者可以参考相关资料。

9.4 输入/输出格式控制

在输出数据时，用户可以不考虑数据类型，不指定输出格式，由系统按默认格式自动完成输出，也可以按照指定格式（例如精度、宽度等）输出数据。C++语言提供了下面两种格式

控制方法：

(1) 使用 ios 成员函数控制格式。

(2) 使用格式控制符控制格式。

此外，用户还可以定义自己的格式控制函数，这里不做介绍。

9.4.1 使用 ios 成员函数控制格式

在基类 ios 中以枚举定义方式给出了一系列与输入/输出有关的格式控制标志字、工作方式等常量，也定义了一系列涉及输入/输出格式的成员函数，用户可以根据这些状态标志和成员函数来控制输入/输出格式。

格式：

```
输出流对象名.成员函数(格式控制标志字);
```

功能：设置数据的输出格式。

说明：

(1) 格式控制标志字也称标志状态字，用来控制输入/输出格式。常用的格式控制标志字如表 9.1 所示。

表 9.1 格式控制标志字

标志字	功能
ios::left	输出数据在本域宽范围内左对齐
ios::right	输出数据在本域宽范围内右对齐
ios::internal	数值的符号位在域宽内左对齐，数值右对齐，中间由填充字符填充
ios::dec	设置整数的基数为 10
ios::oct	设置整数的基数为 8
ios::hex	设置整数的基数为 16
ios::showbase	强制输出整数的基数(八进制以 0 打头，十六进制以 0x 打头)
ios::showpoint	强制输出浮点数的小点和尾数 0
ios::uppercase	在以科学记数法输出 E 和以十六进制输出字母 X 时以大写表示
ios::showpos	输出正数时给出“+”号
ios::scientific	设置浮点数以科学记数法(即指数形式)显示
ios::fixed	设置浮点数以固定的小数位数显示

(2) 常用的控制格式成员函数如表 9.2 所示。

表 9.2 控制格式的成员函数

成员函数	功能
long flags(long Flag)	设置指定的标志字 如果省略参数，则返回当前标志字
long setf(long Flag)	设置指定的标志字
long setf(long Flag,long Mask)	设置指定的标志字，第二个参数防止组合标志字属性互斥

续表

成员函数	功　能
long unsetf(long Flag)	清除指定的标志字
int width(int nw)	设置当前显示数据的域宽,此设置只对随后输出的一个数据有效 如果省略参数,则按实际需要的域宽输出
fill(char ch)	设置填充字符 如果省略参数,填充字符为空格
precision(int n)	设置浮点数精度。当格式为 ios::scientific 或 ios::fixed 时,精度指小数点后的位数,否则指有效数字 如果省略参数,则返回当前浮点数精度

例 9-8　用 setf()函数设置状态标志示例。

```
#include < iostream >
using namespace std;
void main()
{    cout.setf(ios::showpos);                          //正数前面输出"+"
     cout.setf(ios::scientific);                       //用科学记数法输出实数
     cout << 128 <<" "<< 123.45 << "\n" ;
}
```

运行结果:

```
+128    +1.234500e+002
```

例 9-9　用 fill 和 width 函数设置输出格式示例。

```
#include < iostream >
using namespace std;
void main()
{    double s[ ] = {9.26,10.98, 5678.91 };
      for(int i = 0;i < 3;i++)
      {    cout.fill('*');                             //设置填充字符为"*"
           cout.width(12);                             //设置当前显示数据的宽度为 10
                cout << s[i]<<'\n';
      }
}
```

运行结果:

```
********9.26
*******10.98
*****5678.91
```

例 9-10　写出程序运行时输出的结果。

```
#include < iostream.h >
void main()
{ cout.setf(ios::scientific);                          //科学表示法
  cout.setf(ios::showpos);                             //显示正号
  cout << 4785 << 27.4272 << endl;
```

```
  cout.unsetf(ios::showpos);                          //不用显示正号
  cout.precision(2);                                  //小数点后取两位
  cout.width(5);                                      //打印宽度为5
  cout << 4785 << "," << 27.4272 << endl;
  cout.fill('#');                                     //用"#"填充空格
  cout.width(8);                                      //宽度为8
  cout << 4785 << endl;
}
```

运行结果：

```
+4785+2.742720e+001
4785,2.74e+001
####4785
```

在设置标志字时，若要设置多个标志字，可以使用位运算符"|"将多个格式控制标志字连接起来，但这些标志字的属性不能互相排斥。

例如：

```
ios::left|ios::dec                       //左对齐，且是十进制格式
ios::left|ios::right                     //错误的格式设置，因为 left 和 right 是互斥的属性
```

为了保证所设置的标志字不产生互斥现象，在 ios 类中又定义了 3 个公有静态常量，分别保证数制标志字、对齐标志字和实数格式标志字不相冲突，如表 9.3 所示。

表 9.3 防冲突的格式控制标志字

标志字	功能
ios::basefield	保证数制标志字不相冲突，取值为 ios::dec、ios::oct 和 ios::hex
ios::adjustfield	保证对齐标志字不相冲突，取值为 ios::left、ios::right、ios::internal
ios::floatfield	保证实数格式标志字不相冲突，取值为 ios::scientific、ios::fixed

例如要设置十六进制、对齐标志位为 ios::right 以及实数格式标志位为 ios::fixed，可以使用以下代码：

```
setf(ios::hex, ios::basefield);
setf(ios::right, ios::adjustfield);
setf(ios::fixed, ios::floatfield);
```

9.4.2 格式控制符

使用 ios 的成员函数设置输出格式，必须加上流类对象名和"."进行限定，而且必须以单独的语句调用，这给使用带来不便。因此，C++的 I/O 系统在类外又定义了一些用来管理 I/O 格式的控制函数，称为格式控制符，在使用时直接用于提取和插入运算符之后，不以函数调用的形式出现，使用比较方便。这些格式控制符大致可以代替 ios 的格式函数成员的功能。

格式控制符包括有参控制符和无参控制符。

1. 无参控制符

无参控制符定义在 iostream 头文件中，常用的无参 I/O 控制符如表 9.4 所示。

表 9.4　无参 I/O 控制符

控制符	功　能
endl	输出时插入换行符并刷新流
ends	输出时在字符串后插入 NULL 作为尾符
flush	刷新，把流从缓冲区输出到目标设备
ws	输入时略去空白字符
dec	令 I/O 数据按十进制格式
hex	令 I/O 数据按十六进制格式
oct	令 I/O 数据按八进制格式

2. 有参控制符

有参控制符定义在 iostream 头文件中，常用的有参 I/O 控制符如表 9.5 所示。

表 9.5　有参 I/O 控制符

控制符	功　能
setbase (int base)	设置数制转换基数为 base
resetiosflags (long lFlags)	清除参数 lFlags 所指定的标志位
setiosflags(long lFlags)	设置参数 lFlags 所指定的标志位
setfill (char cFill)	将“填充字符”设置为 cFill
setprecision (int n)	设置浮点数精度为 n
setw (int nw)	设置当前显示数据的域宽为 nw

例 9-11　写出程序运行时输出的结果。

```
#include <iomanip.h>
#include <iostream.h>
void main()
{    cout.width(6);                                    //设置随后显示的这个数据域宽为 6
     cout << 4785 << 27.4272 << endl;                  //输出: 478527.4272
     cout << setw(6)<< 4785 << setw(8)<< 27.4272 << endl;      //输出: 4785 27.4272
     cout.width(6);
     cout.precision(3);                               //设置浮点数的精度为 3,此处指 3 位有效数字
     cout << 4785 << setw(8)<< 27.4272 << endl;        //输出: 4785     27.4
     cout << setw(6)<< 4785 << setw(8)<< setprecision(2)<< 27.4272 << endl;
                                                       //输出: 4785      27
     cout.setf(ios::fixed,ios::floatfield);            //以定点格式显示浮点数(无指数部分)
     cout.width(6);
     cout.precision(3);                   //当格式为 ios::fixed 时,precision(3)设置小数点后的位数
     cout << 4785 << setw(8)<< 27.4272 << endl;        //输出: 4785 27.427
}
```

运行结果：

```
478527.4272
4785  27.4272
4785    27.4
4785      27
4785  27.427
```

习题 9

一、选择题

1. C++流重载了运算符"<<",它是________。

(A) 用于输入的成员函数　　(B) 用于输出的成员函数

(C) 用于输入的非成员函数　　(D) 用于输出的非成员函数

2. I/O 操作分别由 istream 和________提供。

(A) iostream　　(B) iostream.h　　(C) ostream　　(D) cin

3. cin 是________的一个对象,用于处理标准输入。

(A) istream　　(B) ostream　　(C) cerr　　(D) clog

4. 下列关于 read 函数的描述中,正确的是________。

(A) 函数只能从键盘输入中获取字符串

(B) 函数所获取字符的多少是不受限制的

(C) 该函数只能用于文本文件的操作中

(D) 该函数只能按规定读取所指定的字符数

5. 以下关于文件操作的叙述中,不正确的是________。

(A) 打开文件的目的是使文件对象与磁盘文件建立联系

(B) 在文件的读/写过程中,程序将直接与磁盘文件进行数据交换

(C) 关闭文件的目的之一是保证将输出的数据写入硬盘文件

(D) 关闭文件的目的之一是释放内存中的文件对象

6. 当使用 ifstream 流定义流对象并打开一个磁盘文件时,文件的隐含打开方式为________。

(A) ios::in　　(B) ios::out

(C) ios::in|ios::out　　(D) ios::binary

二、填空题

1. 文件是指____。

2. 根据数据的组织形式,可以将文件分为________和________两种类型。

3. 在 I/O 流类库中,与标准设备相连的 4 个预定义流是________、________、________和________。

4. 使用 I/O 流类库,应该包含头文件________。

5. 请定义一个文件流对象,并利用该对象以可读/写方式打开文本文件 stu,写出语句:

________________________________;

________________________________;

6. 现要求将上题中打开的文件关闭,写出语句:________。

7. 若要建立一个新的二进制文件,该文件既能读也能写,则语句是________。

8. 下面程序由键盘输入字符存放到文件中,用"!"结束输入,请填空。

```
#include < iostream >
#include < fstream >
using namespace std;
void main()
{
    ________;
    if(!outfile)
    {  cout <<"不能打开文件: "<< endl;
       exit(1);
    }
    char ch;
    while(________)
        outfile << ch;
    outfile.close();
}
```

9. 下面程序用变量 num 统计文件中整数的个数,请填写正确内容。

```
#include < fstream >
#include < iostream >
using namespace std;
void main()
{ int num = 0;
  ________;
  outfile.open("example.txt");
  if (!outfile)
  {  cout <<"不能打开文件."<< endl;
     exit(1);
  }
  for(int i = 1;i < 100;i++)
     if(i % 2!= 0)
  outfile << i <<' ';
  outfile.close();
   ________;
   ________;
  int data;
  if(!infile)
   {  cout <<"不能打开文件."<< endl;
      exit(1);
   }
   while(infile.eof() == false)
   {  infile>> data;
      ________;
   }
   ________;
   cout << num - 1 << endl;
}
```

10. 下面程序把从终端读入的10个整数以二进制方式写到一个名为bb.dat的新文件中,请填空。

```
#include <iostream>
#include <fstream>
using namespace std;
void main()
{
    int i,j;
    ofstream outfile;
    outfile.open("bb.dat",________);
    if(!outfile)
    {   cout<<"不能打开文件."<<endl;
        exit(1);
    }
    for(i=0;i<10; i++)
    {   cin>>j;
      ________;
     }
    outfile.close();
}
```

11. 设已存在一个文件f1.txt,请将其内容复制到另一个文件f2.txt中。

```
#include <iostream>
#include <fstream>
using namespace std;
void main()
{   ________;
    infile.open("f1.txt");
    if(!infile)
    {   cout<<"不能打开文件 f1."<<endl;
        exit(1);
    }
    outfile.open("f2.txt");
    if(!outfile)
    {   cout<<"不能打开文件 f2."<<endl;
        exit(1);
    }
    char ch;
    while(________)
    ________;
    infile.close();
    outfile.close();
}
```

三、分析下列程序的输出结果

1.

```
#include <iostream.h>
#include <iomanip.h>
```

```
void main()
{ int number1 = 15;
  double number2 = 6.54321;
  cout <<"Decimal:"<< dec << number1 << endl;
  cout <<"Hexadecimal:"<< hex << number1 << endl;
  cout <<"Hexadecimal:"<< hex << setiosflags(ios::uppercase)<< number1 << endl;
  cout <<"Octal:"<< oct << number1 << endl;
  cout << number2 << endl;
  cout << setprecision(3);
  cout << number2 << endl;
  cout << setw(15);
  cout << setiosflags(ios::right);
  cout << number2 << endl;
  cout << setiosflags(ios::left);
  cout << number2 << endl;
  cout << setiosflags(ios::scientific);
  cout << number2 << endl;
  cout << setprecision(5);
  cout << setiosflags(ios::fixed);
  cout << number2 << endl;
}
```

2.

```
#include <fstream>
#include <iostream>
using namespace std;
class Dog
{
private:
    int age,weight;
public:
    Dog(int w,int a):weight(w),age(a)
    { }
    ~Dog()
    { }
    int GetWeight()
    { return weight; }
    int GetAge()
    { return age; }
    void SetWeight(int w)
    { weight = w; }
    void SetAge(int a)
    { age = a; }
};
void main()
{   char fileName[80];
    cout <<"Please input the file name: ";
    cin >> fileName;
    ofstream fout(fileName);
    if(!fout)
```

```
    {   cout <<"Can't open the file "<< fileName <<" for writing."<< endl;
        exit(1);
    }
    Dog dog1(5,10);
    fout.write((char * )&dog1,sizeof(dog1));
    fout.close();
    ifstream fin(fileName);
    if(!fin)
    {   cout <<"Can't open the file"<< endl;
        exit(1);
    }
    Dog dog2(0,0);
    fin.read((char * )&dog2,sizeof(dog2));
    fin.close();
    cout <<"Dog2's weight: "<< dog2.GetWeight()<< endl;
    cout <<"Dog2's age: "<< dog2.GetAge()<< endl;
}
```

四、改错题

修改下列程序中 err 处的错误，使得程序能得到正确的结果（注意：不要改动 main 函数，不要增行或删行，也不要修改程序的结构）。

1. 以下程序的功能是从键盘输入一个字符串，把该字符串中的小写字母转换为大写字母后输出到文件 test.txt 中，然后从该文件读出字符串并显示出来。

```
#include < iostream >
#include < ofstream >                              //err1
using namespace std;
void main()
{   ofstream outfile;
    outfile.open("text.txt");
    if(!outfile)
    {  cout <<"不能打开文件."<< endl;
       exit(1);
    }
    char c[80],ch;
    gets(c);
    for(int i = 0;c[i]!= '\0';i++)
        if(c[i]> = 'a'&&c[i]< = 'z')
        {   ch = c[i] - 32;
            outfile >> ch;                         //err2
        }
    outfile.close();
    ofstream infile("text.txt");                   //err3
    if(!infile)
    {  cout <<"不能打开文件."<< endl;
       exit(1);
    }
     while(infile.eof() == false)                  //err4
       cout << ch;
    cout << endl;
```

```
    infile.close();
}
```

2. 以下程序的功能是读取一个文本文件的内容，并将文件内容以10行为单位输出到屏幕上，每输出10行就询问用户是否结束程序，若否则继续输出文件后面的内容。

```
#include <iostream>
#include <fstream>
using namespace std;
void main()
{   char ch,y;
    int j;                                          //err1
    ifstream file("write.txt",ios::out);            //err2
    if(!file)
    {   cout<<"不能打开文件."<<endl;
        exit(1);
    }
    while (file.get(ch))
    {   cout<<ch;
        if(ch=='\n')
            j++;
        if(j%10==0)
        {   cout<<"是否继续显示?Y/N";
            cin>>y;
            if(y=='Y'||y=='y')break;                //err3
            else continue;                          //err4
        }
    }
    cout<<endl<<"lines: "<<j<<endl;
    file.close();
}
```

五、编程题

1. 采用选择法求100以内的所有素数，将所得数据存入一个文本文件和一个二进制文件中。对于送入文本文件中的素数，要求存放格式是每行10个素数，每个数占6个字符，左对齐。对二进制文件，要求逆序输出，输出格式是每行10个，每个数占6个字符。

2. 已知结构体CStudent中包含一个学生的基本数据(编号、姓名、班级、性别、年龄、数学成绩、语文成绩、外语成绩、奖惩记录)，请设计一个简单的数据文件存储相应学生的情况，当用户从屏幕上输入一个学生的相应信息后，将该信息存入到这个数据文件中。

3. 建立一个文本文件，该文件包含学生的学号、姓名、成绩，要求完成以下功能：

(1) 能够从屏幕上读取一个学生的信息并将信息存入到数据文件中。

(2) 能够将指定学生的信息从数据文件中删除。

(3) 能够按编号、姓名对学生的信息进行检索，并将检索结果输出到屏幕上。

(4) 可以统计全部学生的成绩。

(5) 要求有错误提示功能，例如性别只能输入男、女，输入错误时应提示重新输入。

(6) 如果检索不到相应的信息应提示用户。

4. 编写程序，建立一个文本文件 text.txt，写入“This is a C+program.”。

5. 从键盘输入一个整数,分别以十进制、八进制和十六进制打印输出。

6. 用右对齐方式输出浮点型数 2.718,域宽为 10。

7. 定义一个 Dog 类,包含体重和年龄两个数据成员及相应的成员函数。然后声明一个实例 dog1,体重为 5、年龄为 10,使用 I/O 流把 dog1 的状态写入磁盘文件;再声明另一个实例 dog2,通过读文件把 dog1 的状态赋给 dog2。

实 验 指 导

实验1 选择结构

【实验目的】

(1) 正确地书写关系表达式。

(2) 掌握 if 语句与 switch 语句的程序设计。

【实验内容】

1. 改错题

输入三角形的 3 条边 a、b、c，如果能构成一个三角形，输出面积 area 和周长 perimeter；否则，输出“These sides do not correspond to a valid triangle.”。

有错误的源程序

```
#include < iostream.h >
int main()
{    int a,b,c,s,area,perimeter;
     cout <<"Enter 3 sides of the triangle : "<< endl;
     cin >> a >> b >> c;
     if(a + b > c||a + c > b||c + b > a)
     { s = 1/2(a + b + c);
       area = sqrt(s * (s - a) * (s - b) * (s - c));
       perimeter = a + b + c;
       cout <<"area = "<< area <<" perimeter = "<< perimeter << endl;
     else
       cout <<"These sides do not correspond to a valid triangle."<< endl;
}
```

运行情况如下：

```
Enter 3 sides of the triangle : 5 5 3↵(回车键)
area = 7.15454   perimeter = 13
Enter 2 sides of the triangle : 1 4 1↵(回车键)
These sides do not correspond to a valid triangle.
```

2. 程序填空题

输入 a、b、c 3 个数，求方程 $ax^2+bx+c=0$ 的根。

```
#include < iostream.h >
#include < math.h >
int main()
```

```
{   double a,b,c,delta,x1,x2,p,q;
    cin>>a>>b>>c;
    if(a==0)
    {   if(________) cout<<"只有一个根 x="<<-c/b<<endl;
        else if((________) cout<<"方程的解是全体实数. "<<endl;
        else cout<<"方程无解."<<endl;
        }
        else
        {________;
          if(________)
          {   cout<<"有两个不同的实根: ";
              x1=(-b+sqrt(delta))/(2*a);
              x2=(-b-sqrt(delta))/(2*a);
              cout<<"x1="<<x1<<",x2="<<x2<<endl;
          }
          else if(________)
          {   cout<<"有两个相同的实根: ";
              cout<<"x1=x2="<<-b/(2*a)<<endl;
          }
          else
          {   p=-b/(2*a); q=sqrt(-delta)/(2*a);
              cout<<"有两个不同的虚根: ";
              cout<<"x1="<<p<<"+"<<q<<"i";
              cout<<", x1="<<p<<"-"<<q<<"i"<<endl;
          }
      }
}
```

运行情况如下：

```
0 0 0↵
方程的解是全体实数.
0 0 2↵
方程无解.
0 2 3↵
只有一个根 x=-1.5
1 2 1↵
有两个相同的实根: x1=x2=-1
1 5 6↵
有两个不同的实根: x1=-2,x2=-3
1 -2 5↵
有两个不同的虚根: x1=1+2i, x1=1-2i
```

3. 编程题

(1) 某旅游宾馆的房间价格随旅游季节和团队规模浮动，规定在旅游旺季(7～9 月份)，20 个房间以上的团队优惠 30%，不足 20 个房间的团队优惠 15%；在旅游淡季，20 个房间以上的团队优惠 50%，不足 20 个房间的团队优惠 30%。根据输入的月份、订房间数和房间价格输出总金额。

(2) 输入 x，按下列分段函数求 y 值，要求用 if…else 语句编写程序。

$$y=\begin{cases}|x|, & x<1\\ 2x^2-1, & 1\leqslant x\leqslant 10\\ \sin(x), & x>10\end{cases}$$

(3) 哈密瓜按重量不同而售价不同，分别为：

2.5 千克以下，每千克 2 元；

2.5～5 千克，每千克 1.8 元；

5～7.5 千克，每千克 1.6 元；

7.5～10 千克，每千克 1.4 元；

10 千克以上，每千克 1.2 元。

求买 x 千克哈密瓜需要多少钱，要求用 switch 语句编写程序。

实验 2 循环结构

【实验目的】

(1) 掌握 for 语句、while 语句和 do…while 语句的程序设计。

(2) 掌握多重循环语句的程序设计。

(3) 理解 break 和 continue 的区别与使用。

【实验内容】

1. 改错题

(1) 求 100 之内能被 7 整除的自然数之和。

有错误的源程序

```
#include <iostream.h>
int main()
{    int sum;
     for(int i=100; i>1;i++)
     if(i%7=0) sum+=i;
     cout<<"sum="<<sum<<endl;
}
```

运行结果：

```
sum=735
```

(2) 找出 100～200 的所有素数。

有错误的源程序

```
#include <iostream.h>
int main()
{    int m,k,i,n=0;
     for(m=101;m<=200;m=m+2)
     {  k=int(sqrt(m));
        for(i=2;i<=k;i++)
            if(m%i==0) {prime=false; }
        if (prime)
        {   cout<<setw(5)<<m;
```

```
            n = n + 1;
        }
        if(n % 10 == 0) cout << endl;
    }
    cout << endl;
}
```

运行结果：

```
101  103  107  109  113  127  131  137  139  149
151  157  163  167  173  179  181  191  193  197
199
```

2. 程序填空题

(1) 输出所有的“水仙花数”。所谓“水仙花数”是指一个 3 位数，其各位数字的立方和等于该数本身，例如 153 就是一个“水仙花数”，因为 $153 = 1^3 + 5^3 + 3^3$。

```
#include < iostream.h >
int main ()
{   int i,j,k,n;
    cout <<"narcissus numbers are:"<< endl;
    for(________)
    {   i = ________;                              //求百位数
        j = ________;                              //求十位数
        k = ________;                              //求个位数
        ________                                   //水仙花数的条件
            cout << n <<" ";
    }
    cout << endl;
}
```

运行结果：

```
narcissus numbers are:
153 370 371 407
```

(2) 输出 1000 以内的所有完数。“完数”是指与其因子之和相等的数，例如 6＝1＋2＋3，则 6 是完数。要求输出完数按以下形式，例如，对于完数 6，应显示“6＝1＋2＋3”。

```
#include < iostream.h >
void main(void)
{  int i,j,sum;
   for(i = 2;i < = 1000;i++)
   {
     ____________________;
     for(j = 2;j < = i/2;j++)
         if(i % j == 0)
           ________;
       if(________)
       {  cout << i <<" = 1";
          for(j = 2;j < = i/2;j++)
             if(i % j == 0) cout <<' + '<< j;
```

```
            cout << endl;
        }
    }
}
```

运行结果：

```
6 = 1 + 2 + 3
28 = 1 + 2 + 4 + 7 + 14
496 = 1 + 2 + 4 + 8 + 16 + 31 + 62 + 124 + 248
```

3. 编程题

(1) 输入一个整数，求该整数的位数(例如 123 的位数是 3)，要求用 do…while 语句编写程序。

提示：将整数不断除以 10，直至为 0，则除以 10 的次数就是该整数的位数。

(2) 计算 $s=1+\frac{1}{2}+\frac{1}{4}+\frac{1}{7}+\frac{1}{11}\cdots$ 的值，直到最后一项小于 10^{-4} 时停止计算，要求用 *while* 语句编写程序。

(3) 求 100～1000 有多少个整数其各位数字之和等于 5，要求用 for 语句编写程序。

(4) 将 100 元钱兑换成 10 元、5 元、1 元，编程求不同的兑法，要求每种兑法中都有 10 元、5 元和 1 元。

(5) 输出以下图案，要求用二重循环结构编写程序。

```
*
***
*****
*******
*****
***
*
```

实验 3　函数

【实验目的】

(1) 熟练掌握函数的定义和调用方法。

(2) 理解函数实参与形参的关系。

【实验内容】

1. 改错题

设计函数 gcd(m,n)，其功能是求 m 与 n 的最大公约数。

有错误的源程序

```
#include < iostream.h>
int gcd(int m,int n)
void main()
{
```

```
  int a,b;
  cout <<"enter a,b:";
  cin>> a >> b;
  cout <<"最大公约数: "<< gcd(a,b)<< endl;
}
gcd(m,n)
{   int r;
while(r = 0)
{  r = m % n; m = n; n = r;}
return n ;
}
```

运行结果：

```
enter a,b: 6 7 ↵(回车键)
```

最大公约数：1

2. 程序填空题

编写程序，计算 $1+\frac{1}{2!}+\frac{1}{3!}+\cdots+\frac{1}{n!}$的值。

```
#include < iostream.h >
double abc( int n)
{
      double s = 0.0, f = ________;
      for( int j = 1; j < n; j++ )
      {  f = ________; s = ________ + f; }
      return s;
}
int main()
{     ________;
      cin>> n;
      cout << abc(n)<< endl;
}
```

3. 编程题

(1) N 名裁判给某歌手打分(假定分数都为整数)，评分原则是去掉一个最高分，去掉一个最低分，剩下的分数的平均值即为该歌手的最终得分。裁判给分的范围是 60≤分数≤100，裁判人数 $N=10$。编写一个程序实现该功能，每个裁判所给的分数由键盘输入。

要求：

① 屏幕上输出歌手的最终得分。

② 写一个函数 max，求两个数的最大值。

③ 写一个函数 min，求两个数的最小值。

(2) 写一个函数 prime，判断一个整数是否是素数。在主函数输入整数 n，并输出该整数是否为素数的信息。

(3) 写一个函数计算 $n!$。在主函数输入 x，计算 $\sin x$ 的近似值。使用以下泰勒级数：

$$\sin x = \frac{x}{1!} - \frac{x^3}{3!} + \frac{x^5}{5!} - \frac{x^7}{7!} + \cdots$$

直到最后一项的绝对值小于 10^{-4}时停止计算。

实验 4　嵌套与递归

【实验目的】

(1) 掌握函数嵌套调用的方法。

(2) 掌握递归函数的设计方法。

【实验内容】

1. 改错题

输入 3 个数,对这 3 个数按由小到大的顺序进行排列。

有错误的源程序

```
#include < iostream.h >
void sort( int &, int &, int &);
void main()
  {     int x,y,z;
        cin >> x >> y >> z;
        sort(x,y,z);
        cout << x <<' '<< y <<' '<< z << endl;
  }
int chang( int x, int y)
{    int t;
     t = x; x = y; y = t;
     return x, y ;
}
void sort( int &x, int &y, int &z)
{       int t;
        if(x > y) chang(x,y);
        if(x > z) chang(x,z);
        if(y > z) chang(y,z);
}
```

2. 程序填空题

设计递归函数 sum(n),功能是计算 $1+2+\cdots+n$。

```
#include < iostream.H >
int sum( int n)
{
     if (n == 1) return 1;
     return ________;
}
int main()
{
     int n;
```

```
    cin >> n;
    cout << ________ << endl;
}
```

3. 编程题

(1) 学院要从 m 个学生干部中任选 n 个去参加下乡科技兴农活动。编写一个程序，计算以上活动有多少种选法。编写函数 int combination(int m, int n)，在主函数中输入 m 和 n，调用该函数，输出结果。

提示：这是一个排列组合问题，$C_m^n=\dfrac{m!}{(m-n)!n!}$，可再编写一个函数 fac($n$) 求 $n!$。

(2) 用递归方法编写程序计算 n 阶勒让德多项式的值。勒让德多项式公式为：

$$p_n(x)=\begin{cases}1 & n=0\\ x & n=1\\ ((2n-1)xp_{n-1}(x)-(n-1)p_{n-2}(x))/n & n>1\end{cases}$$

(3) 设计一个递归函数 gcd(m,n)，计算 m 与 n 的最大公约数。

实验5 数组

【实验目的】

(1) 掌握数组的输入/输出及应用。

(2) 理解字符串函数的使用。

【实验内容】

1. 改错题

输入一组正整数(以 0 作为结束标志)，分别统计偶数与奇数的个数并与输出数组。

```
#include < iostream.h >
void main()
{  int a[N],x,y,k;
   while( a[k]!= 0)
   {  if(a[k] % 2 == 0) x += 1;
      else y += 1;
      cin >> a[k];
      k++;
   }
   cout <<"偶数的个数："<< x <<"\n"<<" 奇数的个数："<< y << endl;
   cout <<"输入的正整数为："<< endl;
   for(i = 0;i <= k;i++)
   cout << a[i]<< " ";
   cout << endl;
}
```

运行结果：

```
1 2 3 4 5 6 0↵
偶数的个数：3
```

```
奇数的个数: 3
1 2 3 4 5 6
```

2. 程序填空题

已知一组有序数{1,2,5,10,17,26,37,50}，输入一个整数 x，把 x 插入到这个数组中，使得该数组仍然有序。

```
#include <iostream.h>
int main()
{
    int a[9],i,k,x;
    for(i = 0;i < 8;i++)                    //通过程序自动形成了有7个元素且有规律的数组
        a[i] = i * i + 1;
    cin >> x;
    for(k = 0;k < 8;k++)                    //查找要插入x在数组中的位置,下标为k
        ________;
    for(i = 7;i > = k;i -- )                //腾出第k个位置
        ________;
    ________;                               //插入x
    for(i = 0;i < = 8;i++)
        cout << a[i]<<" ";
}
```

运行情况如下：

```
12↵
1 2 5 10 12 17 26 37 50
```

3. 编程题

(1) 用数组存放 10 个数，编写程序求这 10 个数中的最大值及其所在的下标。

(2) 有一个糊涂人写了 n 封信和 n 个信封，到了邮寄的时候把所有的信都装错了信封，编写程序求装错信封可能的种类数。设 D_n 为 n 封信装错信封的种类数，其递推公式为：

$$\begin{cases} D_1 = 0 \\ D_2 = 1 \\ D_n = (n-1)(D_{n-1} + D_{n-2}), \quad n \geqslant 3 \end{cases}$$

编程求 D_n，n 由键盘输入。

(3) 用二维数组存放如下图所示的杨辉三角形中的值，编写程序打印 10 行的杨辉三角形的值。

```
1
1 1
1 2 1
1 3 3 1
1 4 6 4 1
```

实验6 数组与函数

【实验目的】

(1) 掌握数组作为形参时的使用方法。

(2) 掌握字符串处理函数。

【实验内容】

1. 改错题

输出数组 a 的元素。

```
#include <iostream.h>
void fun(int [],int);
void main()
{   int a[] = {1,2,3,4,5,6,7,8,9};
    fun(a[0],9);
}
void fun(int b[],int n)
{
     for( ; b<n;b++)
     cout << b;
}
```

2. 程序填空题

求一维数组中的所有元素之和。

```
#include <iostream.h>
int add(________)
{
     int i,sum = 0;
     for(i = 0;i<n;i++)
          sum += a[i];
     return sum;
}
int main()
{
     int a[10] = {1,3,5,7,9,11,13,15,17,19};
     int t = ________;
     cout << t << endl;
}
```

3. 编程题

(1) 设计一个函数 maxchar,求两个字符串的最大值。在主函数输入 3 个字符串,并且通过调用函数 maxchar 求这 3 个字符串的最大值。

(2) 设计一个函数 copyp,将字符串 s 的前 n 个字符复制到字符串 t 中。要求在主函数中输入字符串 s,通过调用函数 copyp 得到字符串 t 并且输出字符串 t。

(3) 设计一个函数 tran,求矩阵的转置。要求在主函数中输入矩阵,通过调用函数 tran 输出其转置矩阵。

(4) 设计一个函数 mult,计算两个矩阵的积。要求在主函数中输入矩阵,通过调用函数 mult 计算并输出矩阵的积。

实验 7　结构体

【实验目的】

(1) 掌握结构体变量的定义和使用。

(2) 掌握结构数组的基本使用方法。

【实验内容】

1. 改错题

有错误的源程序

```
#include <iostream.h>
struct Student
{   long num;
    float score;
}
void main()
{   num = 31001; score = 89.5;
    num = 31003; score = 90;
    cout << a.num <<" "<< a.score << endl;
    cout << b.num <<" "<< b.score << endl;
}
```

运行结果:

```
31001 89.5
31003 90
```

2. 程序填空题

设有 3 个学生,每个学生的数据包含学号、姓名、性别、年龄、课程 1 的成绩、课程 2 的成绩、课程 3 的成绩(如下表所示),要求按学生的平均成绩给学生排名次,并按平均成绩从高到低的顺序打印学生的信息。

num	name[10]	sex	age	score1	score2	score3
10001	Zang xin	M	19	90.5	68	75
10002	Wang lin	F	20	98	88	60
10003	Zhao kei	F	19	88	85	82

```
#include <iostream.h>
________________________                         //定义结构体
Student student1 = {________};
Student student2 = {________};
Student student3 = {________};                   //定义 3 个结构体变量并初始化
int main()
{   Student student;
    float average1,average2,average3;
```

```
    average1 = (student1.score1 + student1.score2 + student1.score3)/3;
    average2 = (student2.score1 + student2.score2 + student2.score3)/3;
    average3 = (student3.score1 + student3.score2 + student3.score3)/3;
    if(average1 < average2)
    {    student = student1;
         student1 = student2;
         student2 = student;
    }
    if(________)
    { ________;
      ________;
      ________;
    }
    if(________)
    { ________;
      ________;
      ________;
    }
//上面 3 个分语句用来给 3 个学生进行排序
    ________;
    ________;
    ________;                                     //按平均成绩的高低顺序输出学生的学号和姓名
}
```

3. 编程题

(1) 定义一个结构体变量(包括年、月、日),在主函数中输入该结构体的成员值,计算并输出该日在本年中是第几天。注意闰年问题。

(2) 定义一个学生结构体类型 student,包括姓名和成绩,其中,姓名用字符串表示,成绩是一个长度为 4 的一维数组。通过结构数组输出 5 个学生的以下信息:①每个学生的总分;②总分最高的学生的姓名和分数。

实验 8 指针

【实验目的】

(1) 理解指针的概念。

(2) 掌握一级指针和二级指针的使用方法。

(3) 掌握字符指针的使用方法。

【实验内容】

1. 改错题

(1) 输出数组。

有错误的源程序

```
#include "iostream.h"
void main()
{ int i;
  char c[5] = {'C', 'h', 'i', 'n', 'a'};
  char b[ ] = " China";
  for (i = 0; c[i] != '\n'; i++)
```

```
    cout << c[i];
  cout << c;
  puts(b);
  for (i = 0; b[i] != '\n'; i++)
    cout << b[i];
  cout << endl << b;
}
```

(2) 输出数组。

```
#include < iostream.h>
void main()
{   int a[] = {1,2,3,4,5,6,7,8,9};
    int p;                                        //p是指针变量
    p = &a;
    for( ;p < 9; p++)
    cout << p << " ";
}
```

2. 程序填空题

将字符串 str1 复制为字符串 str2。

```
#include < iostream.h>
void main()
{ char str1[] = "I love CHINA!",str2[20], * p1, * p2;
  p1 = str1;p2 = str2;
  for(; * p1!= '\0';p1++,p2++)
  ________
   * p2 = '\0';
  ________
  cout <<"str1 is: "<< p1 << endl;
  cout <<"str2 is: "<< p2 << endl;
}
```

3. 编程题

(1) 删除字符串中的一个字符。如,s="ACBCD",p='C',删除 p 后,s="ABD"。

(2) 将十六进制整数转换成十进制整数。提示:将十六进制整数看作是字符串,利用字符指针实现转换。

(3) 从字符串 str 中找出指定子串 substr 在该字符串中第一次出现的位置,此位置用子串的第一个字符在字符串中的位置来表示。例如,str="abcde",substr="cd",显示结果为 2。

实验 9 类和派生类

【实验目的】

(1) 掌握类的定义与对象的使用。

（2）掌握构造函数与析构函数的使用。

（3）掌握派生类的定义。

（4）掌握派生类的构造函数与析构函数的使用。

（5）掌握运算符重载的使用。

【实验内容】

1. 改错题

（1）输出对象 data 的数据成员。

有错误的源程序

```
#include < iostream.h >
class point
{   int x1,x2;
    public:
    point(int x, int y);
};
point(int x, int y)
   { x = x1; y = x2; }
void main()
{   point data(5,5);
    cout << data.x1 << endl;
    cout << data.x2 << endl;
}
```

运行结果：

```
5
5
```

（2）定义一个国家基类 Country，包含国名、首都、人口等属性，派生出省类 Province，并增加省会城市、人口数量属性，同时编写 main 函数实现对数据的赋值和输出。

有错误的源程序

```
#include < iostream.h >
#include < string.h >
class Country
{
    char name[50],capital[50];
    double population;
public:
    Country(char *n,char *c,double p)
    {
        strcpy(name,n);
        strcpy(capital,c);
        population = p;
    }
    void print()
    {
        cout << name <<','<< capital <<','<< population << endl;
    }
};
```

```
class Province:private Country
{
    char pro_capital[50];
    double pro_p;
public:
    Province(char *n,char *c,double p,char *cc,double p1)
    {
        strcpy(pro_capital,cc);
        pro_p = p1;
    }
    void print1()
    {
        print();
        cout << pro_capital <<','<< pro_p << endl;
     }
};
void main()
{
    Province b();
    b.print1();
}
```

运行结果：

```
China,Bei jing,1.36e+010
Guang dong,1.05e+009
```

2. 程序填空题

(1) 有一个圆环，其中小圆半径为 3.5、大圆半径为 8。编程定义一个类 circle，其中，①私有成员：半径 r；②构造函数：对半径 r 进行初始化；③成员函数：计算圆面积。主函数中通过定义两个对象（大圆和小圆）来计算圆环的面积。请在程序中的横线处填上适当的语句，使程序的功能完整。

```
#include< iostream.h>
class circle
{private:
        float r;
        public:
         circle(float a)
         {   ________; }
        double area()
        {    ________; }

};
void main()
{
    circle a(3.5),b(8);
    cout <<________<< endl;
}
```

运行结果：

```
162.57
```

(2) 下面是类 Point (点)的定义,对运算符"+"进行了重载,使得对类 PP 的对象 p1、p2 可以进行加法运算。请在程序中的横线处填上适当的语句,使程序的功能完整。

```
#include < iostream.h >
class Point
{
private:
    int x;
    int y;
public:
    Point(int a = 0, int b = 0)
    {   ________;
        ________;
    }
    void print()
    {   cout << x <<" "<< y << endl; }
    ________;
};

Point Point::operator + (Point p1)
{
    ________;
    ________;
    return p;
}
void main()
{
    Point p1(5,10), p2(20,30),p;
    p = ________;
    p.print();
}
```

3. 编程题

(1) 编写一个基于对象的程序,数据成员包括 length(长)、width(宽)、height(高),要求用成员函数实现以下功能:

① 由键盘输入长方柱的长、宽、高。

② 计算长方柱的体积。

③ 输出长方柱的体积。

(2) 假设已有 Person 类的定义,具有数据成员的姓名、年龄,访问权限为 protected,具有成员函数 intput 和 disp,分别实现输入数据成员和显示数据成员的功能。再创建两个类 Student 和 Teacher,均私有继承于 Person 类,其中,Student 类新增了班级和学号,Teacher 类新增了工号和教龄。分别输入两个学生和两位教师的相应信息。

(3) 定义一个复数类 Complex,重载运算"+"、"-"、"*"、"/",使该类能计算两个复数的和、差、积和商。

实验 10 文件和流

【实验目的】

(1) 掌握文件的输入和输出。

(2) 掌握标准输入/输出流的使用方法。

【实验内容】

1. 改错题

创建一个名为 grade 的文本文件,写入 3 门课程的名称和成绩。

有错误的源程序

```
#include <iostream>
using namespace std;
void main()
{   ofstream in("grade");
    if(!out)
    {   cout << "Cannot open the grade file." << endl;
        return 1;
    }
    cout << "C++" << " " << 89.5 << endl;
    cout << "English" << " " << 93.5 << endl;
    cout << "Maths" << " " << 87 << endl;
}
```

2. 程序填空题

将 3 门课程的名称和成绩以二进制的形式存放在磁盘中,然后读出该文件,并将内容显示在屏幕上。

```
#include <iostream>
#include <fstream>
using namespace std;
struct list
{   char course[10];
    int score;
};
void main()
{
    list st1[3], st2[3];
    int i;
    ____________________;
    if(!out)
    {   cout << "Cannot open the grade file.\n";
        return 1;
    }
    for (i = 0; i < 3; i++)
    {   cin >> st1[i].course >> st1[i].score;
        ________________________;
    }
```

```
    out.close();
    ________________________;
    if(!in)
    {   cout << "Cannot open the grade file.\n";
        return 1;
    }
    cout << "File grade:" << endl;
    for (i = 0; i < 3; i++)
    {   in.read((char *)&st2[i], sizeof(st2[i]));
        cout << st2[i].course << " " << st2[i].score << endl;
    }
    in.close();
}
```

3. 编程题

建立两个磁盘文件 f1.dat 和 f2.dat，编程实现以下工作：

① 从键盘输入 20 个整数，分别存放在两个磁盘文件中(每个文件中放 10 个整数)。

② 从 f1.dat 读入 10 个数，然后存放到 f2.dat 文件中原有数据的后面。

③ 从 f2.dat 读入 20 个整数，将它们按从小到大的顺序存放到 f2.dat 中(不保留原来的数据)。

常用ASCII码表

ASCII 码表见附表 A.1。

附表 A.1　ASCII 码表

ASCII值	字符	ASCII值	字符	ASCII值	字符	ASCII值	字符
0	NUL	32	空格	64	@	96	`
1	SOH	33	!	65	A	97	a
2	STX	34	"	66	B	98	b
3	ETX	35	#	67	C	99	c
4	EOT	36	$	68	D	100	d
5	ENQ	37	%	69	E	101	e
6	ACK	38	&	70	F	102	f
7	BEL	39	'	71	G	103	g
8	BS	40	(	72	H	104	h
9	HT	41	)	73	I	105	i
10	LF	42	*	74	J	106	j
11	VT	43	+	75	K	107	k
12	FF	44	,	76	L	108	l
13	CR	45	—	77	M	109	m
14	SO	46	.	78	N	110	n
15	SI	47	/	79	O	111	o
16	DLE	48	0	80	P	112	p
17	DC1	49	1	81	Q	113	q
18	DC2	50	2	82	R	114	r
19	DC3	51	3	83	S	115	s
20	DC4	52	4	84	T	116	t
21	NAK	53	5	85	U	117	u
22	SYN	54	6	86	V	118	v
23	ETB	55	7	87	W	119	w
24	CAN	56	8	88	X	120	x
25	EM	57	9	89	Y	121	y
26	SUB	58	:	90	Z	122	z
27	ESC	59	;	91	[	123	{
28	FS	60	<	92	\	124	|
29	GS	61	=	93	]	125	}
30	RS	62	>	94	^	126	~
31	US	63	?	95	_	127	DEL

附录B 常用的数学函数

数学函数的头文件是 math. h,常用的数学函数见附表 B. 1。

附表 B. 1 常用的数学函数

函数原型	含义	实例
int abs (int x)	计算整数 x 的绝对值	abs(−5)=5
double fabs(double x)	计算实数 x 的绝对值	fabs(−5.2)=5.2
double sqrt(double x)	计算$\sqrt{x}$	sqrt(9)=3
double log(double x)	计算 $\ln(x)$	log(10)=2.3
double log10(double x)	计算 $\log_{10}(x)$	log10(10)=1
double exp(double x)	计算 e^x	exp(3)=20.086
double pow(double x,double y)	计算 x^y	pow(3,2)=9.0
double sin(double x)	计算 $\sin(x)$	sin(0)=0
double cos(double x)	计算 $\cos(x)$	cos(0)=1

附录C 常用的关键字

这里介绍几种常用的关键字。

(1) 定义数据类型的关键字见附表 C.1。

附表 C.1 定义数据类型的关键字

关键字	含义	关键字	含义	关键字	含义
char	字符类型	long	长整型	struct	定义结构体类型
short	短整型	float	单精度实型	union	定义联合体类型
int	整型	double	双精度实型	const	定义常变量
unsigned	无符号类型	void	空类型	typedef	定义同义数据类型

(2) 定义存储类型的关键字见附表 C.2

附表 C.2 定义存储类型的关键字

关键字	用途	关键字	用途
auto	说明自动变量	static	说明静态变量
register	说明寄存器变量	extern	说明外部变量

(3) 用于程序控制的关键字见附表 C.3。

附表 C.3 用于程序控制的关键字

关键字	用途	关键字	用途	关键字	用途
if	选择结构	default	多分支选择结构	while	循环结构
else	选择结构	break	多分支选择结构或循环结构	continue	循环结构
switch	多分支选择结构	for	循环结构	goto	转向
case	多分支选择结构	do	循环结构	return	函数返回

(4) 类的关键字见附表 C.4。

附表 C.4 类的关键字

关键字	用途	关键字	用途
class	定义类	friend	声明友元
public	说明公开成员	template	定义模板
private	说明私有成员	operator	运算符函数名
virtual	虚基类或虚函数	inline	设置内置函数

参考文献

[1] 谭浩强.C程序设计.2版.北京:清华大学出版社,2002.

[2] 谭浩强.C++程序设计.北京:清华大学出版社,2004.

[3] 王挺,周会平,贾丽丽,等.C++程序设计.2版.北京:清华大学出版社,2010.

[4] 吕凤翥.C++语言基础教程.北京:人民邮电出版社,2005.

[5] 钱能.C++程序设计教程.2版.北京:清华大学出版社,2008.

[6] 刘维富,等.C++程序设计实践教程.北京:清华大学出版社,2007.

[7] 谭浩强,张基温.C/C++程序设计教程.北京:高等教育出版社,2002.

[8] 陈朔鹰,陈英.C语言程序设计习题集.2版.北京:人民邮电出版社,2003.

[9] 郑莉,董渊,张瑞丰.C++语言程序设计.3版.北京:清华大学出版社,2004.

[10] 龚沛曾,等.C/C++程序设计教程.北京:高等教育出版社,2009.

[11] Brian Overland.C++语言命令详解.2版.董梁,等译.北京:电子工业出版社,2002.

[12] 刘路放.Visual C++与面向对象程序设计教程.北京:高等教育出版社,2000.

[13] 罗建军,等.C++程序设计教程.2版.北京:高等教育出版社,2007.

[14] 吴乃陵,况迎辉.C++程序设计.2版.北京:高等教育出版社,2006.

[15] [美]Prata,S.C++ Primer plus.孙建春,韦强译.北京:人民邮电出版社,2005.

[16] 李师贤,李文军.面向对象程序设计基础.北京:高等教育出版社,1998.

[17] 吕国英.算法设计与分析.2版.北京:清华大学出版社,2009.

[18] 吴文虎,徐明星.程序设计基础.3版.北京:清华大学出版社,2010.

[19] 孔丽英,夏艳,徐勇.程序设计与算法语言—C++ 程序设计基础.北京:清华大学出版社,2011.